研究生“十四五”规划精品系列教材

单螺杆压缩机

——原理、设计及应用

吴伟烽 编著

图书在版编目(CIP)数据

单螺杆压缩机:原理、设计及应用 / 吴伟烽编著.
西安:西安交通大学出版社,2025.9.--(西安交通大学研究生"十四五"规划精品系列教材).-- ISBN 978-7-5693-4186-7

Ⅰ.TH455

中国国家版本馆 CIP 数据核字第 2025F0C380 号

书　　名　单螺杆压缩机——原理、设计及应用
DANLUOGAN YASUOJI——YUANLI、SHEJI JI YINGYONG
编　　著　吴伟烽
策划编辑　田　华
责任编辑　邓　瑞　田　华
责任校对　李　文
装帧设计　伍　胜

出版发行　西安交通大学出版社
(西安市兴庆南路 1 号　邮政编码 710048)
网　　址　http://www.xjtupress.com
电　　话　(029)82668357　82667874(市场营销中心)
(029)82668315(总编办)
传　　真　(029)82668280
印　　刷　西安五星印刷有限公司

开　　本　787 mm×1092 mm　1/16　**印张** 11.5　**字数** 283 千字
版次印次　2025 年 9 月第 1 版　2025 年 9 月第 1 次印刷
书　　号　ISBN 978-7-5693-4186-7
定　　价　31.50 元

如发现印装质量问题,请与本社市场营销中心联系。
订购热线:(029)82665248　(029)82667874
投稿热线:(029)82664954
读者信箱:457634950@qq.com

序　言

单螺杆压缩机是20世纪60年代发明的，首台喷水单螺杆空气压缩机的性能就超越了当时双螺杆压缩机，已应用于空气动力、石油化工、制冷及热泵等领域。

我国的单螺杆压缩机研发起步于20世纪70年代，北京第一通用机械厂研制了国内第一台9 m^3/min的剖分式单螺杆空气压缩机。近年来，随着空气动力、热泵、石油化工和蒸汽增压等领域对压缩介质无油和高压比需求的增加，单螺杆压缩机的优势逐渐体现。面对强劲的市场需求，广大从业人员亟需一本内容新颖、体系完整的单螺杆压缩机技术指导书籍，以开发满足市场需求的单螺杆压缩机产品。

以往，由于缺乏体系完整的技术指导资料，单螺杆压缩机的研究并不深入，在一些已公开的技术文献中也存在诸多误解和不合理之处，这导致单螺杆压缩机的市场占有率一直落后于其竞争机型——双螺杆压缩机。作者在本书中公布了大量创新性的研究成果，全面阐述了单螺杆压缩机的原理和设计方法，注重单螺杆压缩机技术与工程应用、实践结合。因此，本书是一本理论与实用并重，学术研究和产品开发统筹兼顾的著作。特别是对以往认识较为模糊的单螺杆压缩机啮合副型面原理与加工方法进行了深入、全面的阐述。

本书是首次对单螺杆压缩机原理、设计与应用的知识体系进行全面梳理和阐述的尝试，希望能提高从业人员对单螺杆压缩机的认识和技术水平，促进单螺杆压缩机行业的发展，提高单螺杆压缩机产品在国内外市场的竞争力。

吴振兴

二〇二五年四月六日

（吴振兴，西安交通大学压缩机专业1961级校友，
曾任北京第一通用机械厂厂长，
主持研发了国内第一台单螺杆空气压缩机）

前　言

单螺杆压缩机具有结构简单、受力平衡、稳定可靠和操作维护方便等一系列独特优点，是空气动力、制冷以及热泵领域的主流机型之一。近年来，随着压缩机市场向无油、高压比方向发展，特别是中低压无油空气压缩机、工艺气体压缩机、水蒸气压缩机和氢气压缩机市场需求的快速增加，单螺杆压缩机适应低黏度介质润滑条件和高压比工况的优点进一步显现。单螺杆压缩机的市场份额持续扩大，具有广阔发展前景。然而，国内外体系完整的单螺杆压缩机技术资料稀缺，一些技术文献中还存在诸多误解和不合理之处。为满足技术人员对单螺杆压缩机原理、设计与应用知识的需求，作者总结了单螺杆压缩机理论研究、产品研发以及试验的成果和经验，撰写成《单螺杆压缩机——原理、设计与应用》，体系化普及单螺杆压缩机相关知识，促进单螺杆压缩机的理论研究和产品开发，提高单螺杆压缩机产品的性能，扩大其应用范围。

本书全面阐述了单螺杆压缩机的工作原理、设计理论与方法，介绍了其在重点领域的应用情况。全书共 12 章，主要内容包括：啮合副型面原理与设计、几何特性和热动力计算、啮合副的加工制造、典型零部件的设计选型、主机结构系统以及压缩机内部工作过程的模拟和测试方法。对其他单螺杆机械包括单螺杆膨胀机和水蒸气单螺杆压缩机也作了简要介绍。

本书在系统介绍单螺杆压缩机理论的基础上，针对目前国内螺杆-星轮设计中存在的问题，重点介绍了啮合副型面的原理和设计方法；对还不太深入的单螺杆压缩机螺杆组件和星轮组件的动力计算方法进行了全面的梳理，以促进单螺杆压缩机的设计向更科学、规范的方向发展，进一步提高单螺杆压缩机的性能。全书实用性和创新性并重，详细介绍了单螺杆压缩机啮合副的加工，还针对大流量、高压比应用场合介绍了非标准齿数比，特别是奇数齿槽螺杆的受力特征，以促进单螺杆压缩机在这些领域取得进一步发展。

本书可供压缩机、制冷空调、热泵以及石油化工等领域的专业技术人员阅读，也可作为大专院校相关专业的教学参考书。

西安交通大学对单螺杆压缩机的研究始于 20 世纪 70 年代，本书是在数代科研人员研究工作的基础上编写而成的。所介绍的大部分创新性成果是作者在导师冯全科教授的悉心指导和鼎力支持下才得以完成的，在此表示特别感谢。书中总结了课题组持续近20年单螺杆压缩机研究的成果，如奇数齿槽螺杆转子的受力分析是在彭程宇博士研究工作的基础上撰写的，又如内部工作过程的模拟和测试源自张曌博士的研究工作。作者多年从事的单螺杆压缩机研究和产品开发实践还得到了如宝鸡市博磊化工机械有限公司等相关企业和诸多社会力量的支持。包括企业技术人员和课题组成员在内，对本书内容作出过贡献和支持作者开展单螺杆压缩机研究的人员很多，受篇幅所限难以一一列举，在此一并对他们表示衷心感谢。

愿《单螺杆压缩机——原理、设计与应用》能使广大技术人员受益，为提升我国单螺杆压缩机行业的技术水平、提高产品在国内外市场的竞争力、拓宽其应用领域贡献力量。受个人水平所限，书中难免有误，欢迎广大读者指正。

吴伟烽

2024年10月

于西安交通大学兴庆校区东三楼

目 录

第 1 章　概　述

1955 年古德伊尔(J. W. Goodyear)[1]申请的一种“压能变换装置”的专利获得批准，该装置可用作泵、压缩机、风机、转子发动机和液压马达等。1960 年法国工程师齐默恩(B. Zimmern)在此基础上提出了单螺杆压缩机的结构，约于 20 世纪 70 年代开始正式投产。这种压缩机仅具有一根螺杆，通常被称作单螺杆压缩机，其主机的典型结构如图 1－1 所示。因螺杆、星轮是一对特殊的蜗杆、蜗轮啮合副，单螺杆压缩机也被称为蜗杆压缩机。

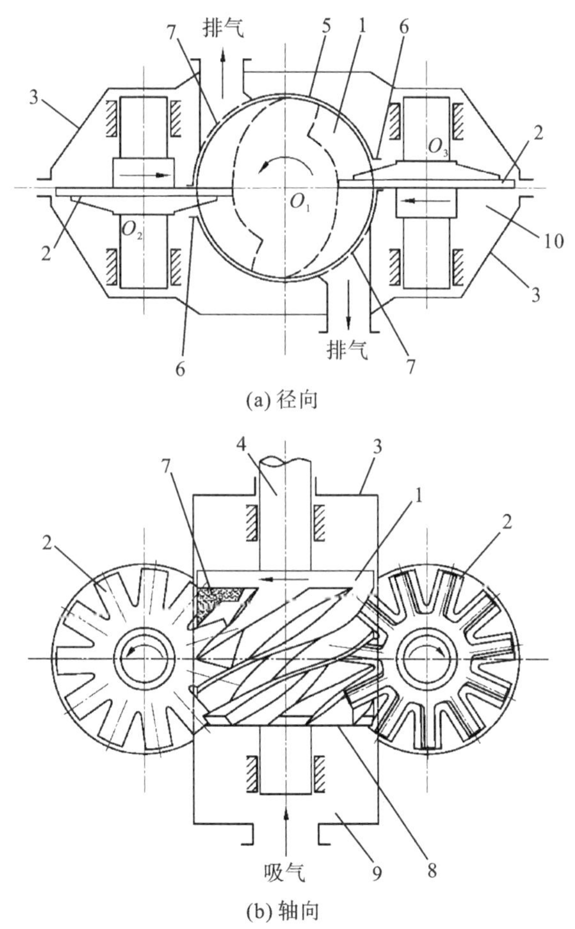

1—螺杆；2—星轮；3—机壳；4—主轴；5—气缸；6—侧窗孔槽；
7—排气孔口；8—转子吸气端；9—吸气腔；10—星轮室。

图 1－1　单螺杆压缩机主机简图

采用螺杆与星轮啮合的构思，按照螺杆星轮的外形和轴的相对位置变化，可以设计多种螺杆星轮啮合副。按照外形分为平面(P)和圆柱(C)，四种啮合副类型如图 1－2 所示。

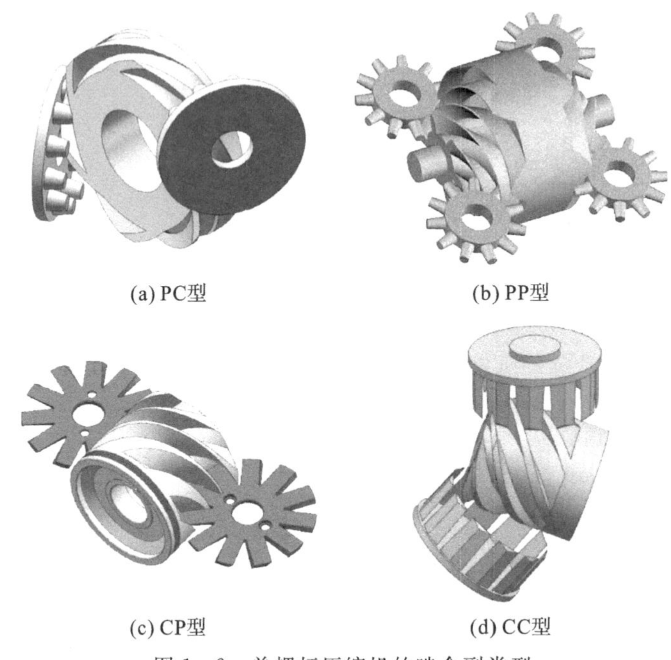

图 1-2 单螺杆压缩机的啮合副类型

市场上单螺杆压缩机产品以 CP 型为主，后文将主要介绍该种机型。

单螺杆已成功应用于空气压缩、工艺气体压缩、制冷等多个领域，包括喷油、喷水和喷制冷剂等各种机组。荷兰格拉索(Grasso)公司是最早开始量产单螺杆制冷压缩机的公司。国内，北京第一通用机械厂于 1976 年试制出 OG-9/7 型单螺杆空气压缩机。目前，单螺杆压缩机已成为制冷、空气压缩领域的主流机型之一，容积流量覆盖 1～100 m^3/min，最高排气压力可达 6 MPa。

1.1 工作原理

图 1-1 为单螺杆压缩机主机简图。在螺杆 1 两侧对称地配置两个与螺杆齿槽相啮合的星轮 2。螺杆 1、星轮 2 分别在气缸 5、机壳 3 内做旋转运动。螺杆轴与星轮轴是空间相互垂直的。类似于蜗轮、蜗杆之间的啮合关系，通常将一根螺杆和一个星轮称为一对啮合副。气体由吸气腔 9 进入螺杆齿槽空间，经压缩后，从开设在气缸上的排气孔口 7 径向排出。电机通过螺杆主轴 4 驱动压缩机工作。

单螺杆压缩机的工作原理和其他容积式压缩机相似，其基元容积是由齿槽、气缸以及星轮表面组成的。在啮合过程中，星轮齿转动方向的前、后侧面与齿槽的前、后侧面接触，星轮齿顶则与螺杆齿槽底面接触。处于啮合状态的星轮齿、螺杆齿槽以及机壳构成封闭的基元容积。当螺杆与星轮按照固定转速比转动时，这一基元容积周期性地扩大与缩小，实现压缩气体的吸气、压缩和排气过程。如果把螺杆齿槽看成为活塞式压缩机的气缸，星轮齿视作活塞，图中所示的单螺杆压缩机可视为 6 缸活塞式压缩机，因螺杆转动一周每个齿槽工作两次，也可以将其类比为 3 缸双作用活塞式压缩机。

单螺杆压缩机的工作过程如图 1-3 所示。

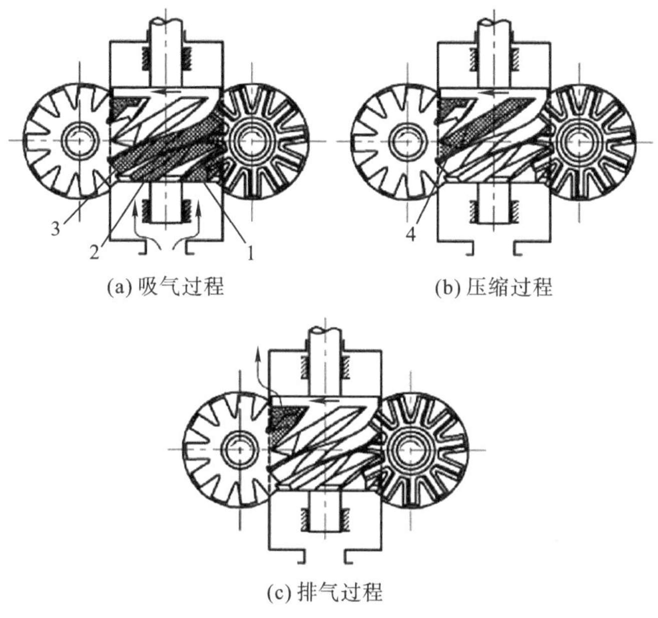

(a) 吸气过程　(b) 压缩过程　(c) 排气过程

图 1-3　单螺杆压缩机的工作过程

(1)吸气过程:在图 1-3(a)所示位置,螺杆吸气端的齿槽 1、2 及 3 均与吸气腔相通,此时齿槽 1、2 与 3 均处于吸气过程。随着螺杆的转动,齿槽内与吸气腔相通的空间逐渐扩大,如图 1-3(a)齿槽 1 至齿槽 3 所示。从齿槽 3 所在位置开始,螺杆继续旋转,星轮齿将啮入螺杆,齿槽空间被与之相啮合的星轮齿遮住,齿槽、星轮齿及气缸之间形成基元容积,与吸气腔断开,吸气过程结束。

(2)压缩过程:吸气过程结束后,随着螺杆继续转动,星轮齿沿齿槽推进,基元容积逐渐缩小,气体被压缩,如图 1-3(b)中齿槽 4 所示,直至基元容积与排气孔口相连通,压缩过程结束。

(3)排气过程:当基元容积与排气孔口相连通后,随螺杆的继续转动,基元容积进一步缩小,气体通过排气孔口被"挤出"至排气管道,直至星轮齿脱离齿槽,排气过程结束,如图 1-3(c)所示。

图 1-4 表示基元容积 V、压力 p 随星轮转角 α_2 的变化关系。图中,p_s 为吸气压力,p_d 为排气压力,V_s 为刚被封闭的最大基元容积,V_p 为排气开始时的基元容积,α_{in} 为星轮齿啮入齿槽形成基元容积时的转角,α_{out} 为星轮齿完全脱离齿槽时的转角,α_{2d} 为排气角,下标 ab 表示绝

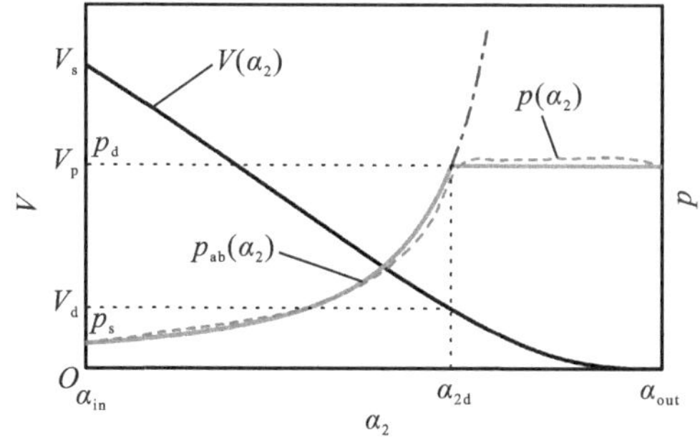

图 1-4　单螺杆压缩基元容积 V、压力 p 与星轮转角 α_2 的关系

热工作过程，虚线为实测工作过程。在实际工作过程中，由于存在泄漏、进排气阻力损失等因素，以及排气孔口过大或过小的影响，实际压力变化曲线往往偏离理论值。

1.2 单螺杆压缩机的特点

1. 受力平衡性好，振动小

如图 1-5 所示，螺杆齿槽内压缩腔壁面沿着螺杆轴向的前、后侧方向投影是重叠的，所以压缩腔内气体压力沿着螺杆轴向的作用力前、后抵消。因此，压缩腔内的气体压力不会对螺杆形成轴向气体力。

图 1-5 螺杆齿槽的气体作用力沿螺杆轴向前、后抵消

螺杆在排气端留有一段整圆柱段，圆柱段与气缸间的间隙很小，以密封螺杆齿槽内的高压气体。在机壳设置一引气通道，将机壳内螺杆排气端面腔体和星轮室连通，从螺杆排气端泄漏的气体通过该引气通道回流至吸气腔。这使螺杆进气端面和排气端面气体压力基本相等，螺杆受到的轴向气体力很小，如图 1-6(a)所示。因此，螺杆受到的轴向气体力可得到合理平衡。

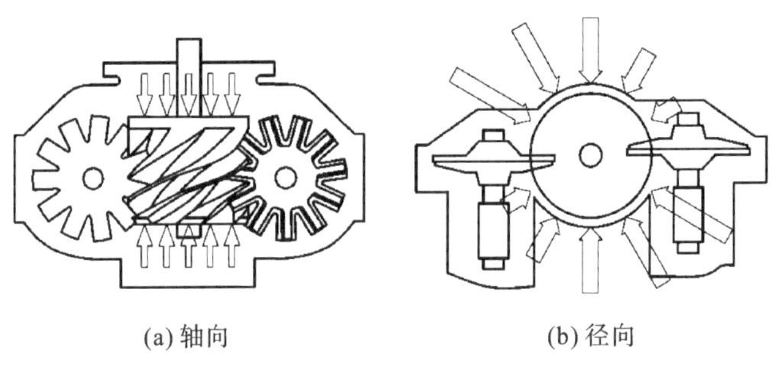

(a) 轴向　　(b) 径向

图 1-6 单螺杆轴向和径向气体力平衡图

单螺杆压缩机的一对星轮与螺杆呈中心对称布置。当螺杆齿槽数为偶数时，其压缩腔是成对形成且在对称位置分布的。若不考虑泄漏、流动阻力等的微小差异，每一对压缩腔内的压力是相等的。因此，作用于螺杆上的径向气体力也互相抵消，不会对螺杆形成径向气体力，如图 1-6(b)所示。当螺杆齿数为奇数时，压缩腔内气体对螺杆形成的径向气体力不能忽略，但与双螺杆压缩机比较，这一气体力仍然很小，详见第 7 章。

星轮所受的轴向力来自伸入齿槽内的星轮齿上、下表面的气体压力差。这个压力差对星轮形成轴向气体力和气体力弯矩。由于伸入齿槽中的星轮齿面积较小，产生的作用力并不大。由于星轮和螺杆轴垂直，两者轴承选型基本不受空间尺寸约束，可根据寿命要求合理选取轴承型号。

2. 单机容量大，结构紧凑

单螺杆压缩机的排气压力由排气孔口位置和大小决定，无须设置进排气阀，结构简单。

一个螺杆上布置有6个齿槽，螺杆每转动一周，每个齿槽均被使用两次，容积利用率高。因此，单螺杆压缩机的结构尺寸相较其他压缩机更小。例如，与同气量的活塞式压缩机相比，单螺杆压缩机的重量和零件数目是前者的1/10，甚至更轻、更少。

3. 无余隙容积，排气封闭容积极小

单螺杆压缩机无余隙容积。因为排气通道与星轮齿面之间存在排气通道的壁面，排气结束时壳体上排气通道侧壁在气缸内壁面所占厚度与齿槽尾端所封闭的极小一部分容积为排气封闭容积。通常这部分容积仅有数毫升的体积，因此，单螺杆压缩机的排气封闭容积极小。

4. 密封面相对滑动，泄漏少，容积效率高

单螺杆压缩机星轮齿与螺杆齿槽之间，齿槽与机壳之间，以及星轮齿与机壳之间的相对运动形式均为滑动，需采用喷液的冷却和润滑方式，同时起密封泄漏间隙作用。与双螺杆压缩机中一对螺杆转子表面之间的运动为相对滚动的运动方式不同，单螺杆压缩机密封面之间相对滑动的运动形式使泄漏间隙内较容易形成滑动润滑，润滑效果好、泄漏少。

5. 噪声低，气流脉动小

单螺杆压缩机螺杆一般都设有6个齿槽，且每个螺杆与两个星轮配置，这样螺杆转子每转一转，基元容积完成12次吸、排气。当电机转速相同时，单螺杆压缩机每分钟的排气次数为活塞式、双螺杆式的数倍，这使单螺杆压缩机的气流脉动小，气流噪声低。

6. 型面复杂，加工难度大

单螺杆压缩机啮合副实际上是蜗轮蜗杆副，其螺杆齿槽面为沙漏状空间曲面，型面复杂，加工难度大。采用复杂型线时，星轮齿型面也变得复杂，加工难度提高。合理安排加工工艺，缩小精加工的加工余量可以大幅提高加工效率和精度。与双螺杆压缩机相比，单螺杆压缩机的螺杆齿槽面尚未能实现磨削加工。

由于单螺杆压缩机的星轮与螺杆轴相互垂直，配合间隙和位置精度要求高。这也对加工技术提出了更高的要求。

7. 存在明显的进气鼓风，提高容积效率

如图1-7所示，星轮齿面、螺杆齿槽和机壳（图中未画出）包络封闭后形成封闭容积。图中齿槽1、2对应形成工作容积的是星轮3，星轮4对应的工作容积则在图示螺杆的背面。在进气阶段，星轮齿啮入螺杆齿槽的过程中，会将部分气体从进气孔口5“推”入齿槽2，齿槽内的部分气体则会从位于另一侧星轮4背面的未封闭腔体位置6“漏”出齿槽2。经试验研究发现，被“推”入的气体要多于“漏”出的气体，使吸气结束（形成封闭容积）时基元容积内的气体压力高于进气腔气体压力，称为进气鼓风效应。合理利用该效应，可将单螺杆压缩机的容积效率提升4%以上，或将规定气量单螺杆压缩机的转子直径减小2.5%左右。

综上所述，单螺杆压缩机适用工作压力范围比双螺杆压缩机大。常压进气时，单级压缩排气压力可达2 MPa，两级压缩排气压力可达4～6 MPa。其适用领域包括常压、中压空气压缩

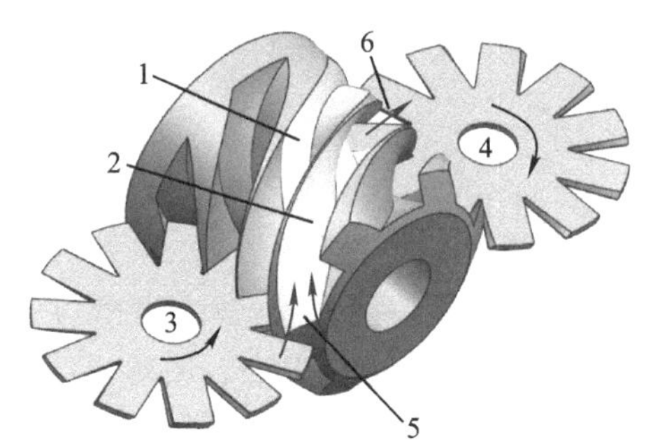

1,2—齿槽;3,4—星轮;5—进气孔口;6—未封闭腔体位置。

图 1-7　单螺杆压缩机的进气鼓风

机,制冷空调压缩机,低温热泵压缩机,以及工艺压缩机等。

1.3　现状与趋势

自被发明以来,星轮齿易磨损、长期运行气量衰减率高的问题一直阻碍着单螺杆压缩机的发展。单螺杆压缩机技术的发展与进步历程几乎就是克服星轮齿易磨损这一问题的过程。

首先,材料方面的改进。因螺杆与星轮相互啮合,为减少磨损,不宜使用相同的材料。一般,油润滑压缩机的螺杆采用球墨铸铁,水润滑压缩机的螺杆采用铜或者不锈钢作为材料,而星轮则使用高耐磨工程塑料聚醚醚酮(polyetheretherketone,PEEK)为基材,其中加入碳纤维等材料增加强度和耐磨性。随着 PEEK 材料的大范围使用,星轮齿易磨损这一问题稍有缓解。为保证星轮的刚度,通常在非金属星轮片下设置一金属支架。

其次,浮动星轮的结构设计。早期,在开发制冷、喷水单螺杆压缩机时,星轮齿的寿命问题严重阻碍了开发进程。齐默恩(Zimmern)等提出了一种浮动星轮的设计,增加了星轮与支架之间的柔性连接。在星轮受到瞬间冲击时,这一柔性连接能吸收部分能量,从而减小机器对制造、装配精度的要求,将喷水空压机和喷油制冷机成功推向市场。

再次,机床加工精度的提高。从构型上看,单螺杆压缩机的螺杆与星轮是一对蜗轮蜗杆啮合副,早期星轮、螺杆的加工都使用专用机床。最初,由于星轮、螺杆的加工精度(特别是分度精度)低,星轮齿的寿命甚至仅有数百小时。但近年来的实践表明,当齿槽宽度、星轮齿宽度的加工精度达±0.01 mm 左右、星轮齿的分度精度在±15″以内时,进一步提高加工精度对压缩机寿命的贡献已经很小了。

最后,啮合副型面的改进。直线包络是单螺杆压缩机啮合副的原始型面。这种啮合副的星轮齿侧面仅有一条棱边与齿槽面接触,易磨损。为此,相继有圆柱包络及二次包络等型面被提出以取代原始型面,提高啮合副寿命。但这些型面均未能实现工业化生产,重要的一个原因是这些型面提出时并未能解决啮合副的加工问题。因此,啮合副的型面的研究必须与其加工技术结合起来。近年来,随着多圆柱包络型线、曲面包络型线等悬浮啮合型线的工业化应用,星轮齿易磨损的问题已得到解决。其螺杆星轮的加工也逐渐摆脱专机,采用通用机床。

目前,单螺杆压缩机的种类已有空气压缩机、工艺气体压缩机和制冷压缩机等,其润滑方式也有油润滑、水润滑和喷液(制冷剂)润滑,用于空气动力、石化、医药和食品等领域。

近年来单螺杆压缩机呈现新的技术和产品发展方向。

1. 向大容量发展

随着单螺杆压缩机在工艺气体压缩领域的应用，市场对 40 m^3/min 以上流量的需求开始释放。大流量单螺杆压缩机开发主要面临加工精度要求高、啮合副相对速度大和大功率扭矩波动大的问题。当螺杆直径很大时，螺杆的热变形增加，啮合副的设计间隙不易控制，啮合副的加工精度要求高；星轮螺杆直径增大后，星轮齿与齿槽之间的相对速度增大，一方面得不到良好的流体动力润滑，星轮齿的磨损将加剧，另一方面会因为相对速度大造成气蚀，加剧磨损；当螺杆齿数为偶数时，两侧压缩腔的工作过程同步，螺杆主轴扭矩波动大，容易造成更大的振动和可靠性问题。

2. 中压压缩机(1～10 MPa)

无油空气压缩、工艺气体压缩及氢能领域，对排气压力在 1～10 MPa 范围中的中压压缩机有大量需求。在这些领域中单螺杆压缩机正在逐步替代传统的活塞压缩机，主要得益于其体积小、维护方便和可靠性高的优势。在吹瓶机领域，采用两级压缩的喷水单螺杆压缩机已经成为替代多级活塞压缩机的主流趋势。在工艺气体压缩方面，单螺杆压缩机比双螺杆压缩机的压比更高，具有更大的发展潜力。即便在排气压力 1 MPa 以下的常压领域，干式无油双螺杆压缩机也需要采用两级压缩，水润滑单螺杆压缩机则只需单级压缩。

3. 水蒸气压缩机

随着碳达峰和碳中和政策的逐步落实，水蒸气压缩机的应用越来越广泛，在中低流量范围内目前还缺少可靠性较高的产品。单螺杆压缩机完全适用这一领域。单螺杆水蒸气压缩机的开发仍然面临一些技术问题，包括微喷液量条件下的啮合副润滑保证、大温差条件下的热变形控制和主机设计，以及可靠的机械密封或喷液润滑轴承。

4. 制冷与热泵压缩机

目前单螺杆制冷压缩机仍以外资品牌为主。过去，国内部分厂家在开发制冷压缩机时，其星轮齿型面设计不准确，导致压缩机可靠性不足或性能不稳定，在制冷领域的应用受限明显。随着新型线的应用，单螺杆制冷压缩机将获得新的性能提升和发展机会。特别是在低温热泵领域，由于压比高、压差大，单螺杆热泵压缩机具有比双螺杆压缩机更大的技术优势。

5. 液体润滑轴承

由于单螺杆压缩机轴承受力小，且空间布置的自由度大，采用液体润滑轴承，可减少机械密封，降低主机成本。在一些特殊领域，如水蒸气或工艺气压缩中可大幅度避免向外泄漏的可能性。目前有少量的水润滑空气压缩机产品采用部分水润滑轴承，并推向市场。开发并采用液体润滑轴承是单螺杆压缩技术的发展趋势。

6. 啮合副型线设计及加工效率提升

试验与产品运行数据表明，采用悬浮啮合型线(曲面包络型线)可以解决星轮齿的磨损问题。悬浮啮合型线的设计自由度大，在不同的工况条件下，存在最佳设计参数，可使性能最优。

目前国内的单螺杆压缩机企业，因采用直线包络型线，普遍采用成型车削的方式加工螺杆，加工效率低、成本高，也存在精度不足的问题，与国外厂家存在较大的差距。采用悬浮啮合型线后，螺杆的精加工可以采用通用数控铣床加工，但仍然存在加工效率低的问题。采用铸造毛坯—粗加工—半精加工—精加工的加工路线，优化加工工艺后实现小时级别甚至小时内的加工效率后，将大幅提高单螺杆压缩机在市场上的竞争力。

第2章 主要几何参数

单螺杆压缩机的几何参数主要包括螺杆槽数(一些文献中也称头数)、星轮齿数、螺杆与星轮的直径、中心距、啮合角、星轮齿宽、封闭角和其他结构参数,如螺杆轴向尺寸、星轮厚度等。这些参数之间按照单螺杆压缩机的结构特点相互关联。螺杆、星轮的直径则主要由压缩机的容积流量(即排气量)决定。一般确定容积流量后,便可确定这些几何参数,进而根据压比确定压缩机封闭螺旋线(即进气孔口)和排气孔口的大小与位置。

本章几何参数的关系在星轮齿宽为定值,即等齿宽条件下满足。如果采用非等齿宽(从齿根到齿顶齿宽不同),其几何关系需要重新推导。重新推导上述几何关系并不难,也有文献可以参考,本章不再详述。一般工程中也很少采用非等齿宽设计。

需要说明的是本书的齿宽是指直线包络型面的星轮齿宽,采用其他啮合副型面时在不同的齿高、齿厚位置,其齿宽也不同。对其他啮合副型面可采用平均齿宽代替本节齿宽计算几何参数,此做法引起的误差极小。

2.1 螺杆槽数与星轮齿数

螺杆槽数 z_1 与所要达到的压比、容积利用率相关。齿槽数越多,同时处于工作过程的压缩腔就越多,相邻压缩腔之间的压差越小,泄漏越少。所以,槽数越多时,压比越大。当压比为3～4时,可采用 $z_1=4$ 的螺杆;压比为7～10时,可采用 $z_1=6$ 的螺杆;压比为10～16时可采用 $z_1=8$ 的螺杆。螺杆槽数越多,槽与槽之间的槽肋占据的容积越大,相应的齿槽容积所占比例越小,即基元容积减小,容积利用率下降。因此,只要压比能满足要求,应该优先选取较小的螺杆槽数。工业中,部分厂家因采用专机加工螺杆与星轮,螺杆槽数固定,只能通过缩小排气孔口实现更高压比。

通常,螺杆槽数优先选为偶数。其优点是两个星轮与螺杆呈对称布置后,两侧压缩腔的工作过程同步,螺杆受到的径向气体力可自动平衡,同时两侧腔体对齿槽形成的气体力大小相等、方向相反、位置对称,从而形成力偶并以纯扭矩的形式作用于螺杆轴(不产生额外气体力),如图1-6所示。但两侧压缩腔的工作过程同步,也意味着压缩气体对螺杆形成的扭矩是峰峰叠加的。若将齿槽为偶数的螺杆-星轮啮合定义为同步啮合,可将齿槽为奇数的螺杆-星轮啮合定义为异步啮合。异步啮合时,螺杆两侧压缩腔的工作过程不同步,无法形成力偶,会对螺杆施加额外的径向气体力;但因扭矩不是峰峰叠加的,压缩气体对螺杆形成的扭矩波动将大幅减少。如图2-1所示,异步啮合比同步啮合的扭矩波动值减少51%,关于异步啮合的动力计算见本书第7章。因此,在高压比、大流量条件下,奇数齿槽也是合理选择。

早期在螺杆、星轮加工精度不足时,要求星轮齿数 z_2 与螺杆槽数 z_1 互质。这样选取的目的是星轮齿与齿槽交替啮合,齿槽与星轮齿之间没有特殊的配对要求,便于安装和加工;同时,交替啮合可使磨损后的星轮齿与齿槽之间间隙均匀分布。实际上,螺杆、星轮的加工精度提高

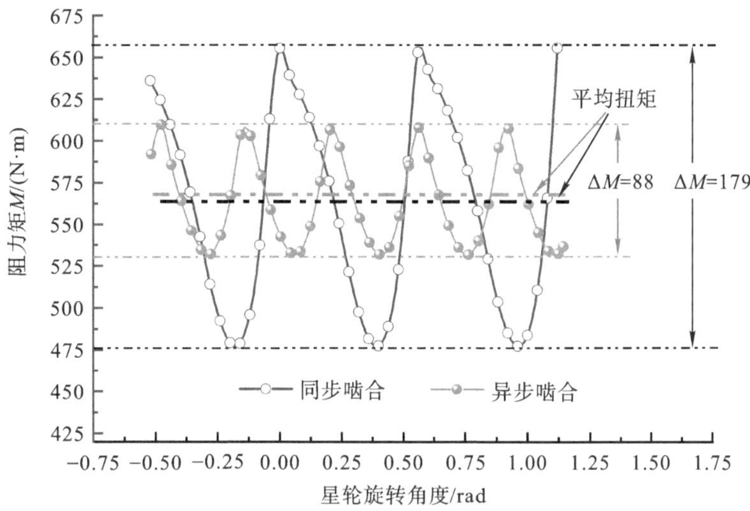

图 2-1　同步啮合和异步啮合螺杆主轴的扭矩

（螺杆直径 300 mm，星轮直径 320 mm，中心距 240 mm，齿宽 46.8 mm）

后，并不需要强调这种互质关系。

当星轮齿数是螺杆槽数的整数倍时，一个星轮上的齿宽可以有两个以上规格。如螺杆槽数为 6，星轮齿数为 12 时，呈 180°对称位置的一对星轮齿永远与同一个齿槽啮合。这样同一个星轮上的不同星轮齿就可以选择不同的齿宽，对应啮合的齿槽槽宽则与星轮齿宽相等。有文献表明，采用这种设计可以降低制冷压缩机的噪声。

螺杆槽数和星轮齿数选择时还需要考虑螺杆-星轮的啮合关系和装配要求。螺杆星轮的装配关系如图 2-2 所示，从图中可以看出螺杆旋转接近 180°，一个齿槽完成与一个星轮齿的啮合，即完成一次压缩和排气工作。如果螺杆的旋转角度超过 180°，一侧星轮齿开始与齿槽啮合时，该齿槽尚未脱离对面星轮齿的啮合，从而无法形成封闭容积。从图中也可以看出，一个星轮齿与齿槽从开始啮合到脱离，转动角度接近 90°。如果这个转动角度超过 90°过多，会无法将星轮的各星轮齿插入齿槽，造成星轮的安装困难。因为这个原因，星轮齿数和螺杆槽数的比一般接近 2∶1。

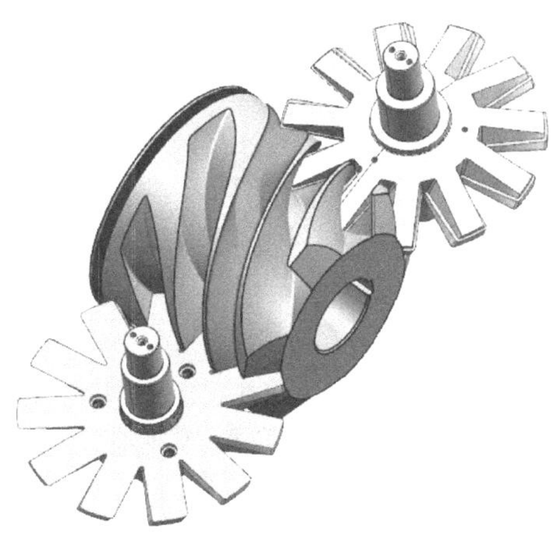

图 2-2　螺杆星轮的装配关系

星轮齿数选择时，还需要考虑螺杆星轮的传动关系。单螺杆压缩机的电机通过螺杆轴驱动压缩机工作，星轮实际上是在螺杆的驱动下旋转工作的。为了可靠地传动，一个星轮齿与齿槽完全脱离啮合之前，后方星轮齿应该已经啮入齿槽了。假设星轮齿从刚好完全啮入到完全脱离齿槽旋转了 90°，前方齿的后侧脱离啮合的同时后方齿刚好完全啮入齿槽，这时一个星轮齿占据的分度角刚好是 90°。所以星轮齿的临界值是 4，工程中应当大于 4 才能满足可靠传动的要求。当然，选取较少的星轮齿数可使其直径缩小，从而减小机器外形尺寸。

综上所述，较小的齿槽数和星轮齿数的配合（齿数比）是 $z_1=4$，$z_2=7$，较大的是 $z_1=8$，$z_2=17$。更大的螺杆槽数将大幅增加加工制造成本、降低容积利用率，并没有实际工程意义。

综上所述，根据压比、工作压力水平和容积利用率，选择合适的齿数比。但工程中，最早开发的单螺杆压缩机是动力用的空气压缩机，压比在 8 左右，选择的齿数比是 6/11。延续这一设计，目前绝大部分的单螺杆压缩机的齿数比是 6/11。因此，$z_1=6$，$z_2=11$ 也被称为标准组合，并定义齿数比为

$$P=\frac{z_2}{z_1} \tag{2-1}$$

2.2 中心距

如图 2-3 所示，中心距 A 是指螺杆轴与星轮轴之间的距离，几何上是两轴的中垂距，它与螺杆直径 d_1、星轮直径 d_2 有关，取决于星轮齿啮入齿槽的深度（即星轮齿垂直于螺杆时，啮入部分的长度）。螺杆和星轮直径一定时，星轮齿啮入深度增加则齿宽减小，但是齿槽长度却相应地增加，因此存在一个最佳啮入深度，此时齿槽容积为最大值（星轮齿啮入深度增加、齿宽减小的原因是螺杆齿槽的肋的厚度通常取定值，是满足齿槽强度和密封要求的最小值）。

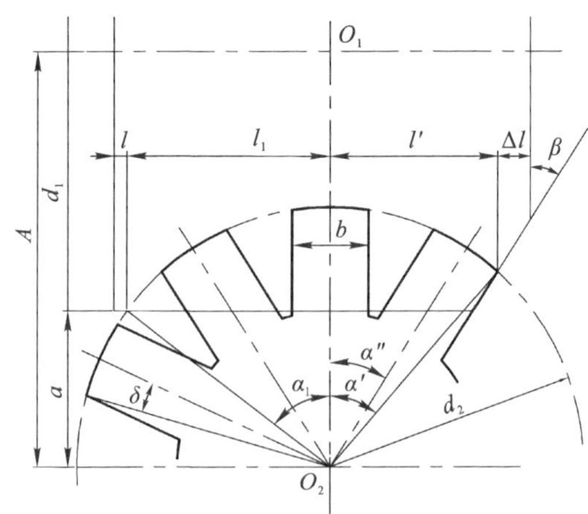

图 2-3　单螺杆压缩机啮合副的几何关系

（图中是将啮合副投影到中性面获得的几何关系，中性面即以螺杆轴与星轮轴的垂线和螺杆轴线形成的平面）

若螺杆与星轮等径、螺杆星轮齿数比为 6/11，计算结果显示，当相对啮入深度（啮入深度与螺杆半径的比值）为 0.46 左右时，容积利用率最高，此时 $A=0.77d_1$。当星轮直径是螺杆直

径的 1.1 倍时，相对啮入深度为 0.5 左右时，容积利用率最高，此时 $A=0.8d_1$。不同齿数比、星轮螺杆直径比条件下，容积利用率最高时的中心距如表 2-1 所示。由表中数据可知，实际工程中取 $A=0.8d_1$ 较为合理。

表 2-1　不同齿数比和星轮螺杆直径比条件下的最佳中心距

z_1/z_2	d_2/d_1	A/d_1
6/11	1	0.77
6/11	1.05	0.78
6/11	1.1	0.8
5/9	1	0.76
5/9	1.05	0.78
5/9	1.1	0.79

在保持螺杆直径 d_1 和中心距 A 不变的情况下，增加星轮直径 d_2 亦可增加齿槽容积。但是星轮直径增大后，啮入齿槽部分的星轮齿长度增加，星轮的装配难度增大，甚至无法装入，因此通常取 $d_2=(1\sim1.1)d_1$。

2.3　啮合角

星轮齿从啮入螺杆齿槽（即星轮齿与螺杆齿槽刚好形成封闭容积）开始到完全脱离齿槽止，星轮齿所转过的角度称为啮合角 α_t。如前文所述，螺杆槽数和星轮齿数比接近 2∶1，与星轮齿啮合时螺杆转动角度接近 180°。因此，该啮合角接近 90°。

工程中，啮合角范围内，螺杆的转过的角度通常小于 180°。如图 2-4 所示，为了给安装星轮支架和星轮预留空间，壳体上必须开设侧窗孔槽。

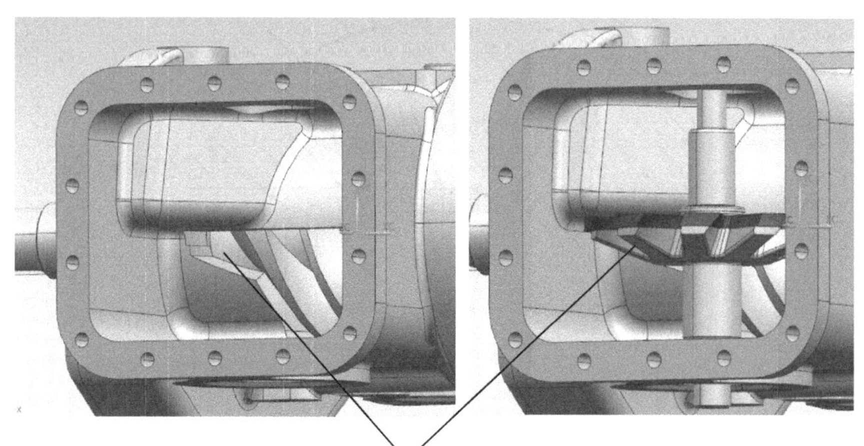

图 2-4　壳体上侧窗的位置

螺杆齿槽脱离该侧窗孔槽后才能与星轮齿形成封闭容积，导致前述啮合过程螺杆转角 φ_n 小于 180°，如图 2-5 所示。即

$$\varphi_n = \pi - \varphi_t \tag{2-2}$$

$$\varphi_t = \arcsin\left(\frac{2H}{d_1}\right) \tag{2-3}$$

式中：H 为侧窗孔槽宽度，通常 $H=2\sim3h$，h 为星轮片厚度。

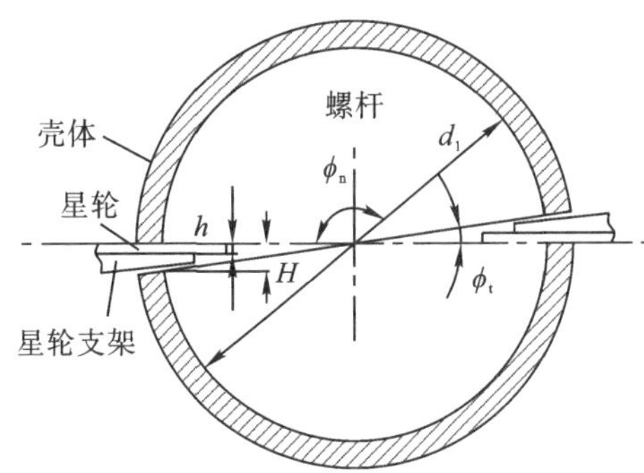

图 2-5　星轮齿从啮入到脱离过程螺杆的转角

若螺杆齿槽脱离壳体侧窗后星轮齿立即啮入螺杆齿槽，则啮合角 α_t 为

$$\alpha_t = \frac{\varphi_n}{P} \tag{2-4}$$

2.4　星轮齿宽

星轮齿宽 b 的大小与螺杆齿槽容积及螺杆外缘螺杆槽肋的轴向最小长度 ε 相关，如图 2-6 所示。

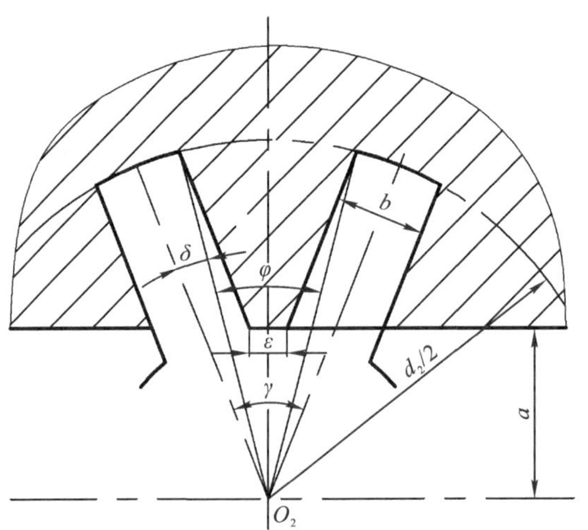

图 2-6　星轮齿与螺杆齿槽的几何关系

为提高容积利用率，增加齿槽容积，在增大星轮齿宽 b 时，螺杆槽肋轴向最小长度 ε 应相应减小。为保证齿槽与齿槽之间的气密性以及槽肋的强度，ε 值不可过小，通常取

$$\varepsilon = \xi d_1 \tag{2-5}$$

齿宽系数 ξ 的取值以获得较大的齿槽容积、合适的槽肋强度及最佳的星轮强度为准。计

算及试验表明，$\xi=0.014\sim0.025$ 时能取得较满意的综合效果。一般，工作压力低时，齿宽系数可取小值，工作压力高时齿宽系数可取高值。

如图 2－6 所示，星轮齿与螺杆齿槽之间的几何关系为

$$b=2a\sin\frac{\gamma}{2}-\varepsilon\cos\frac{\gamma}{2} \tag{2-6}$$

式中：a 为星轮轴线至螺杆外缘的距离，即中心距 A 与螺杆半径的差值；γ 为星轮齿的分度角；$\gamma=2\pi/z_2$。

2.5　封闭角

星轮齿封闭齿槽构成最大基元容积时，该星轮齿中心线所在的角位置称为封闭角 α''。按照啮合角的定义，有

$$\alpha''=\alpha_t-\alpha_1 \tag{2-7}$$

式中：α_1 为螺杆排气侧啮合角（即排气侧螺杆齿槽底占据的星轮转角，如图 2－3 所示），为

$$\alpha_1=\arccos\left(\frac{2a}{d_2}\right) \tag{2-8}$$

式中：$a=A-R_1$，R_1 为螺杆半径。这里需要注意的是，直线包络啮合副的包络直线所在平面通常在中性面（即通过螺杆轴线垂直于星轮轴的平面）下 h 的位置，此平面内螺杆外缘与螺杆轴的距离要小于螺杆半径，故式（2－8）变为

$$\alpha_1=\arccos\left[\frac{2\left(A-\sqrt{R_1^2-h^2}\right)}{d_2}\right] \tag{2-9}$$

但上式对结果的影响很小，为方便起见，工程中一般使用式（2－8）。

在实际工程中，考虑到单螺杆压缩机存在进气鼓风效应，α''取值可比 $\alpha_t-\alpha_1$ 稍大，以增大压缩机的容积流量。试验表明，α''增大 2°～3°，压缩机的容积流量可增加 3%～4%。

若星轮螺杆直径比为 1.0，中心距 $A=0.8d_1$，可求得 $\alpha_1=53.1°$。考虑到啮合角 α_t 接近 90°，封闭角 $\alpha''<\alpha_1$，进气侧齿槽有一部分对压缩机容积流量是没有贡献的。螺杆的进气端通常设置一锥角 β，如图 2－3 所示。设置这一锥角的好处是可以实现螺杆齿槽的轴向进气，减小进气阻力损失。

为使基元容积充分进气，通常取螺杆进气侧倒角 β 与进气侧啮合角 α''相等，这一取值的进气侧几何关系如图 2－3 和图 2－7(a)所示。此时的螺杆进气侧啮合角（即齿槽底与进气侧端面交点占据的星轮转角）为

$$\alpha'=\alpha''+\delta \tag{2-10}$$

式中：δ 为半齿宽角，其计算式为

$$\delta=\arcsin\left(\frac{b}{d_2}\right) \tag{2-11}$$

工程中也有进气侧倒角大于或小于封闭角的情况，如图 2－7(b)、(c)所示。此时的螺杆进气侧啮合角需重新计算。

当 $\beta<\alpha''$时，星轮必须转动至齿后侧，通过槽底与进气端面交点 P'时才能形成封闭容积，此时的进气侧啮合角 α'与 $\beta=\alpha''$时的相同，如式（2－10）所示。

当 $\beta>\alpha''$时，即图 2－7(c)，星轮齿后侧通过螺杆外缘 P 点时形成封闭容积，而星轮齿后侧

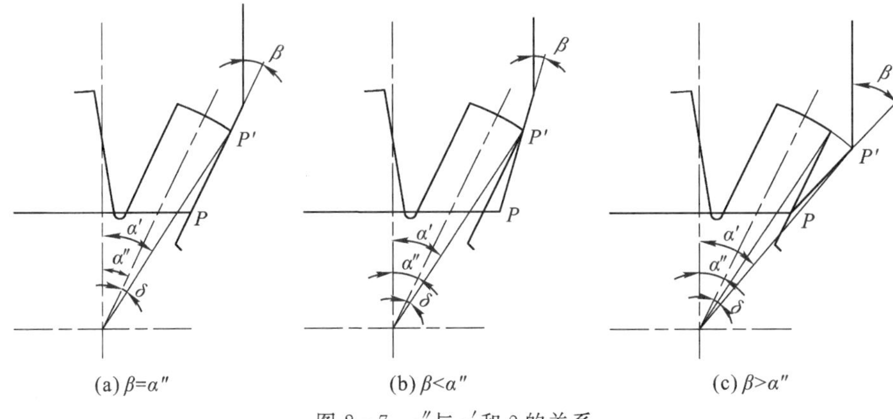

图 2-7 α''与α'和β的关系

齿顶早已通过 P'点，可知此时 $\alpha'>\alpha''+\delta$，由几何关系求得

$$\alpha' = \beta + \arcsin\left[\frac{2a\sin(\alpha''-\beta)+b\cos\beta}{d_2\cos\alpha''}\right] \tag{2-12}$$

2.6 螺杆轴向尺寸

如图 2-3 所示，螺杆排气侧啮合段轴向长度为

$$l_1 = \frac{d_2}{2}\sin\alpha_1 \tag{2-13}$$

螺杆进气侧啮合段长度为

$$l' = \frac{d_2}{2}\sin\alpha' \tag{2-14}$$

螺杆进气端设置锥角后，进气侧端面与进气口的轴向距离为 Δl，可减小进气流动阻力。为减少材料使用，缩短螺杆轴向尺寸，工程中常可将 Δl 取为 0。

螺杆排气端需要设一段圆柱形密封段，以减少齿槽内高压气体的轴向泄漏，其轴向长度可取

$$l = (0.1 \sim 0.15)d_1 \tag{2-15}$$

螺杆总轴向长度 L 为

$$L = \Delta l + l' + l_1 + l \tag{2-16}$$

2.7 封闭螺旋线与排气孔口的大小与位置

单螺杆压缩机星轮齿与齿槽形成封闭容积时，星轮齿刚好处于封闭角 α''所确定的位置，由星轮齿、螺杆齿槽壁面和气缸内壁面所围成的基元容积刚好完成吸气过程。在此位置之前，齿槽容积应当是与进气通道连接的。在轴向，因进气侧锥角的存在，只要星轮齿未啮入螺杆齿槽，齿槽容积一直与进气通道保持连接。为减少进气阻力损失，可在星轮齿啮入螺杆齿槽之前的机壳内壁面区域增加径向进气通道，即通过“镂空”一部分气缸（机壳）内壁面来实现。这样，单螺杆压缩机气缸（机壳）内壁面就被设计成阶梯形，分为两个区域，即气缸内壁圆柱密封面

(与螺杆配合形成密封)、镂空的进气区域。两者的分界线,定义为封闭螺旋线。

1. 封闭螺旋线

气缸内壁面进气区域如图 2-8 中“镂空”区域Ⅰ所示。将气缸内壁设计为阶梯形还减少了气缸与螺杆之间的无用密封面积,从而减小由润滑介质填充间隙引起的螺杆与气缸内壁面之间的剪切摩擦耗功。在螺杆排气端圆柱密封段外,也将对应气缸上无密封要求区域的部分材料去除,如图 2-8 中“镂空”区域Ⅱ所示。

图 2-8　气缸内壁面的封闭螺旋线

如前述定义,封闭螺旋线是指星轮齿与齿槽刚好封闭形成基元容积时,齿槽的后侧(螺杆)外缘的螺旋线所在的位置。可以根据星轮齿与螺杆齿槽的啮合关系绘制和计算该封闭螺旋线的参数。

如图 2-9 所示,将从螺杆进气端指向排气端的方向设置为 y 轴方向,沿着气缸内表面圆周方向并指向螺杆旋转的反方向设置为 s 轴,可获得气缸内表面的展开平面坐标系。为方便起见,将 y 轴的 O 点设置在螺杆轴和星轮轴的中垂线上;将 s 轴的 O 点设置在中性面上(即通过螺杆轴与星轮轴垂直的平面,通常也是星轮承压面)。

同时定义,从螺杆轴、星轮轴中垂线到星轮齿中线的角度为星轮齿转角。角度的正方向则从进气侧指向排气侧。

按照上述坐标系的设置,星轮齿转角 $\alpha_2=-\alpha''$时,星轮齿、螺杆齿槽刚好形成封闭的基元容积。则有封闭螺旋线的方程可表示为

$$\begin{cases} y = a\tan\alpha_2 - \dfrac{b}{2\cos\alpha_2} \\ s = P\dfrac{d_1}{2}(\alpha_2+\alpha'') \end{cases} \quad -\alpha'' \leqslant \alpha_2 \leqslant \alpha_b \tag{2-17}$$

式中:α_b 为星轮齿后侧刚好完全脱离齿槽时的星轮齿转角,通常 $\alpha_b=\alpha_1+\delta$。

根据上式可求得封闭螺旋线在机壳内表面展开平面的形状,如图 2-9 所示。工程中,为降低对铸造精度的要求(机壳内表面进气区域通常采用铸造面)、适当提高气密性,一般将封闭螺旋线稍向进气侧移动 1～2 mm。

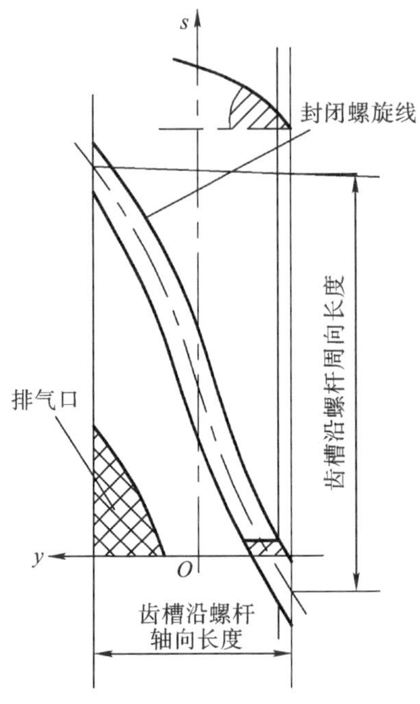

图 2-9　螺杆齿槽螺旋线展开图

2. 排气孔口

因不设置排气阀，单螺杆压缩机的排气孔口的大小和位置是根据压比确定的，即基元容积内气体压力达到排气压力时，基元容积开始与排气孔口联通。一般根据工作过程曲线，即 $p-\alpha_2$ 曲线(见图 1-4)确定。因此，排气孔口的边界是此时齿槽的前侧(螺杆)外缘螺旋线所在位置。

若基元容积内气体压力达到排气压力 p_d 时，排气角(即星轮齿转角)为 α_{2d}，即排气孔口边界螺旋线方程可表示为

$$\begin{cases} y = a\tan\alpha_2 + \dfrac{b}{2\cos\alpha_2} \\ s = P\dfrac{d_1}{2}(\alpha_2 - \alpha_{2d}) \end{cases} \quad \alpha_{2d} \leqslant \alpha_2 \leqslant \alpha_a \tag{2-18}$$

式中：α_a 为星轮齿前侧脱离齿槽时的星轮齿转角，通常 $\alpha_a = \alpha_1 - \delta$。

显然，式(2-17)、式(2-18)仅适用于直线包络啮合副。啮合副的型面类型不同，螺杆齿槽形状不同，螺杆外缘的螺旋线形状亦不同。因此，其他啮合副型面的封闭螺旋线方程和排气孔口形状可根据其型面方程获得。大多数情况下，型面类型的变化引起封闭螺旋线和排气孔口移动变化的值并不大，可以以适当提前封闭的方式采用本书方程计算封闭螺旋线。对于排气孔口，则需要考虑欠压缩和过压缩的问题，排气角应适当提前。理论计算表明，将压比减小 20%，采用绝热压缩过程设计排气孔口对压缩机的效率提高更有价值。为了能使排气过程中尽可能减小欠压缩、避免过压缩，排气孔口边界也往往比方程(2-18)所规定的螺旋线更“斜”。一般情况下，以本书方程为基础设计其他型面单螺杆压缩机的排气孔口引起的误差不大。

需要说明的是，式(2-17)和式(2-18)推导的前提假设是包络直线位于分割面，因 h 值很小，引起的封闭螺旋线和排气孔口的设计误差极小。

2.8　喷液孔的大小与位置

单螺杆压缩机的星轮轴和螺杆轴垂直，难以采用同步齿轮的方式驱动星轮和螺杆同步旋转，即螺杆齿槽与星轮齿之间的推动力始终存在，目前普遍采用喷液的方式润滑螺杆-星轮啮合副。

喷液孔的大小通常根据喷液量确定，喷液量则根据压比大小、进气温度、排气温度及喷液和压缩介质物性确定。喷液量的计算见第 4 章。

目前单螺杆压缩机有多孔喷液（一般是双喷液孔）和单孔喷液的方式。无论是多孔还是单孔均需星轮齿与螺杆齿槽形成封闭容积后喷液，避免提前喷液降低基元容积吸气量。

在圆周方向上，单孔喷液一般垂直于星轮齿面，布置在接近星轮齿顶的位置；双孔喷液则在齿槽后段中部再布置一喷液孔，也有沿齿槽外缘圆周方向均匀布置的设计方案。

在轴向，喷液孔需布置在形成封闭容积时齿槽前侧（螺杆）外缘的螺旋线的排气侧，该螺旋线方程为

$$\begin{cases} y = a\tan\alpha_2 + \dfrac{b}{2\cos\alpha_2} \\ s = P\dfrac{d_1}{2}(\alpha_2 + \alpha'') \end{cases} \quad -\alpha'' \leqslant \alpha_2 \leqslant \alpha_a \tag{2-19}$$

式中：$\alpha_a = \alpha_1 - \delta$。

第3章　啮合原理与型面

从传动原理看，单螺杆压缩机的螺杆-星轮啮合副是蜗杆-蜗轮啮合副的变形，区别是螺杆-星轮之间的传动负荷小，星轮齿与螺杆齿槽之间的密封要求较高。为保证星轮齿与螺杆齿槽之间的密封性，星轮齿面与螺杆齿槽面应满足共轭关系，即几何上星轮齿面与螺杆齿槽面在啮合过程中保持接触且无干涉。所以星轮齿型面和螺杆齿槽型面的设计是单螺杆压缩机的关键核心技术。

沿用螺杆压缩机中型线的概念，将单螺杆压缩机星轮齿面和齿槽型面特征用“型面”来归纳。在双螺杆压缩机中，转子的齿面与转子轴线垂直面的截交线称为转子型线，这一截交线可以是包括圆弧、椭圆线及摆线等在内的各种曲线。由于两根螺杆是平行布置的，转子齿面是转子型线沿螺杆轴向等螺距旋转扫掠形成的曲面。与此不同的是，单螺杆压缩机中星轮轴与螺杆轴是相互垂直的，螺杆齿槽型面是一变径、变螺距的复杂曲面；星轮齿截面沿着齿长方向也是渐变的。故单螺杆压缩机啮合副的“型线”采用型面描述更为合适。

虽然很难用一个简单的物理平面截交星轮齿面或螺杆齿槽面获得“型线”，但是归纳星轮齿面的几何特征或几何元素描述单螺杆压缩机星轮齿面或螺杆齿槽面仍然是形象并容易理解的。例如，“直线包络型面”指的是星轮齿侧面包含直线，螺杆齿槽面则是直线在螺杆空间“扫掠”形成的空间曲面；“圆柱包络型面”指的是星轮齿侧面包含圆柱面，螺杆齿槽面则是圆柱面在螺杆空间包络形成的空间曲面，其几何意义或者几何关系仍然是明确的。这样看，过去采用型线，如直线包络型线描述啮合副型面并不恰当，故本书统一采用型面描述。

无论单螺杆压缩机啮合副采用何种型面，星轮齿面与齿槽面之间必须满足共轭条件，即以星轮齿面或螺杆齿槽面作为母面，星轮齿面或螺杆齿槽面是其共轭曲面。

3.1　啮合副型面设计要求

星轮齿型面与齿槽型面的设计，首先要满足的是几何要求，即须满足共轭的几何关系，否则其啮合过程中星轮齿侧面与螺杆齿槽侧面之间会存在干涉或不接触区域的间隙。作为压缩机的核心部件型面，还需要考虑以下三个方面中与密封、耐磨损及加工性能有关的要求。

1. 良好的流体动力润滑性能

在运行状态下，单螺杆压缩机啮合副之间的相对速度很大。以 6 m^3/min 的单螺杆压缩机为例，其星轮齿顶与螺杆齿槽之间的最大相对速度可达 35 m/s，远大于同气量的双螺杆压缩机。

只要型面设计合理、有足量的润滑介质分布于啮合副间隙（即星轮齿侧与螺杆齿槽侧面之间间隙的形状），这种较高的相对速度很容易建立啮合副之间的流体动力润滑。良好的流体动力润滑是保证这种高速、轻载的啮合副工作寿命的必要条件之一。星轮齿面和螺杆齿槽面的形状也直接影响着它们之间间隙内的流体润滑状态。一旦润滑液膜破裂或难以建立，星轮齿与螺杆齿槽发生直接接触，较高的相对速度将很容易导致星轮齿面甚至螺杆齿槽面磨损。

沿垂直于星轮齿的方向对啮合副作一截面，如图 3-1 所示。一般空气压缩机的星轮齿面与齿槽面之间存在合理的设计间隙值，在小气量和低黏度润滑介质条件下取小值。理论上，当润滑介质为单相液体，在高速相对滑动的条件下，通过齿侧间隙时能产生较高的流体动压力，从而阻止星轮齿与螺杆齿槽侧面的直接接触。

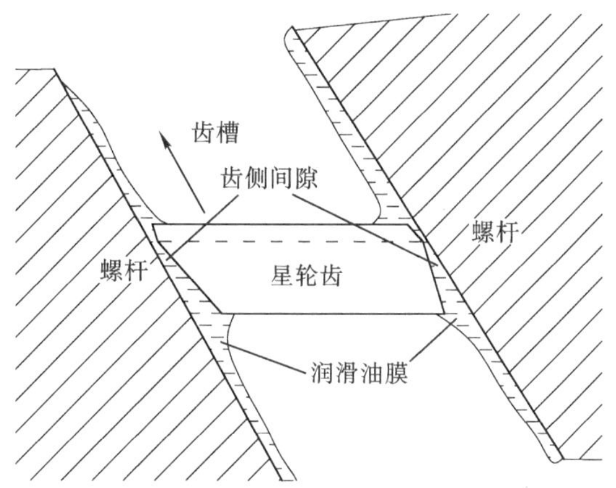

图 3-1　星轮齿与螺杆齿槽间隙内的润滑油分布

在齿截面内，齿侧间隙沿着压缩腔内至吸气侧方向先缩小后增大。从流体动力学角度分析，间隙缩小区域是动压油膜区，间隙增大区域则是油膜破裂区。理论上，油膜破裂区对动力润滑是没有贡献的。

试验研究发现，在小气量单螺杆压缩机中动压油膜区的实测压力接近压缩腔内的压力，油膜破裂区内的压力则接近进气压力。目前认为这是由于润滑介质内混合有大量压缩气体造成的。当然实际间隙偏大也有可能是造成这一表现的原因。

显然，在啮合副的型面设计中应考虑齿面形状对齿侧间隙内润滑流体润滑性能的影响。第 7 章将介绍采用动压区液膜压力评估啮合副流体动力润滑性能的方法。

2. 具有良好的密封性

单螺杆压缩机的泄漏通道如图 3-2 所示：星轮齿顶与齿槽底面之间的间隙 L_1；星轮齿前侧、后侧与齿槽之间的间隙 L_2、L_4；星轮齿前、后侧，齿槽侧面及气缸围成的径向泄漏孔 L_3、L_5；星轮上表面与气缸之间的间隙 L_6；齿槽前后侧外缘与气缸内壁面之间的间隙 L_7、L_8；齿槽排气端外缘与气缸内壁面之间的间隙 L_9。图中，箭头所指方向为泄漏时流体的流动方向。

通过泄漏通道的泄漏将引起压缩机容积流量下降。尽管单螺杆压缩机中存在 9 处泄漏通道，但每个泄漏通道的泄漏对容积效率的影响程度不一，如图 3-3 所示。减小间隙有助于提高其密封性，但是同时增大了流体的剪应力损失，需寻求最佳的设计间隙。试验表明，将螺杆外缘与气缸内壁之间的双边间隙设置为螺杆直径的 1‰是安全的；星轮上表面与气缸的装配间隙控制在 0.03～0.05 mm 是合理的；小气量压缩机的星轮齿齿侧与齿槽间的啮合副间隙可取 0.03～0.05 mm，40 m^3/min 的大气量压缩机中可取 0.1 mm 以上。

与啮合副型线密切相关的泄漏通道是 L_1～L_5。啮合副型线的设计中应考虑使这些泄漏

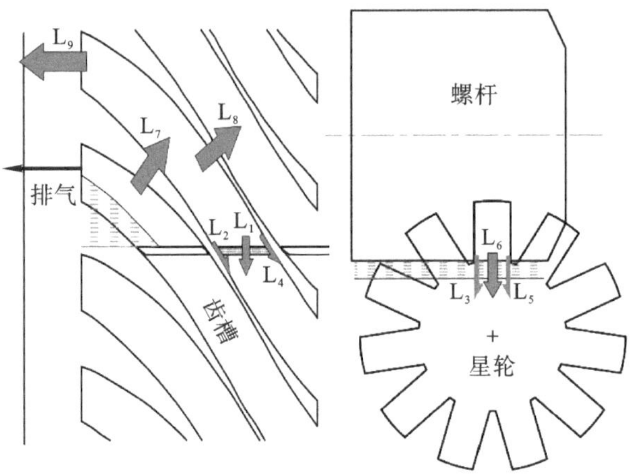

图 3-2 单螺杆压缩机的泄漏通道

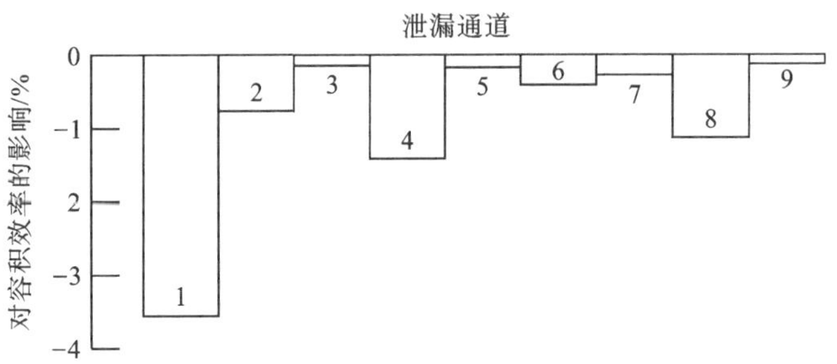

图 3-3 泄漏对压缩机容积效率的影响(直线包络啮合副)

通道尽量减小,或形成更好的流体动力润滑,减小压缩气体的泄漏。

3. 具有良好的加工工艺性

压缩机的性能受啮合副加工精度的影响很大。与有固定螺距的双螺杆比较,单螺杆的齿槽无固定螺距、型面复杂、加工工艺性差,至今未能实现单螺杆齿槽面的磨削加工。

啮合副的加工分为星轮齿的加工和螺杆齿槽的加工。目前行业内普遍采用专用机床加工星轮齿和螺杆齿槽。采用车铣复合的加工方式效率较高,直径 180 mm 的球墨铸铁螺杆加工时长已经可以控制到 2 h 以内。随着数控加工技术的进步,采用数控机床加工啮合副是必然趋势。

无论采用何种加工方式,啮合副型面的设计应当考虑其加工工艺性,以便进一步提高加工效率和加工精度。

3.2 啮合副共轭原理

星轮齿面与螺杆齿槽面必须满足共轭几何关系,即螺杆齿槽面是星轮齿面的包络面。对包络面进行计算分析时,可以认为螺杆与星轮均保持恒定的转速。

两个面共轭的几何关系可以这样来描述:共轭面之间相对移动时,两者在接触点接触但不干涉,即在两个面的接触点处,两者的相对速度与这两个面的法向向量垂直,即

$$\boldsymbol{v} \cdot \boldsymbol{n} = 0 \tag{3-1}$$

式中：$\boldsymbol{v}$ 为接触点处的相对速度；$\boldsymbol{n}$ 为星轮齿侧面或螺杆齿槽侧面在接触点的法向向量。

将式(3-1)所定义的关系称为共轭条件或包络条件。为更具体地描述单螺杆压缩机啮合副的共轭条件，根据星轮与螺杆之间的运动关系，建立图 3-4 所示的坐标系。其中，S_1、S_3 为固定坐标系，表示星轮和螺杆的初始位置，z_1 与星轮轴重合，z_3 与螺杆轴重合，O_1O_3 为两轴的中垂线；S_2 的起始位置与 S_1 相同，固结于星轮；S_4 固结于螺杆，起始位置与 S_3 相同。星轮与螺杆转动的角速度分别为 ω_2、ω_1，星轮与螺杆的转动角度(位置)分别为 α_2、α_1。其中，星轮转角 α_2 为 y_1 至 y_2 的角，即当转角与星轮角速度方向一致时取正值，否则取负值，螺杆转角亦类似。

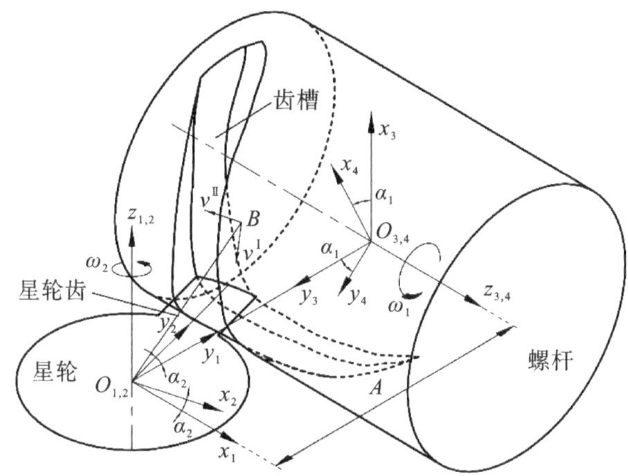

图 3-4　星轮、螺杆的运动关系

螺杆与星轮的角速度之比与齿数比相反，即

$$\frac{\omega_1}{\omega_2}=\frac{\alpha_1}{\alpha_2}=P \tag{3-2}$$

当螺杆的转速为 n 时，星轮转动的角速度为

$$\omega_2=\frac{2\pi n}{60P} \tag{3-3}$$

在星轮齿面任取一点 B，且 B 点在坐标系 S_2 中的坐标为(x_2,y_2,z_2)，则 B 点在坐标系 S_1 中可表示为

$$\begin{bmatrix}x_1\\y_1\\z_1\\1\end{bmatrix}=\boldsymbol{M}_{12}\begin{bmatrix}x_2\\y_2\\z_2\\1\end{bmatrix} \tag{3-4}$$

其中

$$\boldsymbol{M}_{12}=\begin{bmatrix}\cos\alpha_2 & -\sin\alpha_2 & 0 & 0\\ \sin\alpha_2 & \cos\alpha_2 & 0 & 0\\ 0 & 0 & 1 & 0\\ 0 & 0 & 0 & 1\end{bmatrix}$$

星轮在 B 点的速度为其角速度与半径的积，即

$$\boldsymbol{v}_1^{\mathrm{II}}=-\omega_2 y_1\boldsymbol{i}_1+\omega_2 x_1\boldsymbol{j}_1 \tag{3-5}$$

式中:下标 1 表示坐标系 S_1 中的变量;上标Ⅱ表示星轮的绝对速度;$\boldsymbol{i}$、$\boldsymbol{j}$ 分别表示沿 x 轴和 y 轴的单位向量。

B 点的速度在坐标系 S_3 中可表示为

$$\boldsymbol{v}_3^{\mathrm{II}} = \boldsymbol{M}_{31}\boldsymbol{v}_1^{\mathrm{II}} \tag{3-6}$$

其中

$$\boldsymbol{M}_{31} = \begin{bmatrix} 0 & 0 & 0 & 0 \\ 0 & -1 & 0 & 0 \\ 1 & 0 & 0 & 0 \\ 0 & 0 & 0 & 1 \end{bmatrix}$$

根据坐标变换原理,B 点在螺杆坐标系 S_3 中的坐标可表示为

$$\begin{bmatrix} x_3 \\ y_3 \\ z_3 \\ 1 \end{bmatrix} = \boldsymbol{M}_{32}\begin{bmatrix} x_2 \\ y_2 \\ z_2 \\ 1 \end{bmatrix} \tag{3-7}$$

其中

$$\boldsymbol{M}_{32} = \begin{bmatrix} 0 & 0 & 1 & 0 \\ -\sin\alpha_2 & -\cos\alpha_2 & 0 & A \\ \cos\alpha_2 & -\sin\alpha_2 & 0 & 0 \\ 0 & 0 & 0 & 1 \end{bmatrix}$$

故采用类似的方法,可得 B 点螺杆的速度为

$$\boldsymbol{v}_3^{\mathrm{I}} = -\omega_1 y_3 \boldsymbol{i}_3 + \omega_1 x_3 \boldsymbol{j}_3 \tag{3-8}$$

式中:上标Ⅰ表示螺杆上点的绝对速度。因而,在 B 点星轮与螺杆的相对速度可表示为

$$\boldsymbol{v}_3 = \boldsymbol{v}_3^{\mathrm{II}} - \boldsymbol{v}_3^{\mathrm{I}} \tag{3-9}$$

以星轮齿面为母面,此时给出 B 点星轮齿母面的法向向量即可根据式(3-1)和式(3-9)求解星轮齿面与螺杆齿槽面在任意转角 α_2 的接触线,将接触线转换至螺杆坐标系则可获得螺杆齿槽面方程。若 B 点在接触线上,则螺杆齿槽面的方程可表示为

$$\begin{bmatrix} x_4 \\ y_4 \\ z_4 \\ 1 \end{bmatrix} = \boldsymbol{M}_{42}\begin{bmatrix} x_2 \\ y_2 \\ z_2 \\ 1 \end{bmatrix} \tag{3-10}$$

其中

$$\boldsymbol{M}_{42} = \begin{bmatrix} -\sin\alpha_1\sin\alpha_2 & -\sin\alpha_1\cos\alpha_2 & \cos\alpha_1 & A\sin\alpha_1 \\ -\cos\alpha_1\sin\alpha_2 & -\cos\alpha_1\cos\alpha_2 & -\sin\alpha_1 & A\cos\alpha_1 \\ \cos\alpha_2 & -\sin\alpha_2 & 0 & 0 \\ 0 & 0 & 0 & 1 \end{bmatrix}$$

补充星轮齿面任意点的法向向量 $\boldsymbol{n}$,便可联立上述方程求解螺杆齿槽面和星轮齿侧的接触点或接触线,从而完成啮合副的型面设计。

根据星轮齿侧特征母面的不同,目前已有多种型面,如直线包络型面、圆柱(台)包络型面

以及多直线、多圆柱包络型面和曲面包络型面。其中，直线包络型面和圆柱(台)包络型面是基础。这些型面中，直线包络啮合副、多圆柱包络啮合副和曲面包络啮合副已经实现商业化应用。

3.3　直线包络型面

这类型面又被称为第一类型面或原始型面，如图 3－5 所示。其螺杆齿槽面 3a 和 3b 是以直母线 7a 和 7b 按设定的配合运动而形成的包络面。直母线的包络面亦为轨迹面，直母线 7a 和 7b 始终是星轮齿侧与螺杆齿槽的接触线。星轮齿前侧由分布在直母线 7a 上、下侧的型面 8a 和 9a 构成；齿后侧由分布在直母线 7b 上、下侧的型面 8b 和 9b 构成。

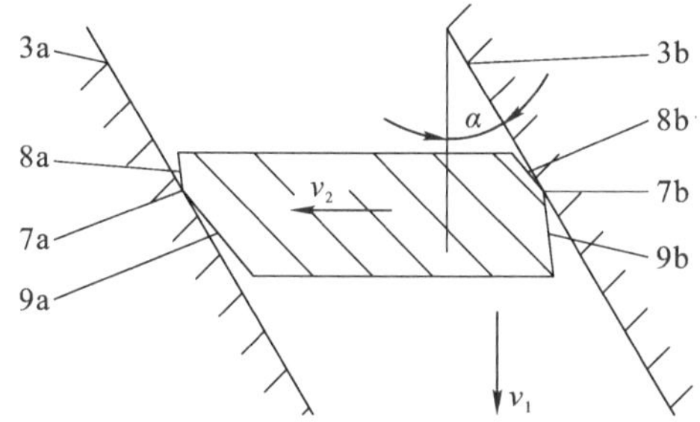

图 3－5　直线包络型面(在垂直于星轮齿的方向对啮合副的截面)

一般 7a、7b 所指的直母线为两条平行直线，它们之间的距离即齿宽是定值。目前大部分单螺杆压缩机啮合副采用定齿宽的直线包络型面。理论上，定齿宽的直线包络型面是非定齿宽的直线包络型面的特殊情况，如图 3－6 所示。当其齿形角 $\delta_c=0$ 时，即为定齿宽型面。

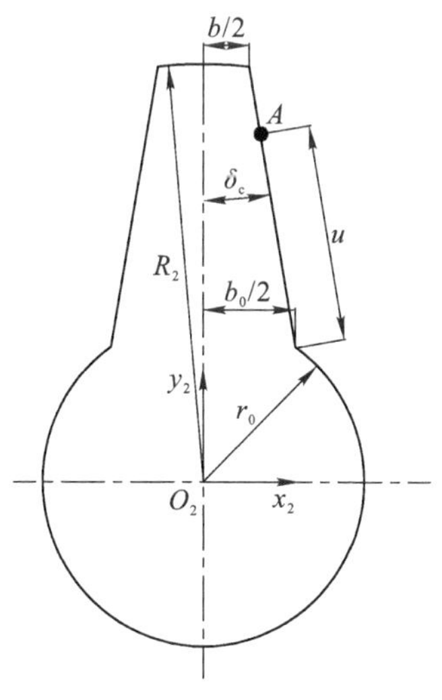

图 3－6　啮合副的直母线

如图 3－6 所示，在星轮坐标系 S_2 中，前述直母线的方程可表示为

$$\begin{cases} x_2 = \pm\ (b_0/2 - u\sin\delta_c) \\ y_2 = \sqrt{r_0^2 - (b_0/2)^2} + u\cos\delta_c \\ z_2 = h \end{cases} \tag{3-11}$$

式中:“+”表示齿后侧,“−”表示齿前侧;r_0 为星轮齿根圆半径,$r_0=A-d_1/2$;u 为星轮齿沿其长度方向的坐标;b_0 为齿根处齿宽,δ_c 为齿形角,一般 $b_0=b$,δ_c 为 0,若 $b_0\neq b$,则 $\delta_c=(b_0-b)/(\sqrt{4R_2^2-b^2}-\sqrt{4r_0^2-b_0^2})$;$h$ 为直母线所在平面的高度。工程中大部分产品 $h=-1$ mm,星轮的上表面(即面对压缩腔平面)在啮合副的中性面(通过螺杆轴线并垂直于星轮轴的平面)内。

将式(3-11)所示的包络直线坐标通过式(3-10)转换至螺杆坐标系,就获得了螺杆齿槽面的型面方程。

直线包络啮合副的主要缺点在于直母线(接触线)7a 和 7b 在整个啮合过程中与螺杆齿槽面接触,因此星轮齿侧棱边(直母线所在位置)在啮合过程中容易被磨损,啮合副间的间隙增大,气体泄漏量增加,降低机器效率。此外,这种啮合副的螺杆齿槽面一般都采用车削的方法加工获得。为提高表面精度,进刀量小,加工效率低;为提高加工效率,则进刀量大,表面精度低,对机器效率和啮合副寿命有不利影响。

3.4 直线包络星轮齿型面

采用成型车刀按照星轮螺杆的运动关系车削成型的方式加工螺杆齿槽时,直线包络型面的螺杆齿槽面不需要根据式(3-10)计算,直接车削成型获得。如果采用数控机床加工的方式,则需要通过计算获得螺杆齿槽型面,按照三维模型加工。

对于星轮齿型面,除包络直线 7a、7b 之外的区域,如 8a、9b、8b 和 9a 区域需要通过计算获得理论值,再根据理论值完成加工。

星轮齿型面的设计与加工曾经是行业难题。简单归纳有三种型面,均与加工方法有关,本书将它们称为简单型面、滚削型面和二次包络型面。实际上这三种型面都与正确的理论型面存在一定误差。作者认为,正是这种误差导致了过去单螺杆压缩机产品星轮齿磨损快、性能衰减快的问题。本节将展开讨论上述四种直线包络星轮齿侧型面,并进行对比。

1. 简单型面

直线包络啮合副在啮合过程中仅有直母线与齿槽面接触,即齿侧型面 8a、8b、9a 和 9b 是不与螺杆齿槽接触的。这些型面可以按照“不干涉原则”确定,即啮合过程中,齿侧型面不能与螺杆齿槽面发生干涉。因而,确定齿侧型面时必须首先确定螺杆齿槽面与齿侧型面之间的位置关系。观察图 3-5 所示的螺杆齿槽面的倾角 α。根据共轭原理,在接触点,直母线和螺杆齿槽面之间的相对速度与齿槽面的切线是平行的,故倾角 α 由啮合点处的相对速度决定,而这一相对速度随星轮转角 α_2 在一定范围内变化。因此,螺杆齿槽面的倾角 α 也随着星轮转角 α_2 在一定范围内变化。

齿槽面倾角的算式为

$$\alpha = \arctan\frac{|\boldsymbol{v}_3{}^{\mathrm{II}}|}{|\boldsymbol{v}_3{}^{\mathrm{I}}|} \tag{3-12}$$

将式(3-5)与式(3-8)代入上式可获得倾角值。

考虑到相对于螺杆齿槽的长度，星轮齿厚度的尺寸很小，假设在图 3－5 所示截面内，与星轮齿啮合的螺杆齿槽截面线可以用接触点齿槽面的切线代替（化曲为直）；包络直母线所在平面距离分割面很近（$h=-1$ mm），可近似认为 $h=0$。基于这两点假设和简化，在直母线（接触线）上星轮与螺杆的绝对速度是相互垂直的。这样式（3－12）中的速度可以用角速度与点所在的半径相乘来计算，设啮合点在星轮上的半径为 r_2'，啮合点在螺杆上的半径可表示为

$$r_1' = A - r_2'\cos\alpha_2 \tag{3-13}$$

代入式（3－12），有

$$\alpha = \arctan\left(\frac{1}{P}\frac{r_2'}{A - r_2'\cos\alpha_2}\right) \tag{3-14}$$

对上式进行分析，随着啮合点向星轮齿顶移动，即 r_2' 增大，倾角 α 逐渐增大；而随着星轮齿转角 α_2 的增大，倾角先增大后减小（即星轮齿从进气侧啮入至排气侧脱离齿槽）。当啮合副的齿数比 $P=11/6$，星轮螺杆等径，中心距 $A=0.8d_1$ 时，齿顶处倾角 α 在 28°～42°范围内变化，在齿根处则为 17°，如图 3－7 所示。

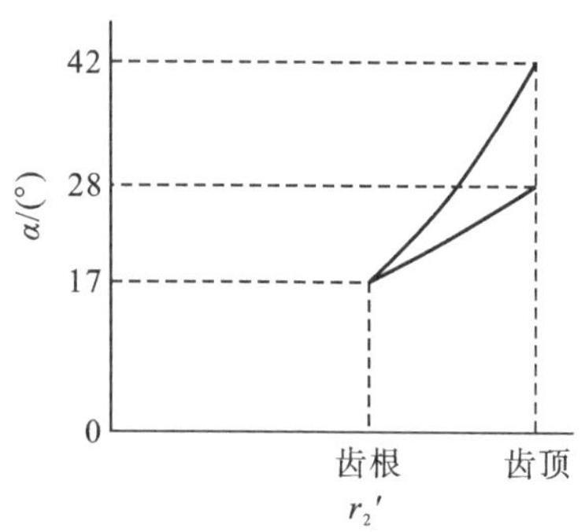

图 3－7　倾角 α 的变化

根据图 3－7，为保证齿侧斜面不与齿槽干涉，在齿顶处，斜面 8a 的倾角应不大于 28°，斜面 8b 的倾角应不小于 42°；在齿根处，则斜面 8a 的倾角应不大于 17°，斜面 8b 的倾角应不小于 17°，可将齿根的齿侧斜面设定为 17°。直母线下侧的斜面确定方法与此相同。因此，齿侧斜面的倾角是随齿长方向变化的，星轮齿侧的斜面为“扭”斜面，如图 3－8 所示。

采用上述简化的“不干涉原则”确定齿侧斜面的物理意义可以用下述方式描述。

首先，将螺杆齿槽上与星轮齿某截面啮合的母线展开到平面，如图 3－9 所示。图中，星轮齿与螺杆齿槽母线啮合点母线的切线的倾角即螺杆齿槽面的倾角 α，由式（3－14）算得。在不同的啮合位置，螺杆齿槽母线的倾角是不同的，且存在倾角最大和最小处，即图 3－9 中啮合位置Ⅰ、Ⅱ所示。

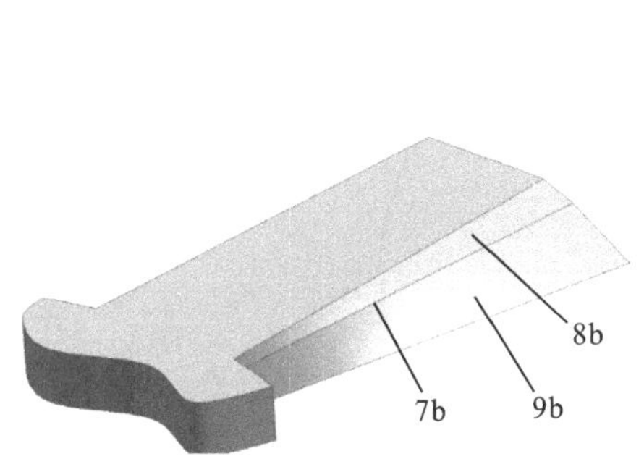

图 3－8　直线包络啮合副的星轮齿后侧面

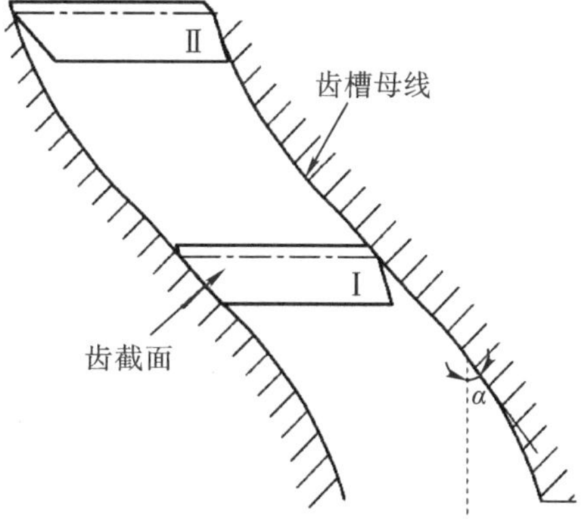

图 3－9　直线包络啮合副的齿槽母线展开图

其次，如果在星轮齿某截面处观察螺杆齿槽的倾角变化，则可得到如图 3－10 所示的倾角 α 变化图。以齿后侧为例，可以发现螺杆齿槽母线始终绕直母线 7b 在一区域内摆动（由于齿槽母线长度比星轮齿厚要大得多，在齿厚范围内可以用直线代替螺杆齿槽母线）。这一摆动区

域的边界 1、2 即倾角 α 达最小值和最大值时的螺杆齿槽母线位置。

最后，根据不干涉原则确定星轮齿侧面。按照图 3-10 所示的位置关系，若星轮齿材料超出界限 8a、9a 和 8b、9b，则超出部分材料将在某些位置与螺杆齿槽母线发生干涉，即与螺杆齿槽面发生干涉。为保证星轮齿侧面不与螺杆齿槽面发生干涉，在齿侧斜面取螺杆齿槽母线摆动区域边界 1、2 和 3、4 所在位置。需要注意的是 α_{min} 和 α_{max} 对于星轮齿不同长度处的截面是逐渐不同的，因此齿侧斜面是随着星轮齿长而改变的，星轮齿侧的斜面是“扭转”斜面。

图 3-10 中的星轮齿截面与螺杆齿槽母线的关系描述的是直线包络齿槽面的几何关系，但它也适用于螺杆齿槽面反包络星轮齿侧面的几何关系，因为此时直母线与螺杆齿槽面的包络(共轭)关系并未改变。当然，采用同样的方法还可以分析圆柱包络啮合副星轮齿侧的型面特征。目前行业内大部分企业采用这种方法设计和加工星轮齿型面，为方便起见，本书将这种方法设计的齿侧型面定义为简单型面。

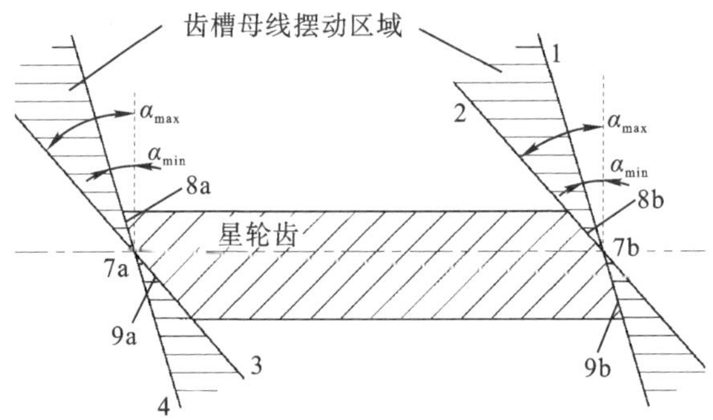

图 3-10　星轮齿截面上的齿槽倾角变化图

简单型面将直母线所在高度 h 近似为 0，同时采用了“化曲为直”的方法用螺杆齿槽面的切线代替螺杆齿槽面。这两个简化使星轮齿面的设计误差超出 0.1 mm。这一尺度已经超过了单螺杆压缩机螺杆星轮啮合副的设计间隙值，必然引起星轮齿磨损。下面将具体说明其误差产生的原理。

直线包络型面星轮齿侧与螺杆齿槽侧面的啮合点在齿侧包络直线上，因此啮合点 B 螺杆的速度如图 3-11 所示(垂直于螺杆轴的截面内)。

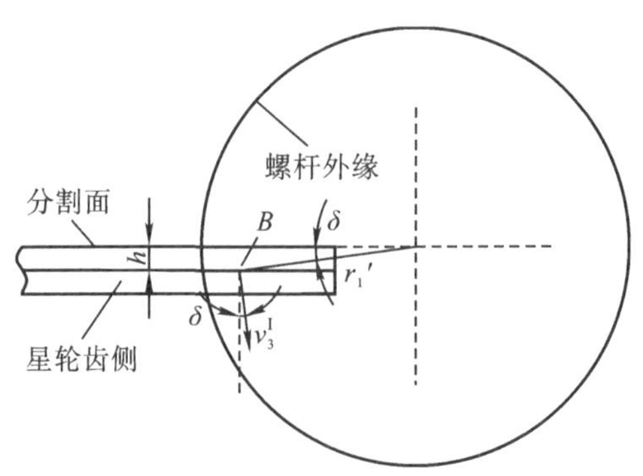

图 3-11　齿侧啮合点螺杆的速度

显然，因为 $h\neq0$，B 点螺杆的速度 $\boldsymbol{v}_3^{I}$ 并不垂直于分割面，而是与分割面的垂线有夹角 δ，

可表示为

$$\delta = \arctan\left(\frac{h}{A - r_2' \cos\alpha_2}\right) \tag{3-15}$$

计算速度大小的回转半径 r_1' 则为

$$r_1' = \sqrt{h^2 + (A - r_2' \cos\alpha_2)^2} \tag{3-16}$$

显然，即便 B 点维持在星轮齿侧包络直线某个位置不变，随着星轮齿转动，δ 也是跟随改变的。因此，随着星轮齿转动，B 点星轮速度 $\boldsymbol{v}_3^{\mathrm{II}}$ 和螺杆速度 $\boldsymbol{v}_3^{\mathrm{I}}$ 所组成的平面是在摆动的，并不固定于某个截面内。而简单型面的计算过程假设 B 点星轮速度 $\boldsymbol{v}_3^{\mathrm{II}}$ 和螺杆速度 $\boldsymbol{v}_3^{\mathrm{I}}$ 所组成的平面是固定在某个如图 3 - 10 所示的截面内的。这意味着，按照式(3 - 14)所求得的 α 角并不具备比较大小的统一基准。

采用三维模型建模，模拟 160 kW 星轮齿侧型面和螺杆齿槽型面，按照简单型面方法设计的星轮齿侧型面与螺杆齿槽面存在至少 0.09 mm 的干涉，如图 3 - 12 所示。

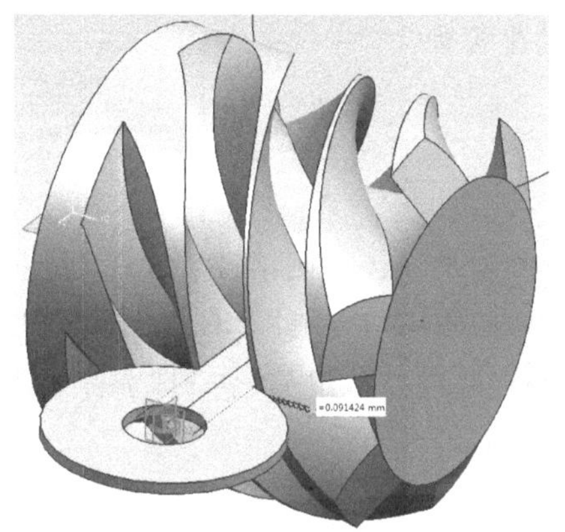

图 3 - 12　星轮齿简单型面与螺杆齿槽面之间的干涉

简单型面的设计原理，即“不干涉原则”是正确的。存在较大的设计误差，是因为采用了两条简化假设，但不进行简化就无法采用上述公式计算星轮齿侧型面。尽管如此，其设计思路比较直观，作为单螺杆压缩机星轮齿侧型面设计原理的学习案例仍然是有参考价值的。

2. 滚削型面

滚削型面来自星轮齿侧型面加工方法的研究。早期认为模拟螺杆与星轮啮合的方式加工星轮齿侧型面是符合啮合原理的，故提出了星轮齿侧型面的滚削加工方法。

星轮齿侧型面的滚削加工方法如图 3 - 13 所示，在 A 轴(相当于螺杆)上装有两把滚刀 T_1 和 T_2 分别加工星轮齿前侧和后侧型面，两把滚刀刀刃的距离为齿宽。加工过程中，A 轴和 C 轴(星轮)转速分别与螺杆和星轮的转速相同，A 轴和 C 轴的距离从 $(d_2 + d_1)/2$ 逐渐减小到 A 完成一个星轮的加工。

采用这种加工方式，齿前侧的 8a 和齿后侧的 9b 是由滚刀的刀尖加工成型的，9a 和 8b 则是在最后一转，由滚刀的长刀刃最终加工成型的。

建立星轮齿型面滚削加工的数学模型可以分析滚削型面方程。在螺杆坐标系 S_3 中设置滚刀刀刃直线段，如图 3 - 14 所示。滚刀布置在螺杆轴上，且当滚刀转动至水平时，刀刃刚好与星轮齿侧包络直线所在位置重合。加工过程中，螺杆轴与星轮轴之间的距离 l_g 从 $(d_2 +$

$d_1)/2$ 逐渐减小至 A。

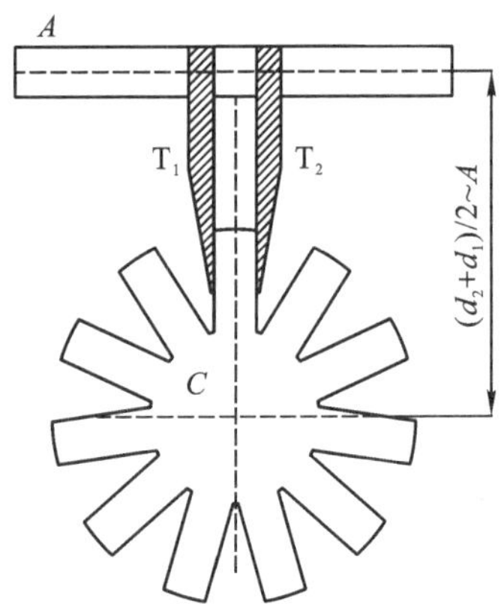

图 3-13　滚削加工方法示意图

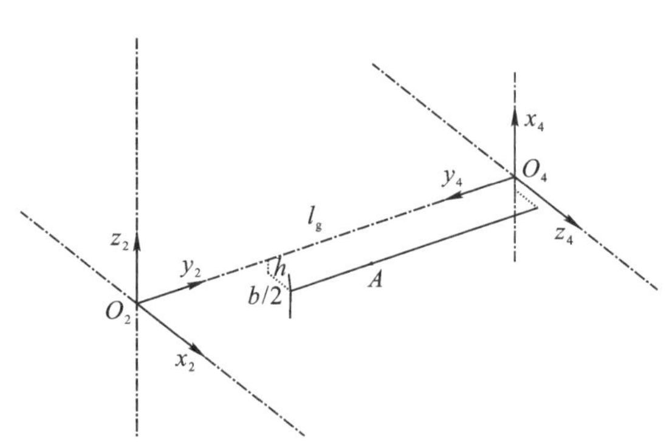

图 3-14　星轮齿后侧型面滚削加工原理

设滚刀刀刃上任意点 A 的坐标为

$$\boldsymbol{r}_{A4}=\begin{bmatrix}h_A\\m_A\\\delta_A\end{bmatrix}\tag{3-17}$$

式中：δ_A 为半齿宽，当 $\delta_A=-b/2$ 时加工齿前侧，当 $\delta_A=b/2$ 时加工齿后侧；一般取 $h_A=h$，h 为星轮齿侧包络直线与星轮上表面的距离（一般星轮的上表面与中性面重合）。

设星轮齿转角为 φ_{sw}，滚刀转角（螺杆转角）为 φ_{sr}，且 $\varphi_{sw}=\varphi_{sr}/P$。将 A 点坐标变换至星轮坐标系 S_2 中，即

$$\boldsymbol{r}_{A2}=\begin{bmatrix}-h_A\sin\varphi_{sw}\sin\varphi_{sr}-m_A\sin\varphi_{sw}\cos\varphi_{sr}+\delta_A\cos\varphi_{sw}+l_g\sin\varphi_{sw}\\-h_A\cos\varphi_{sw}\sin\varphi_{sr}-m_A\cos\varphi_{sw}\cos\varphi_{sr}-\delta_A\sin\varphi_{sw}+l_g\cos\varphi_{sw}\\h_A\cos\varphi_{sr}-m_A\sin\varphi_{sr}\end{bmatrix}\tag{3-18}$$

同时，星轮齿侧面任一点 B 在坐标系 S_2 中可表示为

$$\boldsymbol{r}_{B2}=\begin{bmatrix}x_B\\m_B\\h_B\end{bmatrix}\tag{3-19}$$

联立式(3-18)与式(3-19)求解，若 B 点由滚刀包络获得，则给定 m_B 和 h_B 时，必定存在某一 φ_{sw} 和 m_A，使 B 点与 A 点重合，求得此时的 x_B，代入式(3-19)便获得星轮齿侧型面。

按照前述滚削加工原理，齿后侧低于包络直线部分型面 9b、齿前侧高于包络直线部分型面 8a 是滚刀的刀尖成型的轨迹面；齿后侧高于包络直线部分型面 8b、齿前侧低于包络直线部分型面 9a 是滚刀旋转轴（螺杆轴）距离星轮中心最近时，即 $l_g=A$ 时的滚刀长刀刃形成的轨迹面。因此，可以按照滚刀刀尖的轨迹面和长刀刃的轨迹面两部分求解星轮齿侧型面。

1）滚刀刀尖的轨迹面（9b、8a）的求解

此时，齿侧型面由滚刀刀尖成型，故 $m_A=d_1/2$。B 点坐标为

$$\begin{cases}x_B=-h_A\sin\varphi_{sw}\sin\varphi_{sr}-R_{sr}\sin\varphi_{sw}\cos\varphi_{sr}+\delta_A\cos\varphi_{sw}+l_g\sin\varphi_{sw}\\m_B=-h_A\cos\varphi_{sw}\sin\varphi_{sr}-R_{sr}\cos\varphi_{sw}\cos\varphi_{sr}-\delta_A\sin\varphi_{sw}+l_g\cos\varphi_{sw}\\h_B=h_A\cos\varphi_{sr}-R_{sr}\sin\varphi_{sr}\end{cases}\tag{3-20}$$

若给定 m_B、h_B，对上式后两项分式求解 φ_{sw} 和 l_g，得

$$\begin{cases} \varphi_{sr}=\arcsin\left(\dfrac{h_A}{\sqrt{h_A^2+R_{sr}^2}}\right)-\arcsin\left(\dfrac{h_B}{\sqrt{h_A^2+R_{sr}^2}}\right) \\ l_g=h_A\sin\varphi_{sr}+R_{sr}\cos\varphi_{sr}+\delta_A\tan\varphi_{sw}+m_B\dfrac{1}{\cos\varphi_{sw}} \end{cases} \tag{3-21}$$

将上式代入式(3－20)，求得 x_B，即获得 B 点处星轮齿侧型面。逐步改变 m_B、h_B，可求得 9b、8a 区域齿侧型面的坐标值。

2)滚刀长刀刃的轨迹面(9a、8b)的求解

该部分型面是滚刀轴距离星轮轴最小，即 $l_g=A$ 时获得，故 B 点坐标为

$$\begin{cases} x_B=-h_A\sin\varphi_{sw}\sin\varphi_{sr}-m_A\sin\varphi_{sw}\cos\varphi_{sr}+\delta_A\cos\varphi_{sw}+A\sin\varphi_{sw} \\ m_B=-h_A\cos\varphi_{sw}\sin\varphi_{sr}-m_A\cos\varphi_{sw}\cos\varphi_{sr}-\delta_A\sin\varphi_{sw}+A\cos\varphi_{sw} \\ h_B=h_A\cos\varphi_{sr}-m_A\sin\varphi_{sr} \end{cases} \tag{3-22}$$

若给定 m_B、h_B，对上式后两项分式求解 φ_{sw} 和 m_A。考虑到方程较为复杂，可采用如下格式迭代求解：

$$\begin{cases} m_A=\dfrac{A\cos\varphi_{sw}-h_A\cos\varphi_{sw}\sin\varphi_{sr}-\delta_A\sin\varphi_{sw}-m_B}{\cos\varphi_{sw}\cos\varphi_{sr}} \\ \varphi_{sr}=\arcsin\left(\dfrac{h_A}{\sqrt{h_A^2+m_A^2}}\right)-\arcsin\left(\dfrac{h_B}{\sqrt{h_A^2+m_A^2}}\right) \end{cases} \tag{3-23}$$

上式求解后代入式(3－22)求得 x_B，即获得 B 点处星轮齿侧型面。逐步改变 m_B、h_B，可求得 9a、8b 区域齿侧型面的坐标值。

计算结果表明，根据上述模型求解获得的滚削型面设计误差比简单型面大，下文会进行介绍，有兴趣的读者也可自行计算分析。工程中，这种加工方式已经被淘汰。

3. 二次包络型面

根据共轭原理，直线包络啮合副螺杆齿槽型面是星轮齿侧直母线在螺杆空间的包络面。若以此螺杆齿槽面为母面，星轮齿型面则是螺杆齿槽面在星轮空间的包络面，该星轮齿面被称为直线二次包络型面。换言之，星轮齿的二次包络面就是用螺杆齿槽面作为刀具，反向加工星轮形成的齿侧型面。

二次包络面的求解仍然可以根据式(3－1)展开。为方便理解，本节二次包络型面的推导采用二次包络相关文献中相同的坐标系设置，如图 3－15 所示。如无特殊说明，本书其他章节

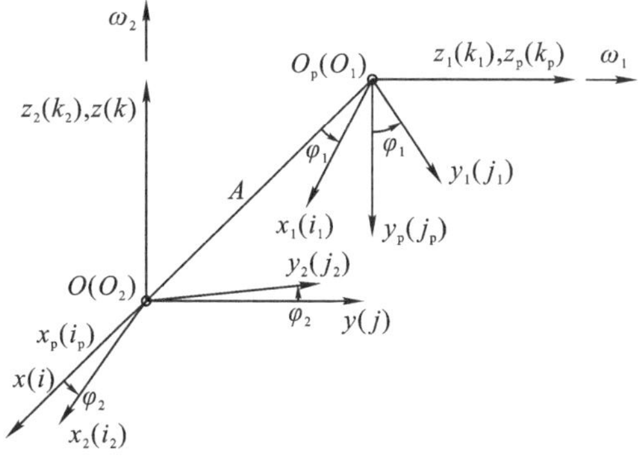

图 3－15　单螺杆压缩机啮合副的空间坐标系(二次包络)

采用的坐标系设置仍以图 3-4 为准。建立星轮与螺杆的坐标系如图 3-15 所示，其坐标系 $S(x,y,z)$ 与 $S_p(x_p,y_p,z_p)$ 固结于地面，且同星轮与螺杆坐标系的基准(初始)位置一致；$S_1(x_1,y_1,z_1)$ 为螺杆坐标系，固结于螺杆；$S_2(x_2,y_2,z_2)$ 为星轮坐标系，固结于星轮。

齿侧包络直线在坐标系 S_2 中的位置如图 3-16 所示。

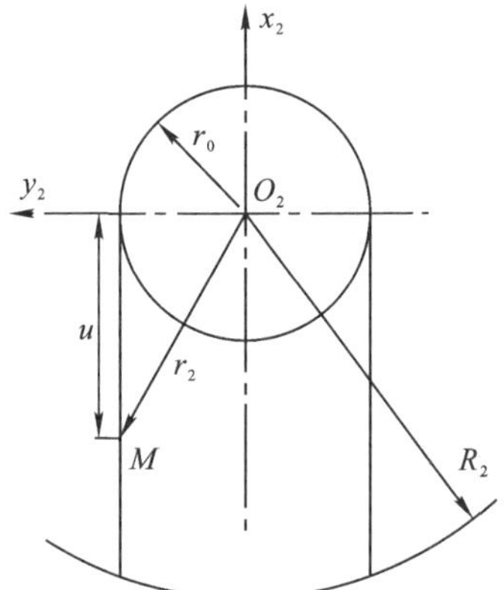

图 3-16　包络直线在坐标系中的位置

设包络直线在星轮轴上的高度为 h，则包络直线上任意点 M 在坐标系 S_2 中的参数方程为

$$\boldsymbol{r}_2 = \begin{bmatrix} -u \\ r_0 \\ h \end{bmatrix} \tag{3-24}$$

式中：u 为母线上研究点的位置参数；r_0 为形成圆半径，与半齿宽相等，当其取负值时表示齿前侧，取正值时表示齿后侧；h 为包络直线的 z_2 坐标值。

将式(3-24)转换至螺杆坐标系 S_1 中，得齿槽面方程为

$$\boldsymbol{r}_1 = \begin{bmatrix} -\cos(\varphi_1)\cos(\varphi_2)u - \cos(\varphi_1)\sin(\varphi_2)r_0 + \cos(\varphi_1)A - \sin(\varphi_1)h \\ \sin(\varphi_1)\cos(\varphi_2)u + \sin(\varphi_1)\sin(\varphi_2)r_0 - \sin(\varphi_1)A - \cos(\varphi_1)h \\ -\sin(\varphi_2)u + \cos(\varphi_2)r_0 \end{bmatrix} \tag{3-25}$$

令

$$T = \cos(\varphi_2)u + \sin(\varphi_2)r_0 - A \tag{3-26}$$

$$S = u\sin(\varphi_2) - r_0\cos(\varphi_2) \tag{3-27}$$

则

$$\boldsymbol{r}_1 = \begin{bmatrix} -T\cos(\varphi_1) - h\sin(\varphi_1) \\ T\sin(\varphi_1) - h\cos(\varphi_1) \\ -S \end{bmatrix} \tag{3-28}$$

该点星轮的旋转速度可表示在坐标系 S_2 中，即

$$\boldsymbol{V}_{w2} = \begin{bmatrix} -\omega_w r_0 \\ -\omega_w u \\ 0 \end{bmatrix} \tag{3-29}$$

式中：ω_w 表示星轮旋转的角速度。该点螺杆的速度可在坐标系 S_1 中表示为

$$\boldsymbol{V}_{r1}=\begin{bmatrix}-\omega_r\sin(\varphi_1)T+\omega_r\cos(\varphi_1)h\\-\omega_r\cos(\varphi_1)T-\omega_r\sin(\varphi_1)h\\0\end{bmatrix}\tag{3-30}$$

式中：ω_r 表示螺杆旋转的角速度。将该速度转换至坐标系 S_2 中，有

$$\boldsymbol{V}_{r2}=\begin{bmatrix}\cos\varphi_2\omega_r h\\-\sin\varphi_2\omega_r h\\\omega_r T\end{bmatrix}\tag{3-31}$$

则有螺杆星轮在 M 点的相对速度：

$$\begin{aligned}\boldsymbol{V}_2&=\boldsymbol{V}_{r2}-\boldsymbol{V}_{w2}\\&=\omega_w\begin{bmatrix}Ph\cos\varphi_2+r_0\\-Ph\sin\varphi_2+u\\PT\end{bmatrix}\end{aligned}\tag{3-32}$$

在坐标系 S_2 中，包络直线方向的单位矢量可表示为

$$\boldsymbol{n}_{w2}=\begin{bmatrix}1\\0\\0\end{bmatrix}\tag{3-33}$$

这样，根据式(3-32)和式(3-33)，齿槽面在该点的法向矢量必定垂直于包络直线和该点相对速度组成的平面，即

$$\begin{aligned}\boldsymbol{n}_2&=\boldsymbol{n}_{w2}\times\boldsymbol{V}_2\\&=P\begin{bmatrix}0\\-PT\\-Ph\sin\varphi_2+u\end{bmatrix}\end{aligned}\tag{3-34}$$

该法向向量在坐标系 S_1 中可表示为

$$\boldsymbol{n}_1=\begin{bmatrix}\omega_r T\cos\varphi_1\sin\varphi_2+\omega_r h\sin\varphi_1\sin\varphi_2-\omega_w u\sin\varphi_1\\-\omega_r T\sin\varphi_1\sin\varphi_2+\omega_r h\cos\varphi_1\sin\varphi_2-\omega_w u\cos\varphi_1\\-\omega_r T\cos\varphi_2\end{bmatrix}\tag{3-35}$$

现将螺杆齿槽面作为母面包络星轮齿侧面。当螺杆转角为 θ_1 时，原 M 点对应的螺杆上的点在坐标系 S_2 中的坐标为

$$\boldsymbol{r}_{r2}=\begin{bmatrix}-T\cos(\theta_1-\varphi_1)\cos\theta_2+h\sin(\theta_1-\varphi_1)\cos\theta_2-A\cos\theta_2-S\sin\theta_2\\T\cos(\theta_1-\varphi_1)\sin\theta_2-h\sin(\theta_1-\varphi_1)\sin\theta_2+A\sin\theta_2-S\cos\theta_2\\T\sin(\theta_1-\varphi_1)+h\cos(\theta_1-\varphi_1)\end{bmatrix}\tag{3-36}$$

式中：θ_2 为与 θ_1 对应的星轮转角。可得坐标系 S_2 中星轮对应点的速度为

$$\begin{aligned}\boldsymbol{V}_{fw2}&=\boldsymbol{\omega}_{w2}\times\boldsymbol{r}_{r2}\\&=\begin{bmatrix}-\omega_w T\cos(\theta_1-\varphi_1)\sin\theta_2+\omega_w h\sin(\theta_1-\varphi_1)\sin\theta_2-\omega_w A\sin\theta_2+\omega_w S\cos\theta_2\\-\omega_w T\cos(\theta_1-\varphi_1)\cos\theta_2+\omega_w h\sin(\theta_1-\varphi_1)\cos\theta_2-\omega_w A\cos\theta_2-\omega_w S\sin\theta_2\\0\end{bmatrix}\end{aligned}\tag{3-37}$$

该速度在坐标系 S_1 中可表示为

$$
\boldsymbol{V}_{fw1} = \begin{bmatrix} \omega_w S\cos\theta_1 \\ -\omega_w S\sin\theta_1 \\ -\omega_w T\cos(\theta_1-\varphi_1)+\omega_w h\sin(\theta_1-\varphi_1)-\omega_w A \end{bmatrix} \tag{3-38}
$$

联立式(3-30)和式(3-38),得原 M 点生成的螺杆齿槽面上点在螺杆转角为 θ_1 时的相对速度为

$$
\begin{aligned}
\boldsymbol{V}_{f1} &= \boldsymbol{V}_{fw1} - \boldsymbol{V}_{r1} \\
&= \begin{bmatrix} \omega_w S\cos\theta_1 + \omega_r T\sin\varphi_1 - \omega_r h\cos\varphi_1 \\ -\omega_w S\sin\theta_1 + \omega_r T\cos\varphi_1 + \omega_r h\sin\varphi_1 \\ -\omega_w T\cos(\theta_1-\varphi_1)+\omega_w h\sin(\theta_1-\varphi_1)-\omega_w A \end{bmatrix}
\end{aligned} \tag{3-39}
$$

将式(3-35)和式(3-39)代入式(3-1)得包络条件

$$
\begin{gathered}
PT(u-a\cos\varphi_2)\cos(\theta_1-\varphi_1)(-PhS\sin\varphi_2+uS-PTh\cos\varphi_2)\sin(\theta_1-\varphi_1)- \\
PT(u-a\cos\varphi_2)=0
\end{gathered} \tag{3-40}
$$

求解上式,可得两解,即

$$
\varphi_1 = \begin{cases} \theta_1 \\ \theta_1 - 2\xi \end{cases} \tag{3-41}
$$

第一个解实际是指包络直线本身,这必然是螺杆齿槽面的包络面。第二个解,表明星轮齿面存在一部分型面是螺杆齿槽面的包络面,其中

$$
\xi = \arctan\left[\frac{-PhS\sin\varphi_2+uS-PTh\cos\varphi_2}{PT(u-a\cos\varphi_2)}\right] \tag{3-42}
$$

求得第二个解后,代入式(3-36),便可求得星轮齿侧的二次包络型面。为方便使用,将 S_2 坐标系中星轮齿二次包络型面的表达式整理为

$$
\boldsymbol{R}_2 = \begin{bmatrix} -T\cos\theta_2\cos(P\theta_2-\varphi_1)+h\cos\theta_2\sin(P\theta_2-\varphi_1)-A\cos\theta_2-S\sin\theta_2 \\ -T\sin\theta_2\cos(P\theta_2-\varphi_1)-h\sin\theta_2\sin(P\theta_2-\varphi_1)+A\sin\theta_2-S\cos\theta_2 \\ T\sin(P\theta_2-\varphi_1)+h\cos(P\theta_2-\varphi_1) \end{bmatrix} \tag{3-43}
$$

其中

$$
\varphi_1 = P\theta_2 - 2\xi \tag{3-44}
$$

但是计算结果表明,采用上述方程求得的二次包络型面只有部分满足螺杆星轮啮合副的要求。因为上述方程的求解过程并未考虑螺杆齿槽面的边界,实际满足式(3-1)所示共轭原理的二次包络的解不仅包括了齿侧距离星轮齿中心最近的点,也包括了距离星轮齿中心最远的点。参考图 3-10,将二次包络过程中每个星轮齿转角齿槽侧面的截面线表示在同一个星轮齿截面上,如图 3-17 所示。

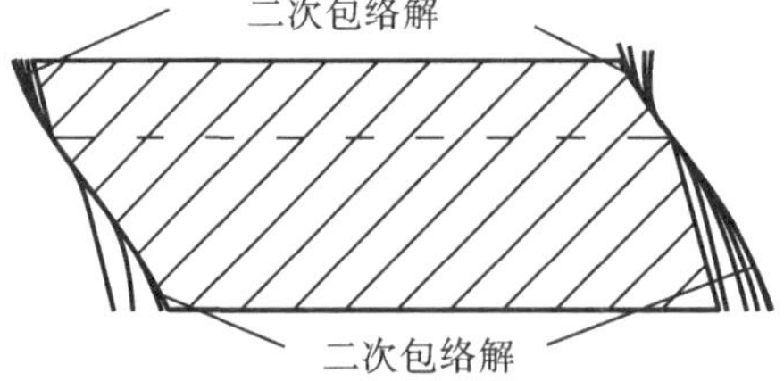

图 3-17　二次包络解在星轮齿截面的展示

显然，只有 9a、8b 区域(见图 3-5)的二次包络解是有效齿侧型面；8a、9b 区域的二次包络解是没有实际意义的。因此，仅采用二次包络解，只能设计星轮齿侧的部分型面。需要寻找更为合理、有效的方法设计正确的直线包络星轮齿型面。

4. 理论型面

为寻找星轮齿侧的正确型面，假设存在这样一种型面，即星轮齿侧 8a、9b、8b 和 9a 区域上任意一点，在整个啮合过程中与螺杆齿槽面至少有一次接触的机会。将这种型面定义为直线包络星轮齿理论型面。

该理论型面的求解方法可以这样描述：在星轮齿任意高度位置，作一垂直于星轮齿对称面(即坐标系 S_2 中的 y_2z_2 面)的垂线，使之固结于星轮并随星轮旋转，求得任意转角时该垂线与螺杆齿槽面的交点，并记录该交点的 x_2 值。对于齿后侧，这些 x_2 值中的最小值对应的点恰好在星轮齿的理论型面上；对于齿前侧，这些 x_2 值中的最大值对应的点恰好在星轮齿的理论型面上。

采用图 3-4 所示的坐标系设置，上述理论型面的求解方法如图 3-18 表示。

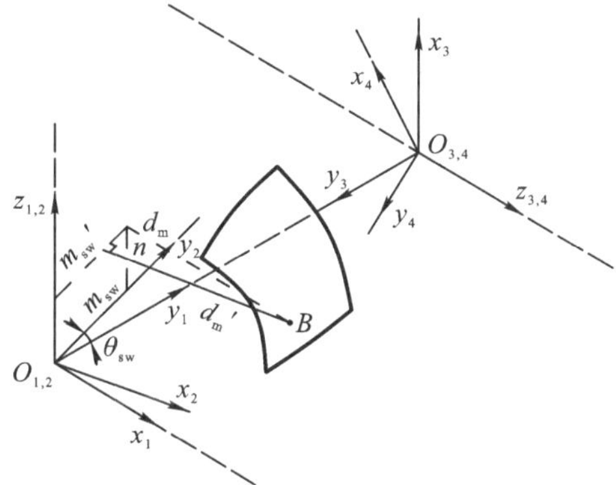

图 3-18　星轮齿理论型面的求解方法示意图

为方便推导计算，采用间接方式求解：设 y_2z_2 面上任意点$(0,m_{sw},n)$沿着螺杆轴方向与螺杆齿槽侧面的交点 B 及其距离 d_m，再求该交点 B 至 y_2z_2 面的垂线距离 d_m'及垂足所在点的 y_2 坐标 m_{sw}'；通过迭代求解的方式可以获得星轮齿 y_2z_2 面上给定点 $D(0,m_{sw}',n)$对应的 d_m'。啮合过程不同的星轮齿转角 θ_{sw}所对应的 d_m'中的最小值即为星轮齿理论型面上的点。

具体求解，只需在任意转角 θ_{sw}下，将给定点 A 转换至螺杆坐标系，寻找螺杆坐标系内螺杆齿槽侧面上与 A 点具有相同 x_3 和 y_3 的 B 点，在螺杆坐标系内求 B 点和 A 点的 z_3 值之差即为 d_m。该求解过程较为简单，本节不再详述，有兴趣的读者可以自行推导，下面给出解的表达式。

给定 y_2z_2 面上任意点 $A(0,m_{sw},n)$和星轮齿转角 θ_{sw}，可得

$$d_m' = d_m\cos\theta_{sw} \tag{3-45}$$

$$m_{sw}' = m_{sw} - d_m\sin\theta_{sw} \tag{3-46}$$

其中

$$d_m = L_{sw}\cos\varphi_{sw} - u\sin\varphi_{sw} + m_{sw}\sin\theta_{sw} \tag{3-47}$$

L_{sw}为半齿宽$(b/2)$，当其取负值时表示齿前侧，取正值时表示齿后侧；h 为包络直线的 z_2 坐标

值;u、θ_{sw}为待求参数。

$$\varphi_{sw}=\theta_{sw}-\frac{1}{P}\arctan\left(\frac{h}{\sqrt{(A-m_{sw}\cos\theta_{sw})^2+n^2-h^2}}\right)+\frac{1}{P}\arctan\left(\frac{n}{A-m_{sw}\cos\theta_{sw}}\right) \tag{3-48}$$

$$u=\frac{A-L_{sw}\sin\varphi_{sw}-\sqrt{(A-m_{sw}\cos\theta_{sw})^2+n^2-h^2}}{\cos\varphi_{sw}} \tag{3-49}$$

上述五式联立后,编制程序,给定点 $D(0,m'_{sw},n)$,通过迭代的方式寻找 D 点的 d'_m值。在星轮齿转角 θ_{sw}的啮合范围内,寻找 d'_m值的最小值,即星轮齿理论型面上的点。

5. 四种型面的比较

二次包络型面与理论型面的比较,如图 3-19 所示。

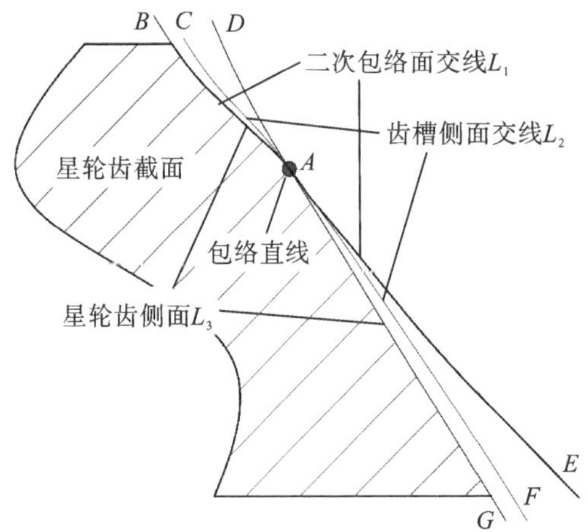

图 3-19　齿后侧二次包络型面与理论型面的比较

对于齿后侧,二次包络面求解结果如图中曲线 L_1 所示,其 8b 区域二次包络解(曲线 AB)与理论型面的求解结果 L_3 一致;在 9b 区域二次包络解(曲线 AE)是无效的,它所确定的型面要比理论型面(曲线 AG)大,啮合过程中会与螺杆齿槽发生干涉。对齿前侧,则刚好相反,9a 区域的二次包络解与理论型面的解一致。计算结果显示,二次包络型面上存在"洼斗"槽,其深度在 0.02～0.05 mm,如图中 AB 曲线的弯曲位置所示。

这里需要说明的是,按照理论型面的求解过程,8a 和 9b 区域的理论型面实际上是螺杆齿槽外缘形成的轨迹面,因为形成点在边界(螺杆外缘)上,并不满足式(3-1)所规定的共轭原理。

现以 25 m^3/min 单螺杆压缩机啮合副参数为例,计算其理论型面,并与几种型面的计算结果进行对比分析。啮合副参数如表 3-1 所示,其中为分析齿侧型面的细节特征,将包络直线与中性面距离放大为 3 mm。

表 3-1　算例中单螺杆压缩机啮合副的参数　　单位:mm

螺杆直径 d_1	星轮直径 d_2	中心距 a	齿宽 b	星轮厚度 H	包络直线坐标 h
290	310	230	44.5	8	−3

根据前述分析，分别在齿顶、半齿长和 1/10 齿长三个位置，作垂直星轮齿的截面，获得齿后侧简单型面、滚削型面和理论型面的截面线，如图 3-20 所示。其中，A 点为包络直线所在位置，简单型面用虚折线 EAD 表示，滚削型面用曲线 FAG 表示，理论型面用实曲线 BAC 表示。为清晰地显示三种型面之间的差别，图示是将两者之间的间隙放大十倍后的形状（图中数值仍然是真实值）。

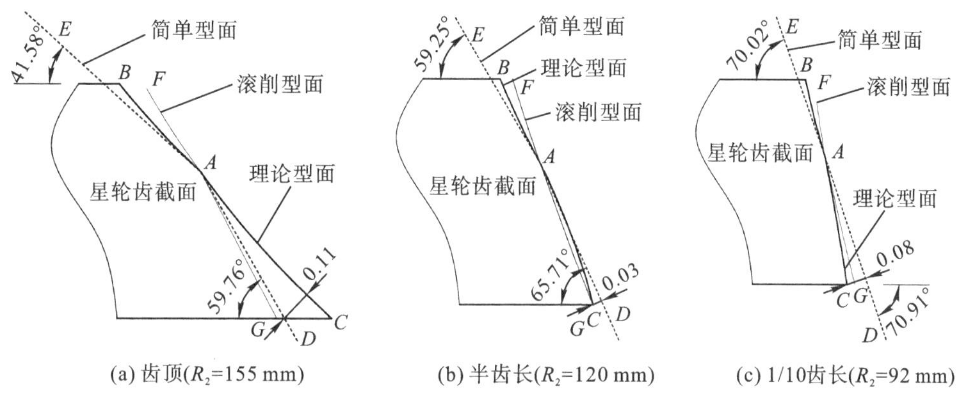

图 3-20　齿后侧简单型面、滚削型面和理论型面的比较

显然，无论是简单型面还是滚削型面都与理论型面存在较大的干涉或者过大的间隙。工程中，往往需要增大设计间隙避免干涉，这将使压缩机的泄漏量增大，效率降低，这是单螺杆压缩机星轮齿容易遭到磨损的原因之一。

上图齿后侧型面包络直线之上 8b 区域为二次包络面，包络直线之下 9b 区域则为螺杆外缘在星轮齿侧形成的轨迹面。对齿前侧，包络直线之下 9a 区域为二次包络面，包络直线之上 8a 区域则为螺杆外缘在星轮齿侧形成的轨迹面。

6. 理论型面与齿槽侧面的接触线

星轮齿侧与螺杆齿槽面之间的接触线曾经是行业内的争议之一。采用理论型面可以较为直观地说明这一问题。以齿后侧为例，星轮齿后侧理论型面与螺杆齿槽面的接触线随星轮齿转角 φ_2 的变化如图 3-21 所示。

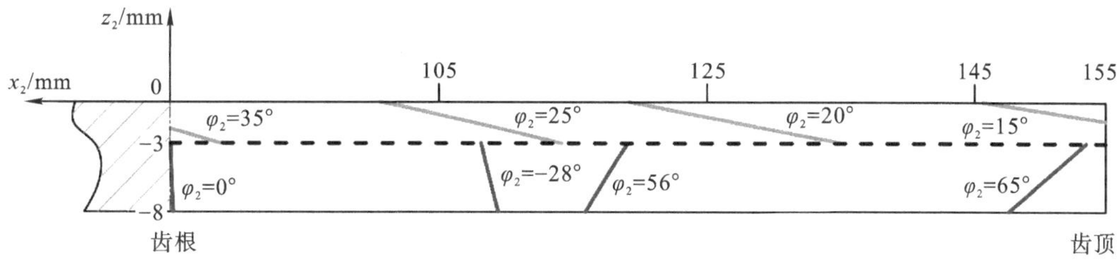

图 3-21　齿后侧理论型面与螺杆齿槽面之间的接触线（齿后侧沿 $-y_2$ 方向的视图）

图 3-21 中，$z_2=-3$ mm 位置的虚线即包络直线所在位置。包络直线上方的接触线，为二次包络面上的接触线。在本例中，二次包络面区域的接触线仅在星轮齿转角 $\varphi_2\in[13.5°, 37.07°]$内存在。

包络直线下方为轨迹面，轨迹面与螺杆齿槽面的接触线在螺杆外缘与星轮齿面之间。星轮齿啮入螺杆时的接触线如图 $\varphi_2=-28°$的接触线所示，但由于进气侧倒角的存在，当星轮齿转角在[0°,55.6°]内无轨迹面接触线,或星轮齿转角大于55.6°后,接触线的方向发生变化(因为此区域星轮齿开始脱离螺杆齿槽)。

综上所述,二次包络面的接触线仅在一定转角范围内出现,而轨迹面的接触线由于进气侧倒角的存在而出现突变区。在本例中,齿后侧二次包络面的接触线与轨迹面的接触线并不能在同一个星轮齿转角位置同时存在,因此齿后侧不存在同时有三线接触的现象。对齿前侧理论型面进行分析,可获得相同结论,读者可根据本书自行展开计算。

另外一个特点是,无论是二次包络型面还是轨迹面与齿槽面之间的接触线,都不与包络直线平行。因此,二次包络面和轨迹面的接触线与包络直线位置的接触线之间形成挤压油膜的作用有限。由于包络直线与水平面之间的距离通常很小,齿后侧二次包络面上的挤压油膜的作用较小,但齿前侧二次包络面区域较大,其挤压油膜的作用有待进一步研究。

3.5 圆柱包络型面

鉴于直线包络型面星轮齿侧棱边容易遭到磨损,单螺杆压缩机的发明人 Zimmern 提出了圆柱(台)包络型面,如图3-22所示,星轮齿侧母面2a和2b分别为回转轴O和O'的圆柱(台)面的一部分,非工作面1a、1b和4a、4b则为其圆柱面的切面,螺杆齿槽面则是前述星轮齿侧圆柱(台)母面的共轭曲面。鉴于工程中很少使用圆台面作为母面,本节以圆柱面为母面推导其包络型面。

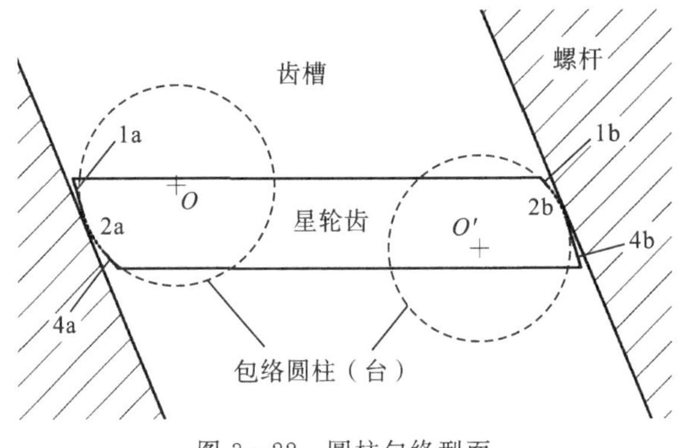

图3-22 圆柱包络型面

如图3-23所示,在星轮坐标系S_2中建立包络圆柱模型。包络圆柱与中性面平行,但与y_2轴呈一角度β(即从y_2至圆柱轴的角,当角度方向与星轮转动方向一致时取正值)。在包络圆柱表面设置一任意点B,经过B点的圆柱半径与中性面夹角为θ,B点在圆柱上的轴向高度为u,B点在S_2坐标系中的坐标为

$$\begin{cases} x_2 = L - u\sin\beta + \dfrac{d}{2}\cos\theta\cos\beta \\ y_2 = K + u\cos\beta + \dfrac{d}{2}\cos\theta\sin\beta \\ z_2 = M + \dfrac{d}{2}\sin\theta \end{cases} \tag{3-50}$$

式中:d为包络圆柱直径;(L,K,M)为包络圆柱起点在S_2坐标系中的坐标,为计算方便通常

可设置 $K=0$。

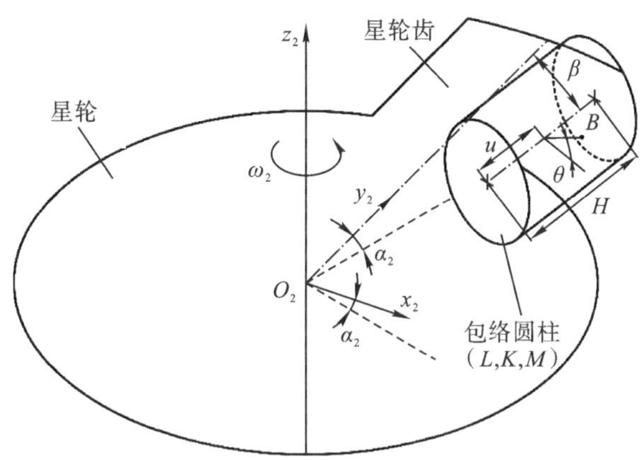

图 3-23　包络圆柱在星轮坐标系的位置

根据式(3-1),为求螺杆齿槽型面,需求接触点的速度和齿面法向向量。包络圆柱上任意点与螺杆之间的相对速度可由式(3-9)求出,这里只需求出包络圆柱在接触点的面法向向量即可。在圆柱面上某点的面法线即为通过该点的半径,故在 B 点的法向单位矢量在坐标系 S_2 内可表示为

$$\boldsymbol{n}_2=\begin{bmatrix}\cos\theta\cos\beta\\ \cos\theta\sin\beta\\ \sin\theta\end{bmatrix} \tag{3-51}$$

通过坐标变换,该法向矢量在坐标系 S_3 中可表示为

$$\boldsymbol{n}_3=\boldsymbol{M}_{32}\boldsymbol{n}_3 \tag{3-52}$$

其中

$$\boldsymbol{M}_{32}=\begin{bmatrix}0 & 0 & 1\\ -\sin\alpha_2 & -\cos\alpha_2 & 0\\ \cos\alpha_2 & -\sin\alpha_2 & 0\end{bmatrix}$$

若 B 点刚好是包络圆柱和螺杆齿槽侧面的接触点,则该处相对速度和圆柱面的法向向量必满足包络条件式(3-1),代入后化简可得

$$P\sin\theta(a-y_2\cos\alpha_2-x_2\sin\alpha_2)+\cos\theta[x_2\sin\beta-y_2\cos\beta+Pz_2\sin(\beta+\alpha_2)]=0 \tag{3-53}$$

将式(3-50)代入上式并化简,可得

$$\theta=\begin{cases}\arctan\left[\dfrac{A(u,\alpha_2)}{C(u,\alpha_2)}\right] & ①\\ \pi+\arctan\left[\dfrac{A(u,\alpha_2)}{C(u,\alpha_2)}\right] & ②\end{cases} \tag{3-54}$$

式中

$$\begin{cases}A(u,\varphi_{sw})=L\sin\beta-u-K\cos\beta+PM\sin(\beta+\varphi_{sw})\\ C(u,\varphi_{sw})=P[K\cos\varphi_{sw}+L\sin\varphi_{sw}+u\cos(\beta+\varphi_{sw})-A]\end{cases}$$

式(3-54)即为包络圆柱与螺杆齿槽侧面的接触条件,其中式①对应齿后侧包络圆柱的接触点,式②对应齿前侧包络圆柱的接触点。只要给定包络圆柱参数(位置、圆柱直径),即可求出当星轮齿转角为 α_2 时包络圆柱上不同高度 u 处,接触点在圆柱表面的圆周角 θ。

由于通过接触点的圆柱半径垂直于螺杆齿槽侧面，接触点的圆周角 θ 与螺杆齿槽侧面的倾角 α 相等。随着啮合位置的改变，包络圆柱上接触点的位置是发生变化的，即 θ 值在某一范围内发生变化（与螺杆齿槽侧面的倾角的变化范围相同）。由于包络圆柱上接触点位置在变化，星轮齿的齿宽（可以理解为齿前侧接触点至齿后侧接触点的距离）已经不是一个定值了。因此，即便中心距等几何参数相同，圆柱包络啮合副包络圆柱上接触点的圆周角变化范围（或者螺杆齿槽面倾角）与直线包络啮合副的情况也是不一样的。在齿顶位置，接触点圆周角 θ 随 α_2 的变化的算例如图 3 - 24 所示。当啮合副和圆柱参数改变时，$\theta_{\max}$ 和 $\theta_{\min}$ 亦有所波动，但在齿顶处 $\theta_{\max}-\theta_{\min}$ 为 15～17°。当 u 变小时，$\theta_{\max}$ 和 $\theta_{\min}$ 同时变小并逐渐接近，直至齿根处，$\theta_{\max}=\theta_{\min}$。

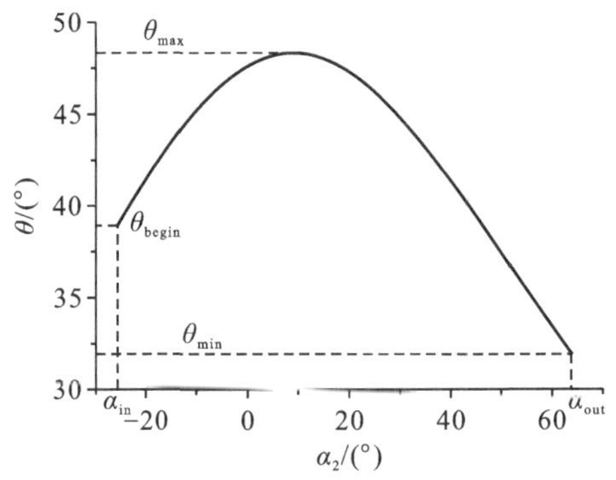

图 3 - 24　包络圆柱上接触点的圆周角 θ 与星轮齿转角 α_2 的关系

（α_{in} 为啮入齿槽时的星轮转角，α_{out} 为脱离齿槽时星轮的转角，对于不同位置的圆柱，这两个角度是不同的）

根据 θ 的变化范围可确定包络圆柱上的有效包络圆弧段（即同一圆柱高度 u 处接触点位置随星轮齿转角的变化范围）如图 3 - 25 所示，令 $\varphi=\theta_{\max}-\theta_{\min}$，并称 φ 为圆柱上的包络角。

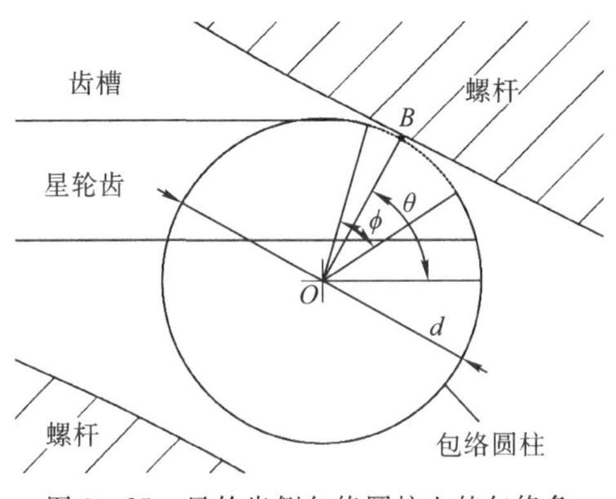

图 3 - 25　星轮齿侧包络圆柱上的包络角

给定 α_2 时，可求出 θ 随包络圆柱高度位置 u 的变化，确定出包络圆柱与螺杆齿槽的瞬时接触线。因此，在 $u\in[0,H]$（H 为包络圆柱高）的范围求解包络角 φ 可以获得包络圆柱上的接触区域：一个顶在齿根、底在齿顶的三角形圆柱面。啮合过程中，包络圆柱与螺杆齿槽的接触线在这一接触区域内移动。

显然，三角形接触区域越宽，星轮齿的耐磨性能越好。直接影响这一宽度的是包络角 φ 和

包络圆柱直径 d。模拟计算表明，啮合副的几何特征和运动关系决定了包络角 φ 的变化较小。因此，三角形接触区域的宽度主要由包络圆柱直径 d 决定，且包络圆柱直径 d 越大前述三角形接触区域越宽。但较大的包络圆柱直径 d 将使螺杆齿槽另外一侧型面受到干涉。根据前述星轮、螺杆之间的运动关系，包络圆柱直径 d 的最大值可近似表示为

$$d_{\max} = \frac{(A - R_2)P}{\sqrt{(A - R_2)^2 P^2 + R_2^2}} b \tag{3-55}$$

式中：b 为星轮齿在中性面的齿宽，简称为基准齿宽。

螺杆齿槽侧面方程可通过坐标变换求解，将式(3－54)代入式(3－50)可得接触点方程，并代入式(3－10)即可获得螺杆齿槽面方程。

圆柱包络啮合副星轮齿面的接触线在前述三角形圆柱区域内移动，使齿面的磨损部位分散，有利于减缓星轮齿面的磨损，提高压缩机的寿命；螺杆齿槽面可采用棒铣刀通过铣削的加工方式成型，有利于提高螺杆齿槽面的加工精度和表面精度，从而提高压缩机效率和寿命。

但与直线包络啮合副相比，圆柱包络啮合副的缺点在于它的径向泄漏孔更大，即如图 3－2 中的泄漏通道 L_3、L_5 所示。包络圆柱的直径、星轮齿厚越大，这一泄漏孔的面积越大，但减小包络圆柱直径将缩小星轮齿侧接触区域。

为减小这一泄漏通道，星轮齿面非接触区域 1a、1b 和 4a、4b 采用三角形接触区域边界的圆柱切面，如图 3－22 所示。Zimmern 曾提出采用圆台代替包络圆柱，减小这一泄漏通道，但是采用圆台包络后，齿槽面的加工难度将增加。有研究表明通过径向泄漏孔的泄漏量占总泄漏量的比例很小，且通过控制喷液量可以大幅减少这一泄漏。

圆柱包络啮合副已公布近 30 年，但目前仍未实现商业化应用，主要原因有以下两点。①齿侧的三角形接触区域仍然不够大。如当包络圆柱直径为 16 mm、星轮外径为 200 mm 时(相当于排气量为 6 m^3/min 的单螺杆压缩机)，前述齿侧接触区域的最大宽度仅为 2.4 mm，不到星轮齿厚的一半，这并不足以大幅提高星轮齿寿命。②圆柱包络型面的设计未考虑铣削加工对齿槽底面形状的影响。近年来，随着数控加工技术的进步，圆柱包络啮合副齿槽底面的型面设计与加工已经具备可行性。本章 3.8 节将对啮合副的齿顶与槽底型面进行讨论。

3.6　多直线包络型面与多圆柱包络型面

前述直线包络型面存在星轮齿侧棱边容易遭到磨损的问题，圆柱包络型面则存在三角形接触区域过小的问题。为此，提出了“分段啮合，分散磨损”的啮合副型面设计思想。多直线包络型面和多圆柱包络型面就是在此基础上被提出的。

1. 多直线包络型面

多直线包络型面的啮合过程如图 3－26 所示。其星轮齿侧面有两条或者更多条直母线，每条直母线在一定星轮齿转角范围内与螺杆齿槽侧面啮合。以齿后侧为例，直母线 1 与螺杆齿槽侧面 bc 区域啮合，直母线 2 与螺杆齿槽侧面 ab、cd 区域啮合。这种型面将直线包络啮合副中一条直母线在整个啮合过程中的磨损分散到多条直母线上。这将有效提高星轮的寿命，且直母线越多，星轮齿寿命越长。这种啮合副的加工方法与直线包络啮合副的加工方法基本相同，只是需要在不同的方位进刀。因此，将现有专用机床稍作改进即可实现。但直母线的增多使加工效率降低且对加工精度的要求更苛刻。在包络直线较少的情况下，这种啮合副的寿

命显然没有圆柱包络啮合副长。所以多直线包络型面并无实际应用的价值，但其分段包络、分散磨损的思想，有助于拓宽啮合副型面的设计思路。

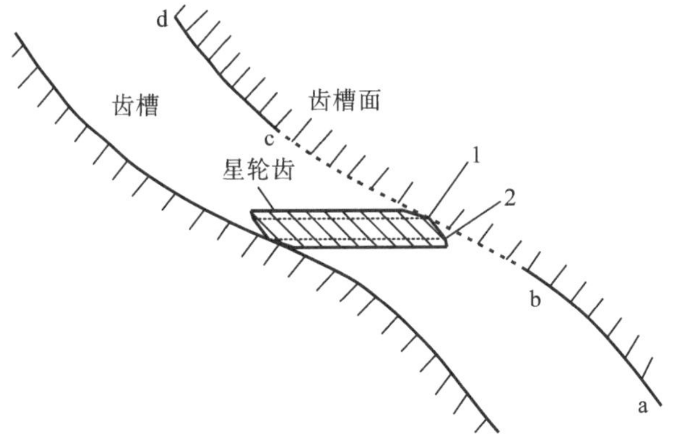

图 3-26　二直线包络啮合

2. 多圆柱包络型面

多圆柱包络型面的基础是圆柱包络型面和多直线包络型面，这种啮合副齿侧型面由多个圆柱面组合而成，如图 3-27 所示。以二圆柱包络型面为例，齿前侧、后侧分别布置有包络圆柱 a、b 和 c、d，其圆柱段 1a、1b 和 2a、2b 与螺杆齿槽侧面啮合，圆柱段之间为它们的公切面 4a、4b，圆柱段与星轮表面之间是圆柱在啮合区域边界的切面 3a、3b 和 5a、5b。

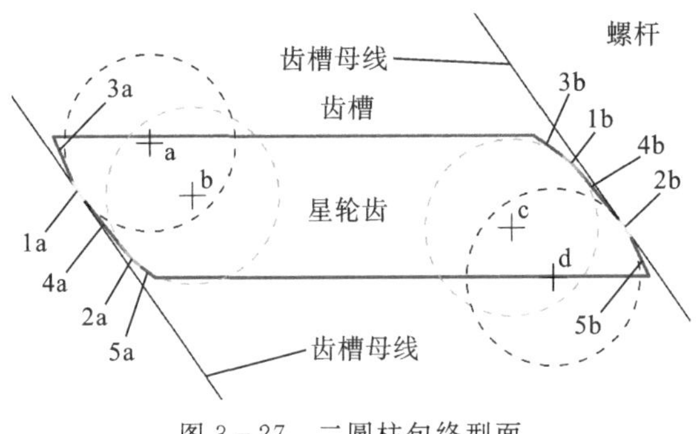

图 3-27　二圆柱包络型面

多圆柱包络啮合副的啮合过程如图 3-28 所示。以二圆柱包络型线为例，齿前侧靠近上表面的包络圆柱 a 与螺杆齿槽前侧面两端区域Ⅳ啮合，靠近下表面的包络圆柱 b 与螺杆齿槽前侧面中间区段Ⅲ啮合；齿后侧靠近上表面的包络圆柱 c 与螺杆齿槽后侧面中间Ⅰ区段啮合，靠近下表面的包络圆柱 d 与螺杆齿槽后侧面Ⅱ区段啮合。

注意到，区段Ⅱ和Ⅳ均被分成了首尾两部分。这是因为，随着星轮齿从进气侧啮入排气侧脱离，星轮齿包络圆柱上接触点的圆周角 θ（如图 3-24 和图 3-25 所示）先逐渐增大，而后逐渐减小。当一个包络圆柱上的接触区域被分散至多个包络圆柱时，先从接触区域上圆周角 θ 较小的点开始接触，故一般最下侧圆柱在进气侧最先与螺杆齿槽啮合。由于螺杆进气侧通常设置一进气倒角，进气侧的螺杆齿槽面不完整，实际最先与螺杆齿槽啮合的并不一定是最下侧的包络圆柱，但在脱离螺杆齿槽时，一般都是最下侧的包络圆柱最先与螺杆齿槽啮合。齿前侧的啮合情况与齿后侧刚好相反，星轮齿脱离螺杆齿槽时一般都是最靠近上表面的包络圆柱与

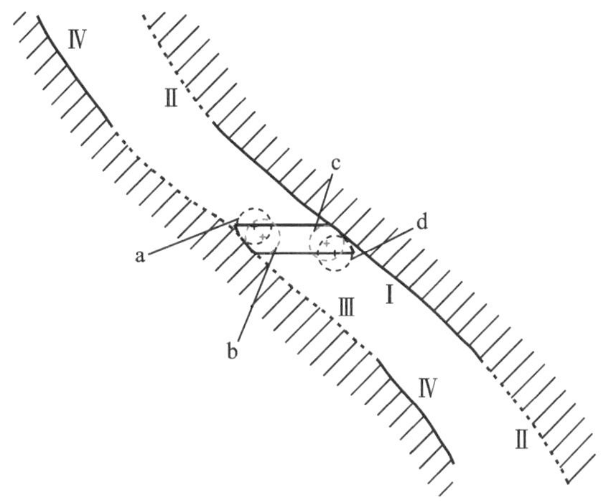

图 3-28　二圆柱包络啮合副的啮合过程

螺杆齿槽先啮合。

多圆柱包络型面的显著优点是可以将单圆柱包络的三角形接触区域扩展到几乎整个齿侧面，从而显著提高啮合副的寿命。以如图 3-27 所示的二圆柱包络型线齿后侧为例，采用二圆柱包络型线后，圆柱接触区域为 1b、2b，区域 4b 在过渡区域与螺杆齿槽接触。可以认为接触区域为 1b、2b 和 4b，这相当于将单圆柱的接触区域分成了两段，并且增加了延长段 4b，这几乎是整个齿侧面。

啮合过程中，多圆柱包络啮合副齿侧与螺杆齿槽的接触点在星轮齿侧面上、下来回游动。若齿厚为 6 mm，螺杆转速为 3000 r/min，这种上、下来回游动的平均速度可达 1.3 m/s，有利于齿侧与螺杆齿槽之间动压油膜的形成，从而提高啮合副寿命并降低比功率。

与直线包络啮合副和(单)圆柱包络啮合副相比，多圆柱包络啮合副的缺点是星轮齿侧与螺杆齿槽面之间的径向泄漏孔增大。但如前所述，在齿前侧脱离螺杆齿槽时，啮合点都在靠近星轮上表面的包络圆柱上，因此啮合副齿前侧的径向泄漏孔是可以忽略的。齿后侧的径向泄漏孔通常是圆柱包络啮合副齿后侧径向泄漏孔面积的 2～3 倍。模拟计算结果显示，在无油润滑状态下，通过多圆柱包络啮合副的径向泄漏孔的泄漏量仅引起压缩机容积效率下降 0.6% 左右。对于直线包络啮合副，这一计算结果约为 0.2%。在喷液润滑条件下，这一泄漏量将变得更小，并可控制在允许范围内。

多圆柱包络啮合副的齿槽侧面的加工方式与圆柱包络啮合副齿槽侧面的加工方式相同，但需要根据包络圆柱的定位从多个刀位进刀使齿槽面成型，从而降低加工效率。包络圆柱数量越多，加工效率越低。当然，采用通用数控机床加工不存在该问题。

由于接触面分布于多个圆柱，接触不连续，接触面之间的过渡面设计极为重要，设计不合理容易导致过渡面与齿槽侧面发生干涉。

3.7　曲面包络型面

总结从直线包络型面到多圆柱包络型面的齿面接触区域变化特征，可以发现这样一个规律：作垂直于星轮齿的截面，接触区域与截面形成截交线，啮合点在截交线上往复游动；如果截交线在截平面内是一阶连续的，那么啮合点在截交线上是连续往复游动的；且连续往复游动的区段截交线在截平面内的斜率是连续变化的。

总结上述特征，考虑这样一种型面，该型面的母面与垂直于星轮齿的平面相交形成一条一阶连续的曲线，在曲线上任意点 B 作其切线，切线与 x_2y_2 平面所成的斜角为 θ，如图 3-29 所示。若该曲线上所有点的斜角 θ 均在如图 3-24 所示的$[\theta_{min},\theta_{max}]$范围内，则该曲线上所有点均有可能是接触点。

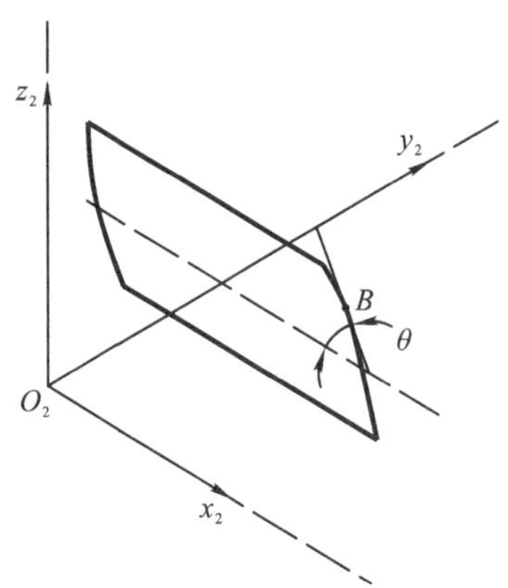

图 3-29　齿侧型面连续啮合的构想

如果上述构想可行，便可构造这样的包络型面，并将其定义为曲面包络型面：其星轮齿侧型面为曲面，垂直于星轮齿的平面的交线为一条连续曲线，在接触区域内曲线一阶连续，并将其定义为曲面包络型面的特征线；接触区域内的特征线在截平面内的斜率在一定范围内连续变化，斜率的变化范围刚好满足与之啮合的螺杆齿槽面的斜率变化范围；螺杆齿槽面则是该星轮齿侧型面的包络面。

按照上述思想，仍然采用图 3-4 所规定的坐标系统，构建曲面包络型面。如图 3-30 所示，在垂直于星轮齿的平面 $F—F'$内，特征线上任意一点 B 在坐标系 S_2 中的位置可表示为

$$\begin{cases} x_2 = x(x,y,z) \\ y_2 = y \\ z_2 = z(x,y,z) \end{cases} \tag{3-56}$$

给出式(3-56)的方程便可构造曲面啮合副型面。简单起见，考虑较为简单的一种情况说明曲面包络型面的原理，其特征线的表达式为

$$\begin{cases} x_2 = x \\ y_2 = y \\ z_2 = z(x) \end{cases} \tag{3-57}$$

式中：$z(x)$为特征线的参数方程。该特征线可以是椭圆、圆、双曲线、多项式等各种连续曲线。

仍然可以采用式(3-9)计算 B 点星轮和螺杆的相对速度，现求任意点 B 处齿侧面的法向向量。对于式(3-57)所定义的特征线，从齿根到齿顶，特征线不变，特征线所定义的曲面相对于 y_2 轴而言是一直面，即任何通过 y_2 轴的平面与该曲面的交线均为平行于 y_2 轴的直线。因此，任意点 B 处特征线的法向向量即为曲面的法向向量，可表示为

$$\boldsymbol{n}_2 = -z'(x)\boldsymbol{i} + \boldsymbol{k} \tag{3-58}$$

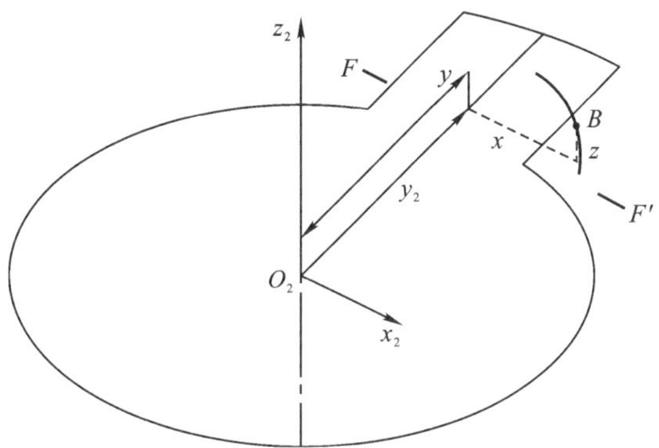

图 3-30　曲面包络型面的特征线

通过坐标变换，该法向向量在坐标系 S_3 中可表示为

$$\boldsymbol{n}_3=\boldsymbol{i}+z'(x)\sin\alpha_2\boldsymbol{j}-z'(x)\cos\alpha_2\boldsymbol{k} \tag{3-59}$$

若任意点 B 点刚好是包络曲线和螺杆齿槽侧面的接触点，则该处相对速度和包络曲线的法向向量必须满足包络条件式(3-1)，代入简化后得

$$P(A-x_2\sin\alpha_2-y_2\cos\alpha_2)+z'(x)(y_2-Pz_2\sin\alpha_2)=0 \tag{3-60}$$

将式(3-57)代入上式并化简，可解得 x 值。对于不同的连续曲线，上式的解不同，但解的形式可表示为

$$x=f(y,\alpha_2) \tag{3-61}$$

上式即为曲面包络型面与螺杆齿槽侧面的接触条件。显然，只要给定特征线函数 $z(x)$ 便可求出当星轮齿转角为 α_2 时，星轮齿不同长度(y)处接触点的位置。

为方便工程技术人员开展曲面包络型面设计，接下来给出特征线为椭圆的曲面包络型面推导过程。设椭圆特征线在 S_2 坐标系中 F—F'截面的位置如图 3-31 所示。

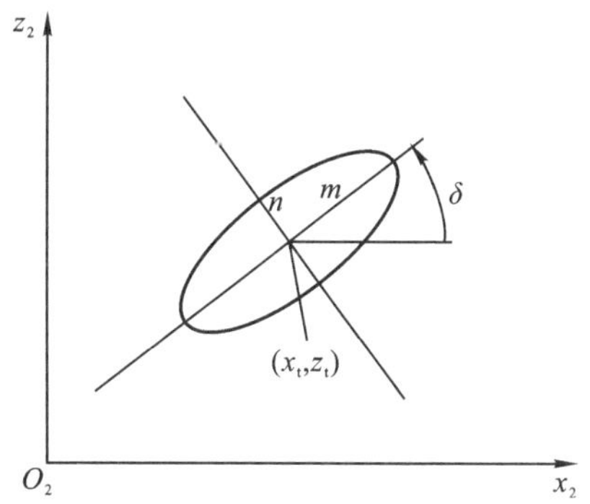

图 3-31　椭圆特征线在 S_2 坐标系中的位置

设 x_2y_2 平面与椭圆长轴所呈角度为 δ，其长轴为 m，短轴为 n，当椭圆的中心点在 S_2 坐标系中为(x_t，z_t)时，椭圆方程可表示为

$$\begin{cases}x_2=m\cos\delta\cos\theta-n\sin\delta\sin\theta+x_t\\ z_2=m\sin\delta\cos\theta+n\cos\delta\sin\theta+z_t\end{cases} \tag{3-62}$$

其中，θ 为椭圆的参数角，故有

$$z_2'(x) = \frac{-m\sin\delta\sin\theta + n\cos\delta\cos\theta}{-m\cos\delta\sin\theta - n\sin\delta\cos\theta} \tag{3-63}$$

代入式(3-60)后,化简可得

$$\begin{aligned}&(m^2 - n^2)P\sin\varphi_{sw}\sin\theta\cos\theta + \\&[(x_t\cos\delta + z_t\sin\delta)P\sin\alpha_1 + (y_2\cos\alpha_1 - A)P\cos\delta - y_2\sin\delta]m\sin\theta + \\&[(x_t\sin\delta - z_t\cos\delta)P\sin\alpha_1 + (y_2\cos\alpha_1 - A)P\sin\delta + y_2\cos\delta]n\cos\theta = 0\end{aligned} \tag{3-64}$$

上式可采用数值迭代的方式求解,求得 θ 后,代入式(3-62),便获得了接触点和接触区域,再代入式(3-10)便求得了螺杆齿槽面。

当然,采用上述方程只能确定曲面包络型面的齿侧接触区域曲面。在接触区域之外,可以采用曲面在接触区域边界的切面。典型的曲面包络型面如图 3-32 所示,齿侧啮合区域 1a 和 1b 连续,啮合过程中啮合点在该区域内连续往复游动;非啮合区域 2a、2b、3a 和 3b 是啮合区域边界的切面。理论上,合理控制特征线的参数,可以将啮合区域 1a、1b 拓展到整个齿侧型面。

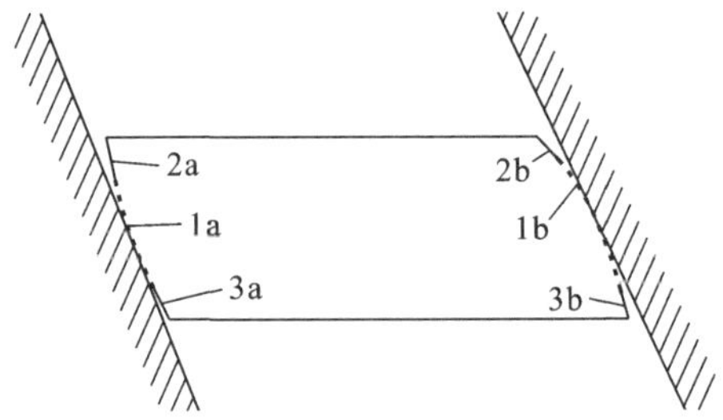

图 3-32　曲面包络星轮齿截面

曲面包络啮合副星轮齿侧型面如图 3-33 所示,在齿顶位置啮合区域可以拓展到整个齿侧面。除了拓展啮合区域之外,采用曲面包络型面的优势是可以通过控制特征线参数将啮合区域控制到尽量靠近星轮齿上表面的区域,从而减小星轮齿侧的径向泄漏通道截面积,减少泄漏。

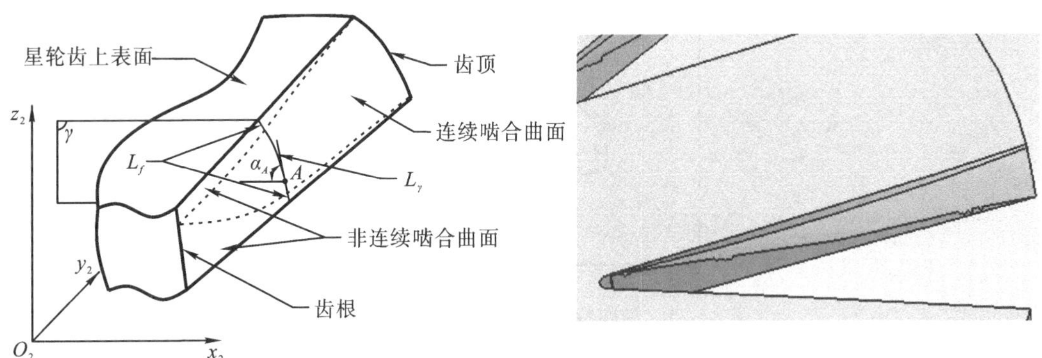

图 3-33　曲面包络啮合副星轮齿侧型面

近年来的研究发现,当星轮齿侧有良好的液膜润滑时,啮合过程中星轮齿可以实现与螺杆齿槽面的零接触,从而解决长期困扰行业的星轮齿磨损问题。在此条件下,星轮齿前侧、后侧液膜产生的推力应当刚好克服轴承或密封对星轮轴形成的阻力,达到动态平衡的水平。为达到这一目的,需要合理设计星轮齿侧啮合区域大小和位置。曲面包络型面可以通过调整特征线参数实现这一目标。具体内容将在后文介绍。上述状态下的啮合又被称为悬浮啮合，因曲面包络型面可以实现上述目标，曲面包络啮合副又被称为悬浮啮合副，是目前性能最优、最具商业化前景的单螺杆压缩机啮合副型面。

3.8　星轮齿顶与螺杆齿槽底型面

以往单螺杆压缩机啮合副型面的研究往往忽略了星轮齿顶与螺杆齿槽底型面，但有研究表明星轮齿顶与螺杆齿槽底之间的泄漏是所有泄漏通道中泄漏量最高的，如图 3－3 所示。合理设计星轮齿顶与螺杆齿槽底型面对提高单螺杆压缩机性能具有重要意义。齿顶与齿槽底型面和啮合副型面类型及加工方式有关。

1. 直线包络啮合副的星轮齿顶与螺杆齿槽底型面

直线包络啮合副的螺杆齿槽底面是星轮齿顶的圆弧绕螺杆轴线回转形成的回转面，一些文献中亦称其为沙漏状底面，如图 3－34 所示。

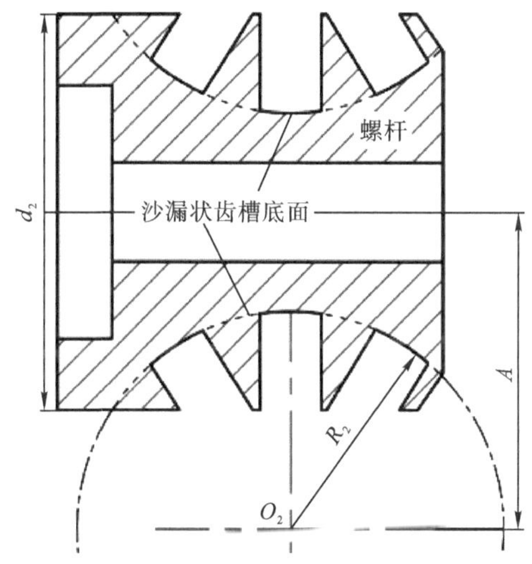

图 3－34　直线包络啮合副的星轮齿顶与螺杆齿槽底型面

形成上述沙漏状底面的与星轮等径的圆弧位于包络直线所在平面，这是由螺杆齿槽的加工方式决定的。直线包络啮合副螺杆齿槽的加工一般采用成型车刀，模仿星轮和螺杆的运动关系，车削成型。其齿侧刀刃相当于齿轮齿型面的包络直线，齿顶刀刃则是螺杆齿槽底面的成型母线。为保证星轮齿侧接触线与齿顶接触线封闭（连续），齿顶刀刃与齿侧刀刃在同一平面内，如图 3－35 所示。

采用上述方式加工的螺杆齿槽，并不需要建立齿槽底面模型。但如果采用数控加工的方式，则需要建立齿槽底型面的模型。接下来首先建模分析螺杆齿槽底型面特征。考虑如图 3－36 所示的回转体（螺杆齿槽底），该回转体由布置在 $z_1=h$ 平面、与星轮等径的圆弧 L_1 绕螺杆轴回转成型（圆弧的圆心位于星轮中心轴）。

若星轮的半径为 R_2，可通过圆弧 L_1 上任意点的位置确定螺杆齿槽底型面的半径，从而获得齿槽底型面方程。仍然采用图 3－4 所规定的参数角，螺杆齿槽底型面可表示为

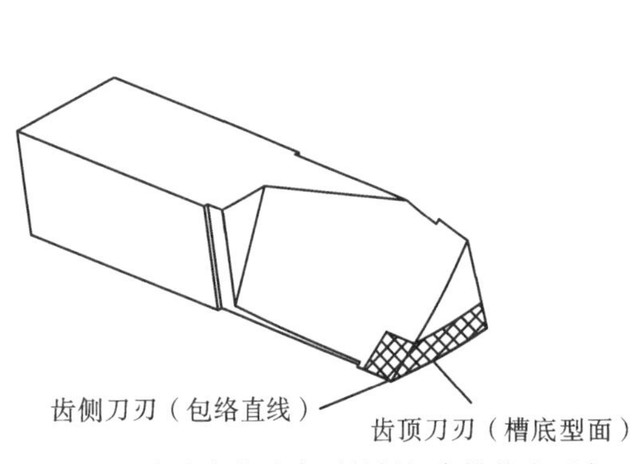

图 3-35 直线包络啮合副的螺杆齿槽的成型车刀

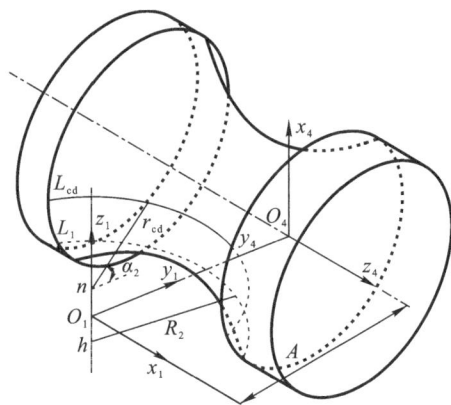

图 3-36 直线包络啮合副的螺杆齿槽底型面

$$\begin{cases} x_4 = \sqrt{(A - R_2\cos\alpha_2)^2 + h^2}\cos\alpha_1 \\ y_4 = \sqrt{(A - R_2\cos\alpha_2)^2 + h^2}\sin\alpha_1 \\ z_4 = -R_2\sin\alpha_2 \end{cases} \tag{3-65}$$

需要注意的是，上式中 α_1 和 α_2 之间并没有比例关系，α_1 仅为螺杆齿槽底型面的参数角。

在星轮轴 $z_1=n$ 处，作一平面与螺杆齿槽底相交，其交线为曲线 L_{cd}。圆弧 L_1 任意点（参数角为 α_2）映射形成的曲线 L_{cd} 上的点与星轮轴的垂线的参考角为 α_2' 时，垂线的长度为 r_{cd}，有

$$\begin{cases} r_{cd}\cos\alpha_2' = A - \sqrt{(A - R_2\cos\alpha_2)^2 + h^2 - n^2} \\ r_{cd}\sin\alpha_2' = R_2\sin\alpha_2 \end{cases} \tag{3-66}$$

可得

$$\begin{cases} \alpha_2' = \arctan\left[\dfrac{R_2\sin\alpha_2}{A - \sqrt{(A - R_2\cos\alpha_2)^2 + h^2 - n^2}}\right] \\ r_{cd} = \sqrt{2A\left[A - R_2\cos\alpha_2 - \sqrt{(A - R_2\cos\alpha_2)^2 + h^2 - n^2}\right] + h^2 - n^2 + R_2{}^2} \end{cases} \tag{3-67}$$

同时，该点在螺杆上的坐标为

$$\begin{cases} x_4 = n \\ y_4 = \sqrt{(A - R_2\cos\alpha_2)^2 + h^2 - n^2} \\ z_4 = -R_2\sin\alpha_2 \end{cases} \tag{3-68}$$

用式(3-67)求出 $a_2 \in [-a'', a_1]$ 范围内 r_{cd} 的最小值，便可求得星轮齿顶型面。用 z_2y_2 平面截取星轮齿截面，如图 3-37 所示。

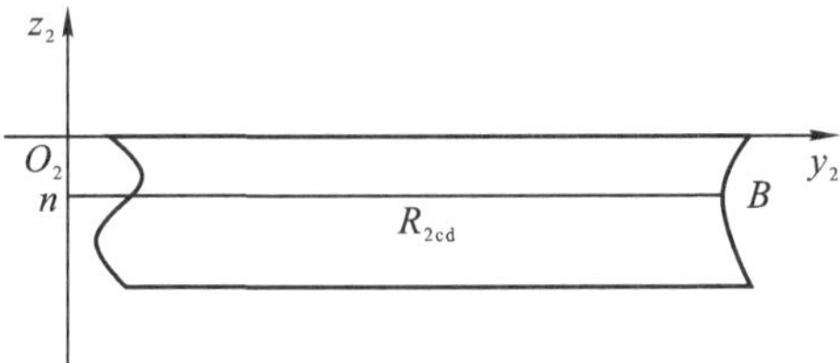

图 3-37 星轮齿顶型面

对式(3-67)研究发现，当 $|n| < |h|$ 时，$a_2=0$，r_{cd} 取最小值；当 $|n| > |h|$ 时，$a_2=a_1$，r_{cd} 取最

小值;当$|n|=|h|$时,$r_{cd}=R_2$。故 $z_2=n$ 时,有星轮齿顶型面方程

$$R_{2cd}=\begin{cases}\sqrt{2A\left[A-R_2-\sqrt{(A-R_2)^2+h^2-n^2}\right]+h^2-n^2+R_2^{\ 2}} & |n|<|h| \\ \sqrt{2A\left[A-R_2\cos\alpha_1-\sqrt{(A-R_2\cos\alpha_1)^2+h^2-n^2}\right]+h^2-n^2+R_2^{\ 2}} & |n|>|h| \\ R_2 & |n|=|h|\end{cases} \tag{3-69}$$

由式(3-69)可知,合理的星轮齿顶型面并非圆柱面。工程中取星轮齿顶为圆柱面时,往往需要将星轮齿顶设计成台阶状,如图 3-38 所示,否则星轮齿顶与螺杆齿槽底容易发生干涉。星轮齿顶采用式(3-69)所确定的型面,只需给齿顶与螺杆齿槽底留一装配间隙,无需采用台阶式星轮齿顶。

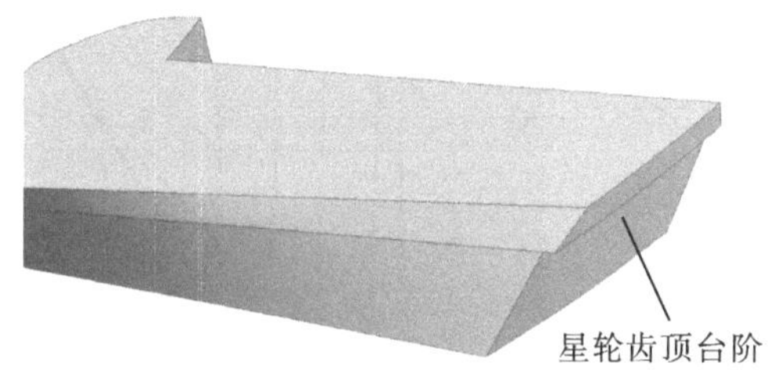

图 3-38　采用与星轮等径的圆柱面时的星轮齿顶台阶

2.(多)圆柱包络啮合副的星轮齿顶与螺杆齿槽底型面

(多)圆柱包络啮合副的螺杆齿槽一般采用铣削的加工方法。在铣削加工过程中,螺杆齿槽底部是由铣刀端部加工成型的,铣刀端部形状决定了螺杆齿槽底面的形状。因此,圆柱包络啮合副的星轮齿顶与螺杆齿槽底型面必须满足两个要求:①螺杆齿槽底面可以由铣刀端部铣削成型;②可以找到相应的星轮齿顶型面与之配合并形成密封线。

加工螺杆齿槽时一般采用圆柱铣刀,这种铣刀的端部形状可以是球面、平面等形状,为保持多次进刀后,铣刀端面组合形状的一致性,通常采用平头铣刀。但模拟计算与加工试验结果显示,采用平头铣刀加工成型的螺杆齿槽底面是“凹凸”不平的。如果采用与平头铣刀端面形状相同的平面作为星轮齿顶,则星轮齿顶与螺杆齿槽底型面的配合效果如图 3-39 所示。平面齿顶与螺杆齿槽底之间存在泄漏间隙,且这些间隙的大小随着星轮转角 α_2 变化。理论上,

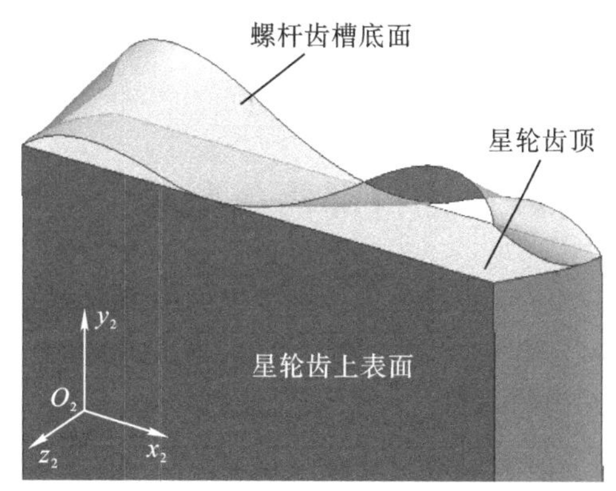

图 3-39　平头圆柱铣刀加工成型的螺杆齿槽底面

采用数值计算的方法可以找到与螺杆齿槽底面一样“凹凸”不平的星轮齿顶型面。但将星轮的每个齿加工成这种“非标准曲面”且要保证分度精度并不容易。

考虑到星轮齿顶与螺杆齿槽底面之间的配合关系，直线包络啮合副采用的星轮齿顶与螺杆齿槽底型面仍然是最适合圆柱包络啮合副的型面。在圆柱包络啮合副中采用这种星轮齿顶与螺杆齿槽底型面的难度在于螺杆齿槽底面的加工。为将螺杆齿槽底面加工成沙漏状，必须采用成型圆柱铣刀，即其端部必须设计成球冠状，且球冠与星轮等径。铣刀轴线必须通过刀架台的回转中心，并可绕刀架台回转轴（星轮轴）转动。加工过程中，铣刀绕刀架台回转中心前、后转动即可将螺杆齿槽底面的沙漏状弧面加工成型，如图 3－40 所示。

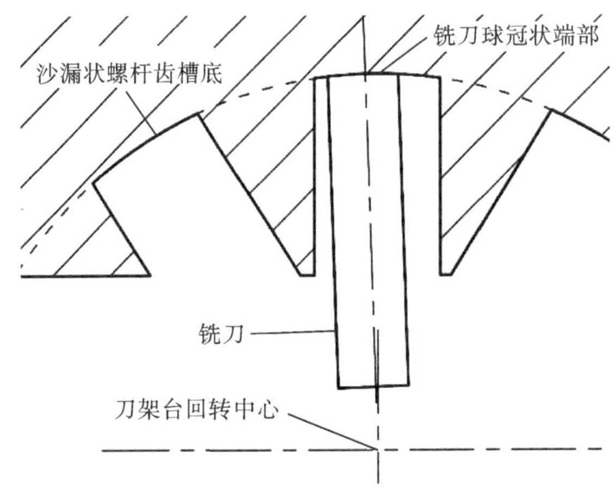

图 3－40　成型圆柱铣刀加工螺杆齿槽底面

但与直线包络啮合副的星轮齿顶与螺杆齿槽底型面不同的是，与星轮等径的球冠铣刀加工螺杆齿槽底型面时，只能将铣刀轴线布置在中性面内加工成型。否则，螺杆齿槽底型面将同样存在图 3－39 所示的问题。因此，（多）圆柱包络啮合副的螺杆齿槽底型面相当于式(3－65)中 $h=0$ 时的情形，齿顶型面则仍然可以用式(3－69)计算。

3. 曲面包络啮合副的星轮齿顶与螺杆齿槽底型面

曲面包络啮合副可以采用数控车削或数控铣削加工。采用数控车削加工时，只需取 h 值为车刀顶部刀刃所在平面的 z_2 值即可，同样用式(3－65)计算螺杆齿槽底型面，用式(3－69)计算齿顶型面。若采用数控铣削加工，则 h 可以取 0 或不等于 0，用式(3－65)计算螺杆齿槽底型面，用式(3－69)计算齿顶型面。

3.9　星轮齿角与螺杆齿槽根部耦合型面

星轮齿角与螺杆齿槽根部之间的啮合很少被关注。直线包络啮合副中，星轮齿角是齿顶型面与齿侧型面的交线，螺杆齿槽根部则直接由成型车刀车削成型，其齿槽侧面与齿槽底面之间的夹角接近直角，由成型车刀刃型设计决定。

在（多）圆柱包络啮合副或曲面包络啮合副中，接近直角的螺杆齿槽根部很难用铣刀加工（包括数控铣削）成型，如图 3－41 所示。若要保证螺杆齿槽根部加工到位，圆柱形立体形状的铣刀端就会破坏齿槽侧面；为确保螺杆齿槽侧面不遭破坏，齿槽根部则无法加工到位，星轮齿角与齿槽根部可能发生干涉。

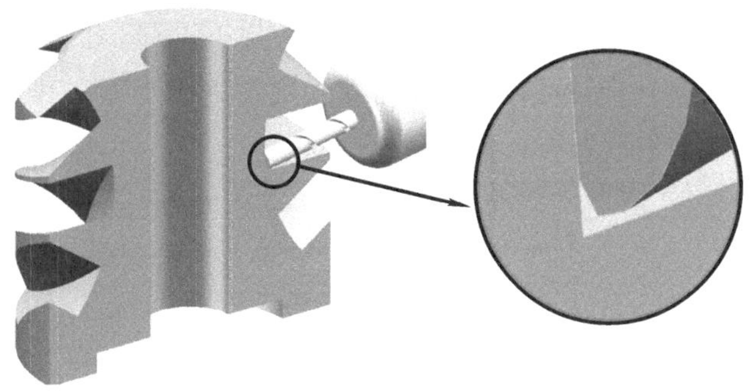

图 3-41　螺杆齿槽根部的铣削加工示意图

为解决上述问题,采用圆弧过渡的方式对螺杆齿槽根部型面进行修型或重新设计,并将星轮齿角设计成与之满足共轭关系的曲面,称为星轮齿角与螺杆齿槽根部耦合型面。

螺杆若采用数控加工的方式,可以在其三维模型中的齿槽根部设置一圆角便可完成齿槽根部型面的修正。但采用这种方式不能准确获得齿槽根部修型后的型面方程,也就很难利用式(3-1)计算其星轮齿角的共轭曲面。本节给出一种固定修正圆弧半径的修型方式,供技术人员参考。

1. 螺杆齿槽根部过渡圆弧型面

参考直线包络型面的共轭关系,螺杆齿槽根部过渡圆弧型面可以是布置在星轮齿角的圆弧在螺杆上形成轨迹面。该圆弧的半径与加工刀具的尺寸有关,而位置则由螺杆齿槽底型面确定。根据式(3-65),圆弧应当布置在星轮坐标系中 $z_2=h$ 的平面内。这样在星轮齿角布置圆弧时,只需确保圆弧的一端与星轮齿顶圆弧相切,所形成的螺杆齿槽根部过渡圆弧型面与槽底型面相切,圆弧的另一端则与螺杆齿槽侧面即星轮齿侧型面相切即可,如图 3-42 所示。

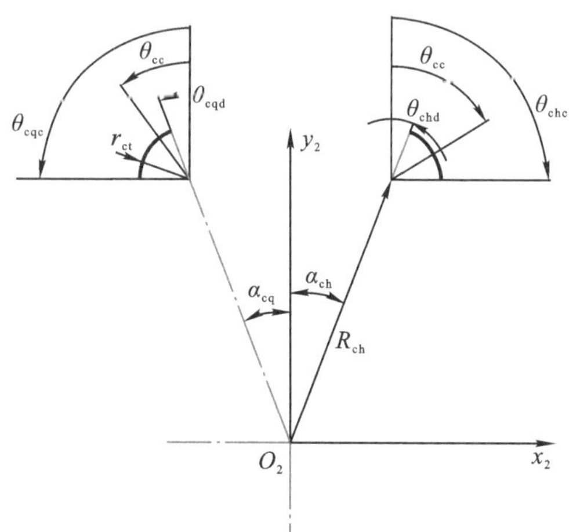

图 3-42　$z_2=h$ 平面内星轮齿角过渡圆弧

图 3-42 中过渡圆弧半径为 r_{ct},其圆心至 Z_2 轴距离为 R_{ch},满足

$$R_{ch}=R_2-r_{ct} \tag{3-70}$$

齿前侧和齿后侧圆弧的起始特征角和结束特征角如图 3-42 所示。对于直线包络啮合副,其

结束特征角均为 $\pi/2$,即圆弧与包络直线相切;其起始特征角可表示为

$$\theta_{cqd} = \theta_{chd} = \alpha_{cq} = \alpha_{ch} = \arcsin\left(\frac{b-2r_{ct}}{2R_{ch}}\right) \tag{3-71}$$

对于(多)圆柱包络啮合副和曲面包络啮合副,需首先确保过渡圆弧在其结束点与螺杆齿槽侧面相切,继而确定过渡圆弧的起始特征角和结束特征角。

根据上述参数可以确定齿前侧圆弧圆心坐标为

$$\begin{cases} x_{cq2} = -R_{ch}\sin\alpha_{cq} \\ y_{cq2} = R_{ch}\cos\alpha_{cq} \\ z_{cq2} = h \end{cases} \tag{3-72}$$

和齿后侧圆弧圆心坐标为

$$\begin{cases} x_{ch2} = R_{ch}\sin\alpha_{ch} \\ y_{ch2} = R_{ch}\cos\alpha_{ch} \\ z_{ch2} = h \end{cases} \tag{3-73}$$

按照如图 3-42 所示的圆弧参数角 θ_{cc}的方向,定义齿前侧和齿后侧过渡圆弧方程分别为

$$\begin{cases} x_{cf1} = x_{cq2} - r_{ct}\sin\theta_{cc} \\ y_{cf1} = y_{cq2} + r_{ct}\cos\theta_{cc} \end{cases} \tag{3-74}$$

$$\begin{cases} x_{cb2} = x_{ch2} + r_{ct}\sin\theta_{cc} \\ y_{cb2} = y_{ch2} + r_{ct}\cos\theta_{cc} \end{cases} \tag{3-75}$$

将式(3-74)和式(3-75)代入式(3-10)便可获得螺杆齿槽根部过渡圆弧型面方程。

2. 星轮齿角耦合型面

获得螺杆齿槽根部过渡圆弧型面方程后,就可以根据共轭关系由式(3-1)求解星轮齿角耦合型面。其中,相对速度的求解方法与式(3-9)一致,齿角耦合型面上啮合点的法向矢量需重新求解。若将上述螺杆齿槽根部过渡圆弧型面方程表示在 S_4 坐标系中,以圆弧参数角 θ_{cc}和星轮齿转 α_2 为自变量,其法向矢量可表示为

$$\boldsymbol{n}_4 = \begin{vmatrix} \boldsymbol{i} & \boldsymbol{j} & \boldsymbol{k} \\ \dfrac{\partial x_4}{\partial\theta_{cc}} & \dfrac{\partial y_4}{\partial\theta_{cc}} & \dfrac{\partial z_4}{\partial\theta_{cc}} \\ \dfrac{\partial x_4}{\partial\alpha_2} & \dfrac{\partial y_4}{\partial\alpha_2} & \dfrac{\partial z_4}{\partial\alpha_2} \end{vmatrix} \tag{3-76}$$

将上式代入式(3-1)后便可求得星轮齿角耦合型面。但是上述方法仅能求得螺杆齿槽后侧高于 $z_2=h$ 平面和齿前侧低于 $z_2=h$ 平面部分的星轮齿角型面,其余部分的型面可参考直线包络星轮齿型面中求解理论型面的方法进行求解。

星轮齿角耦合型面与 $z_2=h$ 平面的交线就是式(3-74)和式(3-75)规定的圆弧本身。采用圆弧过渡的星轮齿角与螺杆齿槽根部耦合型面的螺杆和星轮实物如图 3-43 所示。

(a) 螺杆　　(b) 星轮

图3-43　采用过渡圆弧的星轮齿角与螺杆齿槽根部耦合型面实物图

3.10　其他啮合副型面

单螺杆压缩机啮合副还可以采用其他型面。如直线包络啮合副可以采用不对称设计，即相邻星轮齿采用不同齿宽。此时，星轮齿数与螺杆齿槽数一般取2∶1，星轮齿与固定的螺杆齿槽啮合。星轮齿也可设计为扇形，增加螺杆齿槽容积，但这种设计容易导致安装困难，同时大大提高了加工难度。

星轮齿顶也可以采用直径接近星轮齿宽的球面或曲面齿顶。采用这种设计时，星轮齿角与螺杆齿槽根部之间的耦合型面就比较容易设计，但这会大大减少齿槽容积，降低容积利用率。

目前，大部分单螺杆压缩机产品仍然采用直线包络型面。随着市场拓展和加工技术的进步，多圆柱包络型面和曲面包络型面的应用呈快速增加态势。

第 4 章 热力性能及性能参数

本章主要讲述单螺杆压缩机的工作过程及热力性能参数，但一些常见内容不再赘述，如吸排气孔口的提前或落后造成欠压缩或过压缩的过程，读者可以另行查阅相关文献。

4.1 工作过程

单螺杆压缩机不设进排气阀，其工作过程与双螺杆压缩机类似，也是一种典型的回转式压缩机工作过程。单螺杆压缩机的理想工作过程如图 4 - 1 所示。

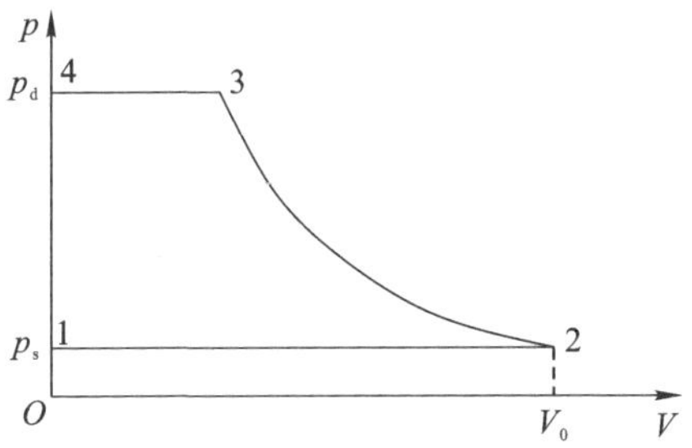

图 4 - 1 单螺杆压缩机的理想工作过程

上述理想工作过程假定不存在实际工作过程的损失，即在无摩擦、无热交换、无余隙容积、无泄漏和吸排气压力损失条件下进行的吸气、压缩和排气过程，且不存在过压缩与欠压缩。

在上述理想工作过程的基础上考虑排气孔口设置的影响，即存在欠压缩或过压缩，通常被称为理论工作过程。其理论工作过程能反映压缩机的理论气量、绝热压缩功率和排气温度等参数，特别是进排气孔口的位置对工作过程的影响，是研究其实际工作过程的基础。

与其他回转压缩机类似，其基元容积内部的压缩过程称为内压缩，内压缩终了(即与排气孔口开始连通瞬间前)，压缩腔内的压力与进气压力的比值称为内压比，排气孔口外的排气压力与进气压力的比值称为外压比。若排气孔口起始位置过早或过迟，就会导致内压比小于或大于外压比，造成欠压缩或过压缩，如图 4 - 2 所示。

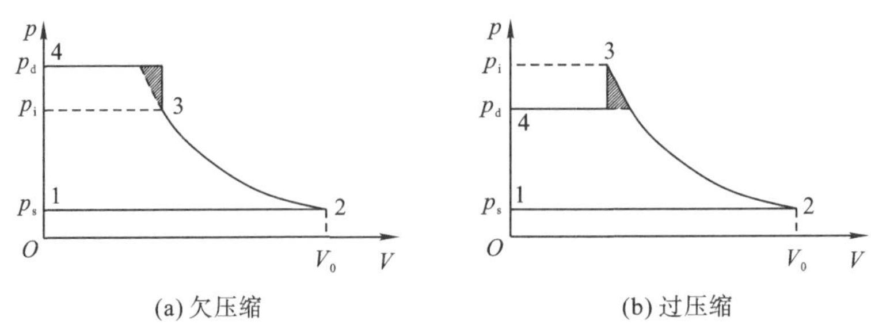

图 4 - 2 内外压比不一致时的理论工作过程

欠压缩和过压缩都会导致工作过程增加如图阴影部分所示的耗功。与一般回转压缩机的工作过程相同，本节不再详细叙述排气孔口位置影响理论工作过程的具体关系，读者可自行查阅相关文献了解。

本节对内外压比不一致增加的功耗作一分析。压缩机的进排气压力分别为 p_s 和 p_d，外压比 $\tau=p_d/p_s$，设其压缩过程为绝热过程，工质为理想气体。若内压缩终了时的压力 p_i 与排气压力 p_d 不一致，其单位质量气体理论工作过程增加的功耗为

$$\Delta P=\frac{1}{k-1}p_s v_s\left[\left(\frac{p_i}{p_s}\right)^{\frac{k-1}{k}}-\tau^{\frac{k-1}{k}}\right]+p_s v_s\left[\tau\left(\frac{p_i}{p_s}\right)^{-\frac{1}{k}}-\tau^{\frac{k-1}{k}}\right] \tag{4-1}$$

式中：k 为绝热指数；v_s 为吸气状态工质的比容。若工质不能作为理想气体，则可表示为

$$\Delta P=h_i-h_d+v_i(p_d-p_i) \tag{4-2}$$

式中：h_i、h_d 分别为内压缩终了和排气状态下工质的焓；v_i 为内压缩终了时工质的比容。

若采用 R22 为工质，蒸发温度为 7 ℃，冷凝温度为 55 ℃，液体温度为 50 ℃，吸气温度为 18 ℃，进气压力为 0.62 MPa，排气压力为 2.18 MPa，计算可得内压缩终了压力 p_i 范围为 1.5～3.2 MPa，理论工作过程增加的功耗，如图 4-3 所示。

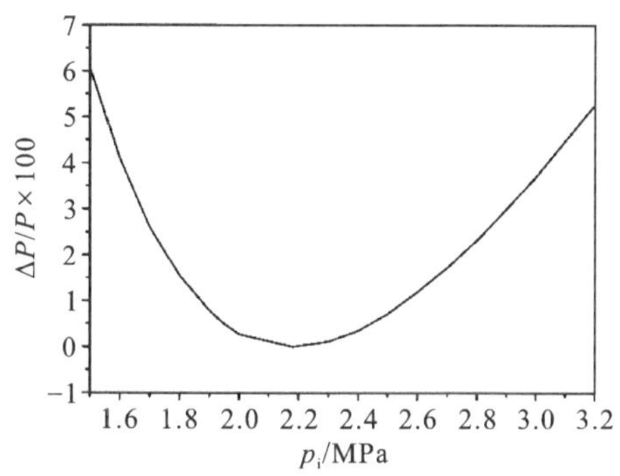

图 4-3　内外压比不一致时理论工作过程增加的功耗

由上图所示，内压缩终了压力范围为－0.5～0.5 MPa，造成的功耗损失都在 2%以内。考虑到压缩机的额定压比(外压比)为 3.5，相当于内压比在额定压比的±1/5 范围内波动时，过压缩或欠压缩导致的功耗损失在 2%以内。

单螺杆压缩机的实际工作过程需考虑工质的进排气阻力损失、气体泄漏、流体动力损失、摩擦损失及热交换的影响。其影响规律与其他回转压缩机类似，不再赘述。试验研究发现，单螺杆压缩机的进排气管道内还存在气流脉动，会造成其进气过程和排气过程的压力波动。

若仅考虑排气过程的阻力损失忽略其他损失，在旋转过程中压缩腔与排气孔口实际连通的面积从零逐渐增大，初始的流动阻力很大，其欠压缩或过压缩条件下的排气过程压力是逐渐上升或下降的，如图 4-4 所示。其实际的排气过程是 3—6—4，而不是 3—5—4。很显然，在欠压缩条件下，实际排气过程增加的功耗要比理论工作过程小；在过压缩条件下，实际的排气过程增加的功耗要比理论工作过程大。鉴于上述原因，压缩机设计中取内压比为外压比的 80%，压缩机增加的功耗将小于 2%。换个角度分析，若设计内压比与外压比相等，完全有可能因为排气阻力损失的存在发生过压缩。因此建议单螺杆压缩机的设计内压比取为外压比的 80%甚至更小。这一建议同样适用于其他不带排气阀的回转式压缩机。

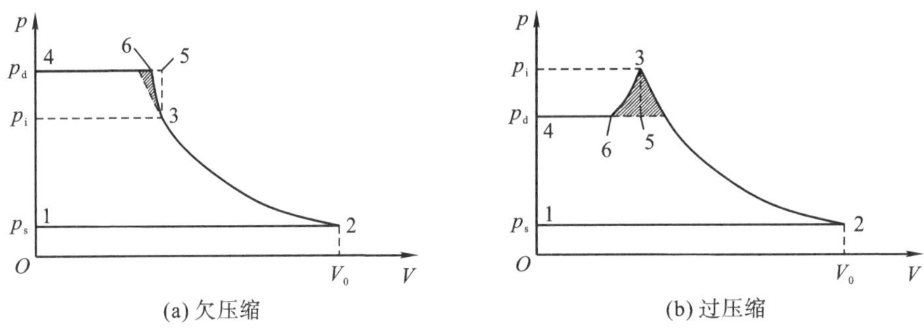

(a) 欠压缩　　　　(b) 过压缩

图 4-4　内外压比不一致时的实际排气过程

4.2　容积流量

单螺杆压缩机的实际容积流量为

$$q_v = \eta_v q_{\text{th}} \tag{4-3}$$

式中：η_v 为容积效率；q_{th}为理论容积流量，计算式为

$$q_{\text{th}} = 2nz_1V_{\text{t}} \tag{4-4}$$

式中：n 为螺杆转速；V_{t}为星轮齿封闭齿槽时的最大基元容积。

由式(4-4)知，计算单螺杆压缩机容积流量的关键在于计算星轮齿封闭齿槽时的最大基元容积。

最大基元容积是星轮齿与螺杆齿槽形成封闭容积时的齿槽容积，也可以理解为从星轮齿与螺杆齿槽形成封闭容积开始至脱离齿槽，星轮齿面所扫过的体积。可采用积分的方法计算这一最大基元容积。以星轮齿前侧刚好与螺杆齿槽完全脱离啮合为分界点，将最大基元容积分成两部分计算，如图 4-5 所示。从星轮齿转角为$-\alpha''$、刚好与螺杆齿槽形成封闭容积开始，至星轮齿转角为 $\alpha_1-\delta$、齿前侧刚好脱离齿槽止，为第一部分。这一部分计算容积时，星轮齿前、后侧均在螺杆齿槽内。从齿前侧刚好脱离螺杆齿槽开始至星轮齿全部脱离齿槽止，为第二部分。计算这一部分容积时，星轮齿前侧已经脱离螺杆齿槽。

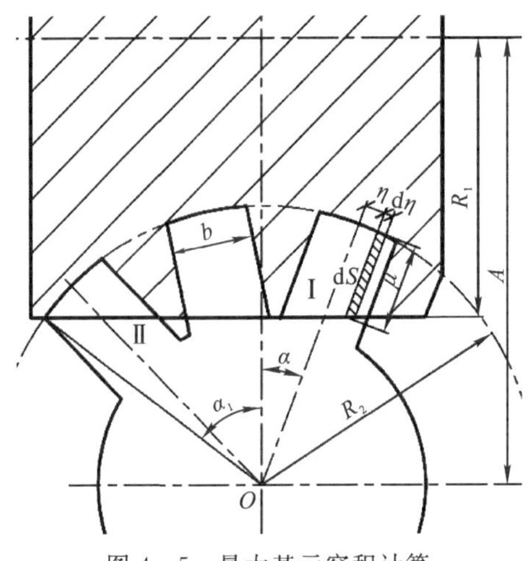

图 4-5　最大基元容积计算

1. 第一部分容积的计算

当星轮齿转角为 α 时，在其齿面取一平行于星轮齿的长方形微元面积 dS，如图 4－5 所示。设这一微元面积的宽度为 dη，且微元距离星轮齿对称线的距离为 η，可根据几何关系求得此时微元的长度 μ 为

$$\mu=\sqrt{R_2^2-\eta^2}-\eta\tan\alpha-\frac{A-R_1}{\cos\alpha} \tag{4-5}$$

故，此时微元面积为

$$\begin{aligned}\mathrm{d}S&=\mu\mathrm{d}\eta\\&=\left(\sqrt{R_2^2-\eta^2}-\eta\tan\alpha-\frac{A-R_1}{\cos\alpha}\right)\mathrm{d}\eta\quad -\frac{b}{2}\leqslant\eta\leqslant\frac{b}{2}\end{aligned} \tag{4-6}$$

为保证微元在齿面内，η 的取值范围为 $-b/2\leqslant\eta\leqslant b/2$。

当星轮齿转动 dα 角后，该微元面积扫掠成一微元体积，如图 4－6 所示。这一微元体积可看成是一长方体，长方体的高 dh 为

$$\mathrm{d}h=\frac{R_1+R}{2}\mathrm{d}\varphi \tag{4-7}$$

式中：dφ 为螺杆转动的角度，$\mathrm{d}\varphi=P\mathrm{d}\alpha$；$R$ 为螺杆轴至微元最近处的半径，根据星轮与螺杆的几何关系可得：

$$R=A-\sqrt{R_2^2-\eta^2}\cos\alpha+\eta\sin\alpha \tag{4-8}$$

故得这一微元的体积为

$$\begin{aligned}\mathrm{d}V_1&=\mathrm{d}S\cdot\mathrm{d}h\\&=P\left(\sqrt{R_2^2-\eta^2}-\eta\tan\alpha-\frac{A-R_1}{\cos\alpha}\right)\frac{R_1+A-\sqrt{R_2^2-\eta^2}\cos\alpha+\eta\sin\alpha}{2}\mathrm{d}\eta\mathrm{d}\alpha\end{aligned} \tag{4-9}$$

对上式星轮齿转角 α 在$(-\alpha'',\alpha_1-\delta)$范围内积分可得第一部分容积为

$$V_1=\int_{-\alpha''}^{\alpha_1-\delta}\int_{-\frac{b}{2}}^{\frac{b}{2}}\frac{R_1^2-(A-\sqrt{R_2^2-\eta^2}\cos\alpha+\eta\sin\alpha)^2}{2\cos\alpha}P\,\mathrm{d}\eta\mathrm{d}\alpha \tag{4-10}$$

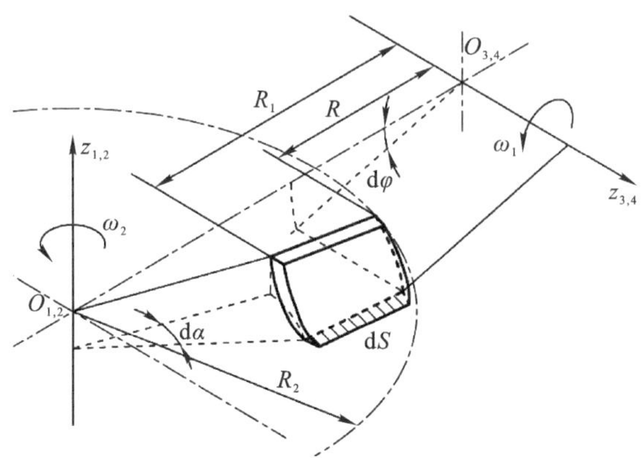

图 4－6　计算基元容积时的微元体积

2. 第二部分容积的计算

计算第二部分容积时所取的微元面积与微元体积与第一部分容积计算相同。但由于此时

星轮齿前侧已经脱离螺杆齿槽，η 的取值范围变为

$$-\frac{b}{2} \leqslant \eta \leqslant R_2 \sin(\alpha_1 - \alpha) \tag{4-11}$$

可得第二部分容积为

$$V_2 = \int_{\alpha_1-\delta}^{\alpha_1+\delta}\int_{-\frac{b}{2}}^{R_2\sin(\alpha_1-\alpha)} \frac{R_1^2 - \left(A - \sqrt{R_2^2-\eta^2}\cos\alpha + \eta\sin\alpha\right)^2}{2\cos\alpha} P\,\mathrm{d}\eta\mathrm{d}\alpha \tag{4-12}$$

综上所述，最大基元容积为

$$V_t = V_1 + V_2 \tag{4-13}$$

前述积分均可通过解析方法求解，但形式比较复杂。利用数值方法，可以很容易地求得最大基元容积。

经模拟计算表明，在中心距 $A=0.8d_1$ 的条件下，最大基元容积也可按下式估算：

$$V_t = (0.0286 \sim 0.1622\xi)d_1^3 \tag{4-14}$$

式中：ξ 为齿宽系数，一般 $\xi=0.014 \sim 0.025$。

压缩机设计时可根据式(4-4)和式(4-14)初步计算螺杆直径 d_1，然后选择其他主要几何参数，最后根据实际选择的参数核算压缩机的排气量。

将式(4-10)或式(4-12)的积分上限取为星轮齿的实时转角 α，可用于计算任意转角时的基元容积，并对压缩机的内压缩过程进行计算分析。

前述计算中，仅考虑了齿形角 $\delta_c=0$ 的情况。当 $\delta_c \neq 0$ 时，仍可以采用本书相同的积分法求得最大基元容积，但微元面积的长及微元体积的高为分段函数，需进行分段积分，读者可自行求解。

需要说明的是，上述计算过程默认星轮齿前、后侧的包络直线布置在中性面，即 $z_2=0$ 的平面。如前文所述，在直线包络型面中，星轮齿侧的包络直线位于 $z_2=h$ 的平面。若考虑这一影响，只需将式(4-10)和式(4-12)中的 R_1 用下式代替即可：

$$R_1' = \sqrt{R_1^2 - h^2} \tag{4-15}$$

同时，式(4-10)和式(4-12)的 α_1 用式(2-9)计算。但结果表明，这样计算对结果的影响不足0.1%，在工程中并无必要。

在(多)圆柱和曲面包络啮合副中，可以首先计算星轮齿在 $z_2=0$ 截面内的平均齿宽，继续采用上述公式计算气量，结果的误差在2%以内。

4.3 气量调节

随着节能的要求越来越高，压缩机的气量调节已受到越来越多的重视。根据式(4-4)，可以通过改变电机转速和最大基元容积实现压缩机的气量调节。当压缩机的进气压力下降时，气体密度下降，压缩机的质量流量降低，故通过吸气节流降低进气压力亦能实现气量调节。另外，开停机也是一种气量调节的方式，但频繁地开停机将加剧星轮齿的磨损，这种方式通常不被单螺杆压缩机单独采用。

单螺杆压缩机的气量调节方式有吸气节流、转速调节、进排气管连通和改变最大基元容积等。各种气量调节方式的成本不同，往往还影响到压缩机的效率。因此，准确评估用户的气量需求，配置气量合适的压缩机，尽量减少气量调节是最重要的。工程中，需要综合考虑用户用

气特点和经济性要求采用合适的气量调节方式。例如，移动式单螺杆空气压缩机，常选用设备成本相对较低的吸气节流调节方式，而单螺杆制冷压缩机则常采用经济性较好的滑阀调节方式。

1. 吸气节流

在压缩机进气口安装进气阀（又称容量调节阀，有些场合直接采用卸载阀），当压缩机满负荷时，阀门全开，当压缩机需部分负荷运行时，阀门部分打开直至关闭。当阀门开度减小时，节流效应使压缩机进气口的压力下降，压缩机进气的质量流量减小使压缩机的排气量减小，实现气量调节的目的。

吸气节流的优点在于装置简单、控制方便，但其缺点是压缩机在部分负荷工况下效率低，图 4-7 所示为压缩机排气量与功率的关系。理想情况是当所需压缩机的排气量下降时，其耗功亦按比例下降，如图中理想直线所示。但采用吸气节流的调节方式时，耗功随着排气量降低的比例要比理想情况小得多。

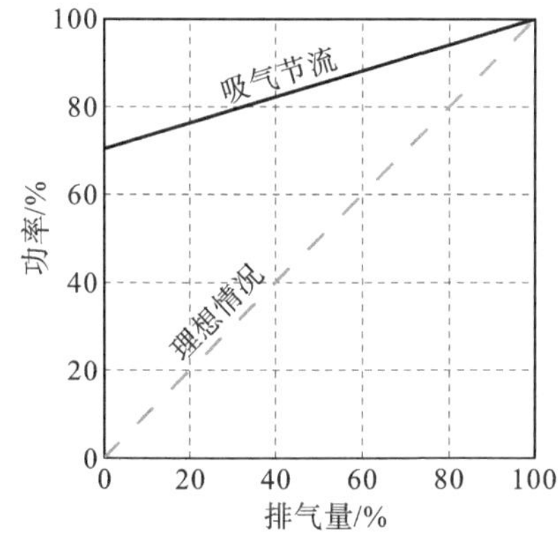

图 4-7　压缩机排气量与功率之间的关系（采用吸气节流调节气量）

吸气节流后，排气量下降，压缩机的耗功自然下降。但随着进气压力下降，压缩机的实际压比增大，单位质量流量的耗功却上升。因此，吸气节流调节气量时，压缩机的效率比理想情况要低。

因吸气节流的设备成本低、控制容易，单螺杆空气压缩机常采用这一调节方式。目前在大部分空气压缩机场合，往往采用成本更低的卸载阀，即进气阀只有全开和全关两个挡位。当进气阀全关（卸载）时，压缩机的进气量很小，长期运行容易导致部件过热。因此，在停机前须确保持续喷液，卸载运行时间也不宜过长。

2. 转速调节

转速调节是经济性最好的一种调节方式，压缩机的效率随着排气量的下降略有降低，并能在很大范围内保持基本不变。一般采用变频电机配置变频器，通过变频调节。按照目前的技术水平，变频调节最低可至 40%的额定转速。相比于其他气量调节方式，变频调节的初投资成本较高，但经济性较好。

3. 进排气管连通

在压缩机的进排气管之间安装连通阀，当排气压力超过设定值后连通阀打开，排气回流至压缩机进气口（空压机可直接排入大气中，但需在排气管加装消声器）。这样可以很容易地实现压缩机的气量调节且不改变压缩机结构，但压缩机的实际流量未变，无节能效果，故一般仅适用于排气压力较低的场合。

通常可将吸气节流与进排气管连通的方式联合使用，气量调节比例较小时采用进排气管连通的方式，气量调节比例增大后采用吸气节流的方式，如图 4-8 薄膜式气量调节器所示。

调节器的左、右侧有橡胶薄膜 1、2。储气罐是与图中 A 室相通的，所以 A 室压力等于储气罐的压力。当使用空气量低于压缩机排气量时，储气罐压力(亦即 A 室压力)上升，该压力超过额定值时，橡胶薄膜 1 在气体压力作用下使弹簧 G 向右方收缩。这样一来，针阀 U 被打开，A 室的压缩空气经针阀 U 流入 L 室；同时，L 室的空气经喷嘴 K 喷入压缩机的进气中。当针阀开度增加时，进入 L 室的气量将高于经喷嘴流出的空气量，致使 L 室压力逐渐上升，克服弹簧 J 的弹力，橡胶薄膜 2 向左方移动，关小阀 M 的开度，压缩机吸气节流吸入。当实际使用空气量进一步减少时，储气罐压力更高，使 L 室压力增加，最终完全关闭阀 M，压缩机停止吸气，达最低负荷状态。

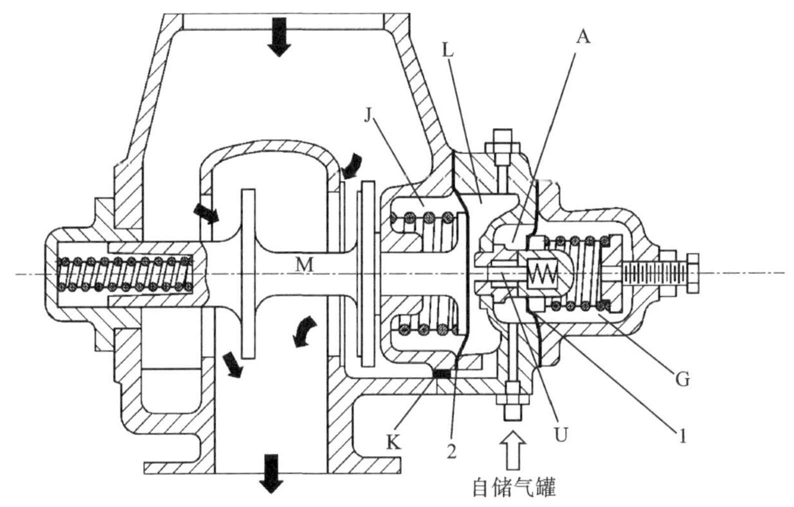

1，2—橡胶薄膜；A，L—腔室；G，J—弹簧；K—喷嘴；M，U—阀。

图 4-8 薄膜式气量调节器

这种调节器安装在进气管上，与储气罐连通，并不影响主机结构，可实现 0%～100%的自动无级调节，但其经济性较差，适用于气量波动较为频繁的空气压缩机组。

4. 变基元容积

单螺杆压缩机的气量是由最大基元容积直接决定的，即星轮齿封闭齿槽时的基元容积。此时的基元容积刚好越过气缸上的封闭螺旋线，即星轮齿、气缸内壁面和螺杆齿槽共同围绕形成封闭的基元容积。从该位置气体开始被压缩。若通过某种机构，延迟形成封闭的基元容积的时间(位置)，延迟螺杆齿槽内气体开始被压缩的时间(位置)，就可以减少齿槽内的最大基元容积，从而实现气量调节。

如果仅仅移动封闭螺旋线实现基元容积延迟封闭而不缩小排气孔口，最大基元容积变小后，压缩机的内容积比 ε_v(开始压缩时的基元容积与压缩终了时的基元容积之比)将变小。因为此时排气孔口大小和位置均未发生变化，压缩机开始排气时的基元容积未变，而压缩机开始压缩时的最大基元容积已经因延迟封闭而缩小，在排气压力(压比)不变的情况下，将导致欠压缩。与排气孔口连通瞬间，基元容积内的实际压力低于排气压力而致使排气“倒流”，使压缩机的效率下降。单螺杆压缩机内容积比 ε_v、压比及效率的典型关系如图 4－9 所示。

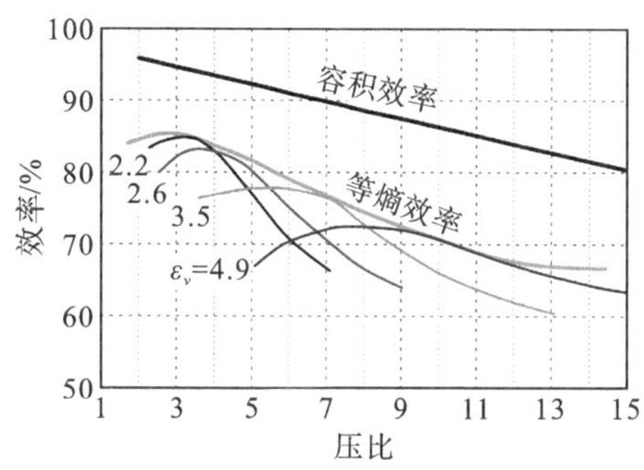

图 4－9　压缩机内容积比、压比及效率之间的关系

当内容积比变小后，维持压比不变，则压缩机的效率下降。为维持压缩机的效率和压比不变，则需维持内容积比不变，可以在延迟基元容积封闭的同时通过缩小排气孔口，减小排气时的基元容积来实现。如果将部分封闭螺旋线（包括气缸内壁面）和排气孔口的边界布置在前文所述的“滑块”上，移动“滑块”、基元容积延迟封闭的同时，缩小排气孔口延迟排气时间，则有可能维持内容积比不变，在实现气量调节的同时保持压缩机的效率基本不下降。

目前常见的通过变基元容积调节气量的调节器可分为转动环式和滑阀式两种，其“滑块”分别沿螺杆圆周方向和轴向滑动。滑阀还可以分为（单）滑阀式和双滑阀式，其中双滑阀是将滑阀分为容量调节阀与内容积比调节阀，各自单独控制。

转动环式气量调节器的结构如图 4－10 所示，可在 10％～100％范围内实现气量的无级

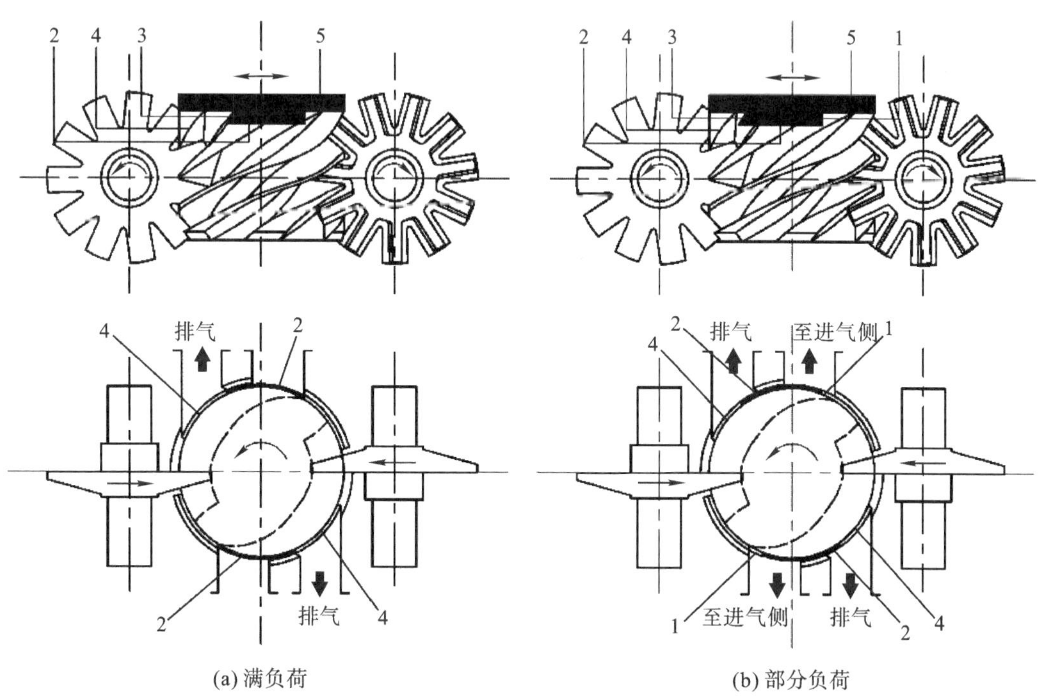

1—矩形缺口；2—圆环块；3—三角形缺口；4—排气口；5—转动环体。

图 4－10　转动环式气量调节器

调节。转动环是介于螺杆与气缸间的一个同心圆环，位于排气侧，其圆周上开一对矩形缺口1和一对三角形缺口3，借助齿轮传动来改变其周向位置。转动环上的矩形缺口控制气缸壁上的旁通口（它与吸气腔连通），三角形缺口控制气缸壁上的排气口4。

如图4-10(a)所示，满负荷时，圆环块2将旁通口全部盖住，三角形缺口使排气口全部打开，整个工作容积内的气体被压缩至排气压力时由排气口排出。转动环处于图4-10(b)所示部分负荷位置时，矩形缺口与旁通口局部相通，另一侧的三角形缺口则将排气口盖住一部分，使螺杆齿槽内原来应被压缩的一部分气体自旁通口回流至进气腔，直到齿槽转过一定角度越过打开的旁通口被封闭后，气体才开始被压缩，最后由排气口排出。这样，推迟了螺杆齿槽内气体开始压缩的时间，使被压缩气体减少，因而排气量也相应减少。由于矩形缺口和三角形缺口在转动环上是一整体，故开始压缩的时间和开始排气的时间同时被推迟，因而内容积比能在一定范围内保持不变。

设计转动环时需确定矩形缺口和三角形缺口在转动环上的相对位置。三角形缺口的起始位置由开始排气时星轮的转角 α_{2d} 确定；矩形缺口的起始位置则取决于旁通口的起始位置，在压缩机满负荷运行时，二者的起始边应重合。旁通口的起始位置与气量调节范围有关。

滑阀式气量调节器的工作原理如图4-11所示。滑阀安装在具有半圆槽孔的气缸壁（未画出）上，由于两个星轮同时与螺杆齿槽形成压缩腔，故在螺杆两边对称布置一对滑阀。当滑阀从满负荷向部分负荷方向移动时，旁通口被打开，压缩腔内气体就向进气口回流，当齿槽越过旁通口后，压缩腔内气体才开始被压缩，从而减少排气量。同时，滑阀另一端的排气孔口边界也向排气端移动相同距离，使压缩机的排气孔口变小、内容积比基本保持不变。滑阀式气量调节器可在10%～100%范围无级调节气量。

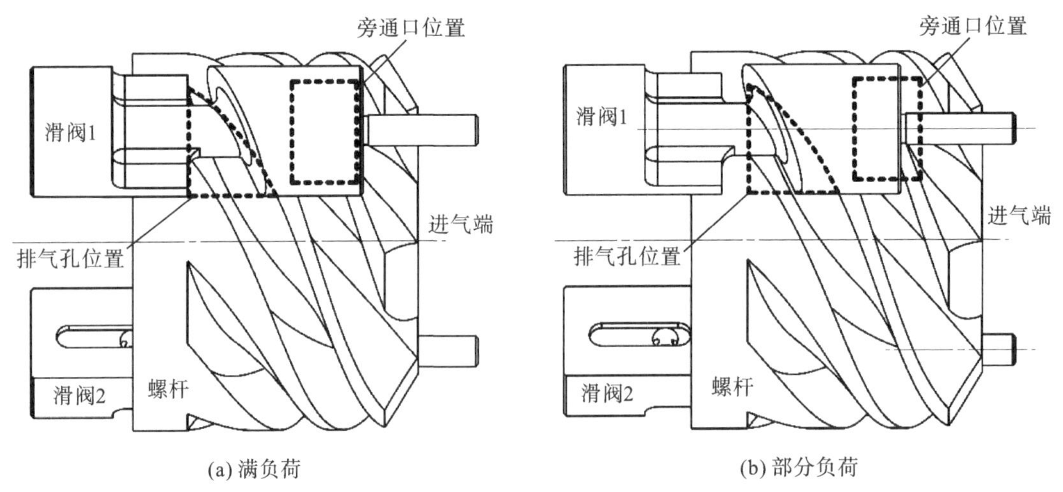

图4-11　滑阀式气量调节器工作原理

图4-12示意了滑阀式气量调节器的典型结构。滑阀4的移动靠油缸3中的活塞5带动，当高压油进入活塞左侧油缸内，活塞右移，活塞右侧油缸内的油外流，经回流通道进入吸入口，此为加载过程。减载时，高压油进入活塞右侧油缸，活塞左移，活塞左侧油回流至吸入口。油路一般用四通阀或电磁阀控制。若在活塞上连接指示棒，则可指示流量调节的大小（图中未画出）。

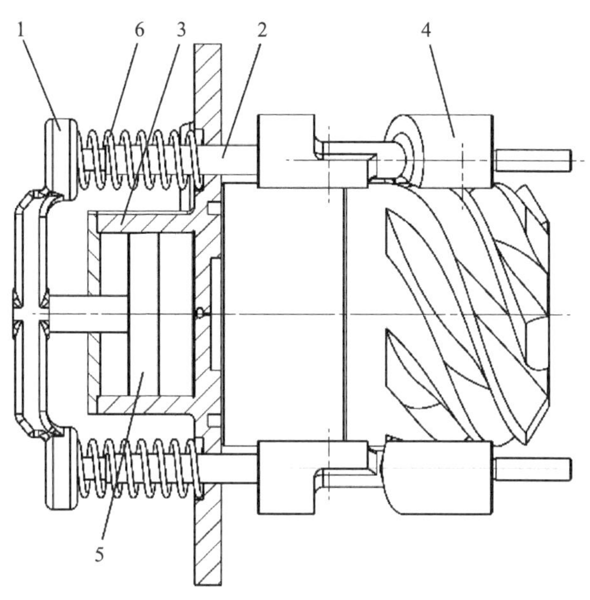

1—支架；2—连接杆；3—油缸；4—滑阀；5—活塞；6—弹簧。

图 4－12　滑阀式气量调节器的结构

转动环和滑阀调节气量的原理是一样的，设计的关键在于确定旁通口的位置，它确定了气量调节范围和内容积比的变化规律。由于排气孔口的长度和宽度是有限的，滑阀可调节的位移量也是有限的。如图 4－13 所示，当旁通口的起始边与封闭螺旋线相交于 N 点时，气量调节范围最小，但调节过程平稳，可以实现连续调节。当旁通口起始边向下移动 ds(转动环)或向左移动 dy(滑阀)距离时，气量调节范围增大，但调节过程产生突跳，即排气量从 100%突然降到 ds 或 dy 处。只有当封闭螺旋线越过突跳点后，气量才可以连续调节。ds 或 dy 值越大，调节范围越大，突跳量也越大，当 ds 或 dy 值大于螺杆齿槽宽度时，还会产生过压缩。

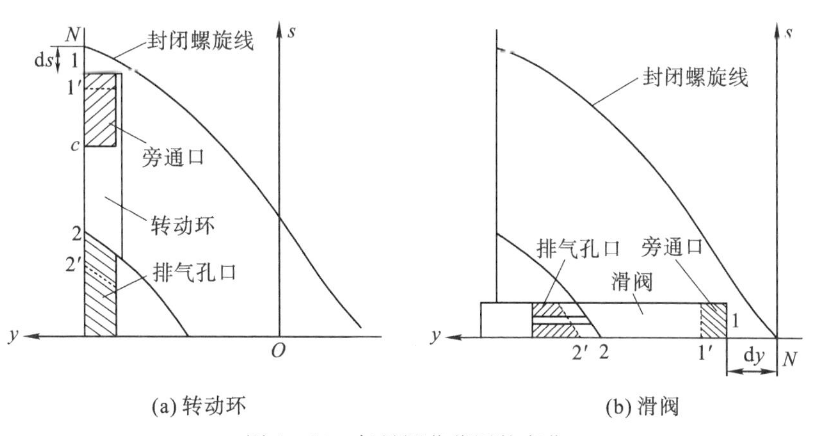

图 4－13　气量调节范围的变化

尽管这两种气量调节器都能延迟排气开始时间，但调节器动作后的内容积比，即基元容积脱离旁通口时的容积与排气开始时的基元容积之比，并不能完全保持不变。如图 1－4 基元容积与星轮转角的关系所示，基元容积随星轮转角的变化速率在压缩开始和排气开始时不同，导致调节器动作之后内容积比发生变化，且延迟的时间越多，即气量调节比例越高，内容积比的变化值越大。显然，当旁通口起始边位置 ds 或 dy 不同时，内容积比的变化规律亦不相同，如图 4－14 所示。

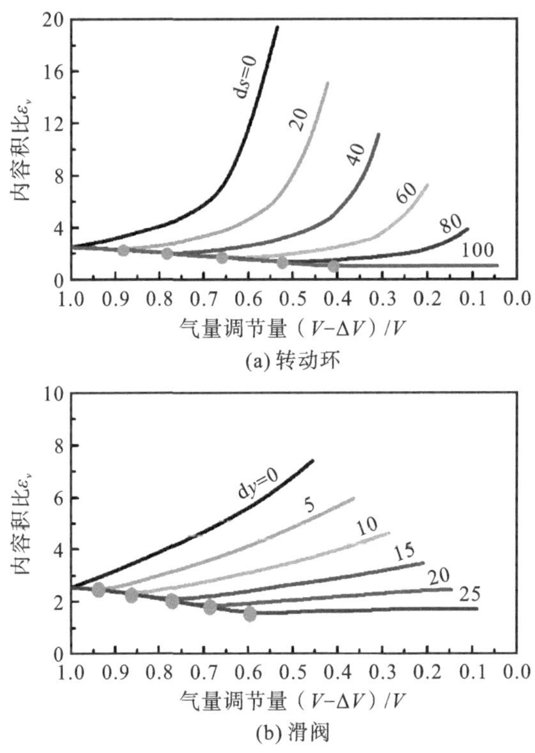

图 4－14 气量调节时的内容积比变化规律
（螺杆直径 160 mm，满负荷时内容积比 2.56，
转速 3000 r/min，最大排气量 3.14 m^3/min）

比较转动环沿螺杆周向移动和滑阀沿轴向移动的区别。注意到转动环转动一定距离 Δs 后，压缩与排气开始的延迟时间相等，而滑阀滑动一定距离 Δy 后，压缩开始的延迟时间略大于排气开始的延迟时间。滑阀调节后的内容积比变化要小于转动环，如图 4－14 所示。因此，在目前的单螺杆制冷压缩机中，较多地采用滑阀式气量调节。

鉴于转动环和滑阀调节进气侧和排气侧移动联动的问题，若进气侧的移动与排气侧的移动独立，就有可能在实现调节气量的同时保持内容积比不变，从而维持压缩机高效运行。采用双滑阀即将滑阀分成容量调节阀和内容积比调节阀的设计可以实现上述目标。其容量调节阀通过控制基元容积与旁通口之间缺口的开度来实现气量调节，内容积比调节阀则移动排气孔口边界位置改变内容积比。上述两个滑阀并列布置在气缸与螺杆之间的同一个滑阀槽中，两者均沿螺杆轴向往复移动实现调节作用，各不干扰，所以又可称为“并行滑阀”，其工作原理如图 4－15 所示。满负荷时，容量调节阀和内容积比调节阀均在初始位置，此时进气旁通口被容量调节阀全部挡住；部分负荷时，容量调节阀左移，旁通口被部分打开，内容积比调节阀左移，使排气孔口缩小，保持内容积比不变；当气量不变，排气压力升高时，容量调节阀不动，内容积比调节阀左移，排气孔口缩小，内容积比增大，压比升高。若内容积比调节阀单独右移可降低排气压力。由于容量调节阀和内容积比调节阀的位移量一般是不相等的，需要用齿轮、齿条机构单独控制每个阀门的位置。因此这种双滑阀的调节、控制机构复杂。但双滑阀可在 10%～100%范围内调节气量，并将内容积比控制在 1.2～7 范围内，目前在制冷、工艺气体和空气压缩机中均已有应用。

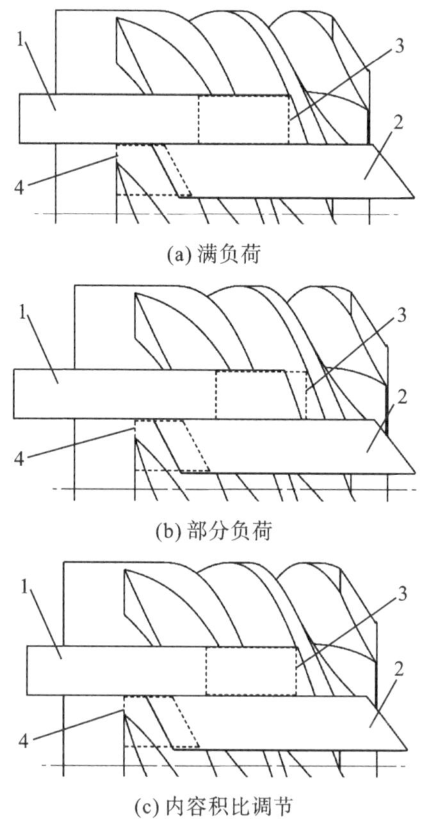

(a) 满负荷

(b) 部分负荷

(c) 内容积比调节

1—容量调节阀；2—内容积比调节阀；3—旁通口；4—排气孔口。

图 4-15　“并行”双滑阀的工作原理

4.4　功率与效率

压缩机单位时间内消耗的功称为功率，用来衡量压缩机消耗能源的多少和快慢；效率则用以评价压缩机的经济性，用来衡量压缩机工作的完善程度。

压缩机的功率可以分为理论功率和实际功率。理论功率包括绝热功率和等温功率，有些文献中也称其为绝热指示功率和等温指示功率。实际功率则包括指示功率、轴功率、驱动机功率和机组功率。工程中，在变频器输入端测得的驱动机功率除了包括电机功率外，还包括了变频器消耗损失的功率。机组功率则包括了机组所有设备的耗能。

效率则包括容积效率、等温指示效率、等温效率、绝热效率、等温绝热效率、机械效率、传动效率等，当然压缩机功率计算分析中往往还用到电机效率。

上述功率和效率在压缩机教材和文献中常见，本节不再作全面介绍，仅介绍工程中常用的容积效率、轴功率、指示功率、绝热效率和绝热功率。

1. 容积效率

容积效率 η_v 与理论容积流量和实际容积流量的关系如式(4－3)所示。

容积效率的大小主要与泄漏和进气阻力损失有关。进气阻力损失主要由结构决定，同时进气流速越大，阻力越大，进气阻力损失越大。小排量、低转速、高压比(或排气压力高)工况下，泄漏率高，压缩机的容积效率低，大排量、高转速、低压比工况下，泄漏率低，容积效率高。喷液黏度高、喷液量满足要求，泄漏率低，容积效率高；喷液黏度低、喷液量不足，泄漏率高，容积效率低。

当然，单螺杆压缩机压缩腔的泄漏还与型面有关。直线包络啮合副的密封性不如(多)圆柱包络和曲面包络啮合副；采用第 3 章所述的简单型面和滚削型面，其容积效率要比理论型面啮合副低得多。

常压喷水单螺杆空气压缩机(排气压力 0.8 MPa)的容积效率的值为 0.70～0.98；中压喷水单螺杆空气压缩机的二级主机的容积效率在 0.4～0.75。喷油润滑主机的容积效率则可高 3%～5%，8～12 m^3/min 流量制冷压缩机的容积效率可以采用图 4－9 所示关系确定。通常转速高、排气量大、采用(多)圆柱包络或曲面包络型面的压缩机容积效率在区间高值。

2. 轴功率和指示功率

轴功率 P_{sh} 是在压缩机的输入轴测得的耗功。在单螺杆压缩机中，轴功率主要包括完成实际循环所需的指示功率和各运动件的摩擦功耗，还包括喷液扰动螺杆和星轮的动力损失。如果主轴还带动油泵等附属部件，则轴功率也包括这部分驱动附属部件消耗的功率。

压缩机的指示功率为各级指示功率之和。如果通过实验测得指示图，则可通过指示图面积换算指示功率。若能通过实验测得平均进气压力、平均排气压力及压缩过程的平均过程指数，也可以代入式(4－16)～式(4－18)计算指示功率。

单螺杆压缩机的指示功率包含了欠压缩、过压缩及工作过程的泄漏和阻力损失引起的功耗。

3. 绝热功率与绝热效率

单螺杆压缩机无余隙容积，如果被压缩气体可以作为理想气体处理，其绝热功率可用下式计算：

$$P_{ad}=\frac{k}{k-1}p_s q_v\left[\left(\frac{p_d}{p_s}\right)^{\frac{k-1}{k}}-1\right] \tag{4-16}$$

式中：P_{ad} 为压缩机绝热功率；p 为压力；下标“s”表示进气状态参数，“d”表示排气状态参数；k 为压缩气体的绝热指数；q_v 为压缩机的实际容积流量。

对于实际气体可以将式(4－16)乘以压缩性系数(压缩因子)计算绝热功率：

$$P_{ad}=\frac{k}{k-1}p_s q_v\left[\left(\frac{p_d}{p_s}\right)^{\frac{k-1}{k}}-1\right]\frac{Z_s+Z_d}{2Z_s} \tag{4-17}$$

或

$$P_{ad}=\frac{k}{k-1}p_s q_v\left[\left(\frac{p_d}{p_s}\right)^{\frac{k-1}{k}}-1\right]\sqrt{\frac{Z_d}{Z_s}} \tag{4-18}$$

式中：Z 为实际气体的压缩性系数(压缩因子)，可查阅相关资料获得。式(4－18)和式(4－17)是实际气体压缩性系数的两种不同算法。

对实际气体，也可以采用焓差法计算，即

$$P_{ad} = q_m (h_{ds} - h_s) \tag{4-19}$$

式中：h 表示工质的比焓；h_{ds}表示排气压力下、与吸气状态熵相等状态下气体的比焓。

绝热效率是指绝热功率与轴功率的比值，即

$$\eta_{ad} = \frac{P_{ad}}{P_{sh}} \tag{4-20}$$

进气加热、壳体对气体的加热会使工作过程指数高于绝热指数而产生功率损失，泄漏、阻力和摩擦，以及流体动力损失（也包括喷液产生的动力损失）都会降低绝热效率。一般而言，压缩机的工作过程是接近绝热过程的。但在喷水单螺杆压缩机中，雾化喷液可以大幅增加气液换热，提高绝热效率。在水蒸气压缩机中，若喷入液态水可引起蒸汽液化。若此时用户需求的是高参数蒸汽，会因流量减少而导致绝热效率降低。

单螺杆压缩机的绝热效率与啮合副型面、加工制造精度密切相关。加工精度高、间隙设置合理，采用（多）圆柱或曲面包络啮合副时绝热效率高。

对一台完成制造的单螺杆压缩机而言，转速和压比都存在最佳值，即存在某个转速和压比使压缩机的绝热效率最高。低转速下，泄漏率高；高转速下，动力损失和摩擦损失高，都会降低绝热效率。低压比下，有效功率占比低，高压比下泄漏率高，也会降低绝热效率。绝热效率还受到喷液量的影响，喷液量不足会导致压缩机绝热效率降低。一般在工频转速和设计压比下，取合适的喷液量，绝热效率可达压缩机的最高值。

对于喷油单螺杆压缩机，低压比、大中容积流量时，绝热效率为 0.75～0.85；高压比、小容积流量时，绝热效率为 0.65～0.75。常压喷水单螺杆压缩机的绝热效率一般为 0.6～0.8，小容积流量时可能低于 0.5。中压喷水单螺杆压缩机的绝热效率通常为 0.4～0.65。

制冷相关领域的文献常采用等熵效率描述压缩机的能量利用率。等熵效率是按照等熵过程计算压缩机的理论功率，等熵过程可表述为可逆绝热过程。在实际工程中，等熵过程理论功率的取值与上述绝热功率一致。所以除非特殊说明，绝热效率和等熵效率的数值是相等的。

4.5　排气温度

压缩机的排气温度通常是指在压缩机排气孔口附近、排气通道内测得的温度。由于单螺杆压缩机均采用向压缩腔喷液的润滑方式，其排气温度实际上是排气通道内气、液混合物的温度。通常认为，经过扰动和混合后，排气通道内气、液温度已经一致。

这一排气温度是被压缩气体和喷入液体在排气通道达到热平衡的温度，通常不由压比、介质物性直接决定，是压缩机功耗、被压缩气体的比热容和流量，以及喷液流量和比热容的联合作用的结果。

理论上，喷入足量低温液体，可以使压缩机的排气温度低于进气温度。但过分降低排气温度在工程中并不可取。对空气压缩机，无论喷入水还是润滑油，都需要对喷液进行充分冷却，必然要求更大的冷却器或更高的冷却成本。对喷油空气压缩机，过低的排气温度还会导致空气中的水蒸气冷凝成液态水，从而降低润滑油寿命甚至影响机械部件可靠性。若进气为100％湿度的空气，在 20 ℃的环境温度下压缩到 0.8 MPa 时，相应的饱和温度为 59 ℃，即若排气温度低于 59 ℃空气中的水蒸气将凝结为液态水。所以，喷油单螺杆压缩机的排气温度存在下限，不得低于空气压缩后水蒸气分压力所对应的饱和温度。常压下(0.8 MPa)，喷油单螺杆空气压缩机的排气温度通常控制在80 ℃以上。其他介质的喷油压缩机，若进气含湿，同样存在排气温度下限。喷水单螺杆空气压缩机不受水蒸气冷凝的限制，但同样受喷水冷却成本的限制，一般不低于50 ℃。在制冷压缩机中，排气温度通常要高于冷凝温度。在喷水润滑的水蒸气单螺杆压缩机中，排气温度往往要求高于排气压力对应的饱和温度。在这类压缩机中，排气温度受喷水量的影响较为敏感，往往需要控制到较低的喷水量。在其他特殊介质压缩机中，排气温度的下限可能还需要考虑物性的影响，如被压缩气体是否有组分凝析。

允许的排气温度高，所需的喷液冷却成本低，喷液量也降低。但排气温度高，压缩机部件温升高，设计间隙增大，压缩机的效率降低。在喷油单螺杆压缩机中，排气温度升高后，油气分离难度增加。更为重要的是，在这类压缩机中，排气温度升高，会快速降低润滑油的使用寿命，特别是矿物油。氧化反应的原理和试验研究表明，温度升高10 ℃，润滑油与空气中氧气的慢性氧化反应速率增加1倍。这意味着，排气温度升高10 ℃，润滑油的寿命减半。所以，喷油单螺杆空气压缩机的排气温度上限一般设置为下限以上10 ℃。在水润滑单螺杆空气压缩机中，排气温度升高，会导致排气中含湿量增加，系统中的循环水被快速消耗，一般将其排气温度上限设置为65 ℃左右。

过去曾认为喷液螺杆压缩机的压缩过程因存在气液换热接近等温过程，这种认识是错误的。实际上，压缩机转速高(如3000 r/min)，压缩过程经历的时间极短，而且喷液往往雾化不足，压缩过程气液接触面积并不大，气液难以充分换热，压缩腔内气体的压缩过程仍然接近绝热过程。实测喷油单螺杆空气压缩机的压缩过程接近绝热过程。因此，在单螺杆压缩机的排气孔口附近，压缩气体的温度高于液体的温度。在喷油单螺杆压缩机排气孔口附近，喷入液体的微小液滴混入温度较高的压缩气体中容易被氧化，形成结焦。在一些长期服役的喷油单螺杆空气压缩机的排气孔口附近的壳体壁面可以观察到结焦痕迹。经过排气孔口和排气通道内的充分混合后，气液温度达到平衡，所表现出的排气温度要低于排气孔口的气体实际温度。这类压缩机中，如果压比过高，即便将排气温度控制到较低的温度，润滑油的氧化速度仍然很快。市场上曾开发单级压比20～25的喷油单螺杆空气压缩机，运行约500 h后润滑油大量结焦失效就是这个原因导致的。理论计算表明，液滴尺寸恰当的雾化喷液能有效降低压缩过程的气体温度，但这对喷液压力、喷嘴设计的要求高，难度大、成本高；同时，在单螺杆压缩机中完全雾化喷液会导致啮合副间隙的密封不足，反而增加泄漏，降低效率。

4.6 喷液量

在目前的技术水平下，单螺杆压缩机均采用喷液润滑的方式。一方面，星轮齿侧面与螺杆齿槽侧面相对滑动，必须采用液体润滑阻止它们直接接触；同时，星轮轴与螺杆轴垂直，很难采用“同步齿轮”的方式驱动，避免星轮、螺杆直接接触。

喷液类型对压缩机的轴承设计与选型有直接影响。对于喷油单螺杆压缩机，星轮螺杆轴一般采用油润滑滚动轴承。对于喷水或其他液体的单螺杆压缩机，可采用油脂润滑轴承，但需要在轴承内侧布置机械密封；若采用水润滑或液体润滑滑动轴承，则可取消滚动轴承，也就无须设置机械密封，滑动轴承的技术成熟度有待提高。

1. 喷液的作用

喷液的作用有冷却、密封、润滑、清洗和降噪。

喷液的冷却作用主要体现在排气温度的控制和部件冷却两方面。如前文所述，喷液后压缩机的排气温度可通过喷液量调节，适应的压比范围扩大。由于喷液直接冲刷或附着在部件表面，单螺杆压缩机主机无须再设置外冷却，如壳体的风冷或水冷。其他部件，包括螺杆转子、星轮和机械密封也无须再另外设置冷却方式。这使压缩机的结构简化，成本降低。

喷液润滑主要是指啮合副与轴承，当然也包括对机械密封的润滑。单螺杆压缩机的星轮实际上是被动轮，由螺杆驱动。啮合副间隙，即星轮齿侧与螺杆齿槽侧面之间良好的流体动力润滑，可以避免星轮、螺杆的直接接触，防止星轮磨损；同时，良好的润滑可以产生足够的液膜推力，实现液膜推力推动星轮旋转，进一步防止星轮与螺杆的直接接触。

喷液的密封主要体现在对啮合副间隙、螺杆与壳体之间间隙的液封作用，减少压缩腔被压缩气体的泄漏量。喷液对如图 3－2 所示的 9 个泄漏通道都有良好的密封作用。换而言之，如果喷液不能足量地到达这些泄漏通道，泄漏量会增加，压缩机的效率会降低。目前的喷液位置主要布置在星轮齿与螺杆齿槽形成封闭容积时所处位置的齿顶附近区域。在水润滑单螺杆空气压缩机中可以设置多个喷水孔，以使喷入的液态水更快、更均匀地到达密封间隙。

由于液体黏度远大于气体，液体对声波有吸收和阻尼作用，所以单螺杆压缩机的进排气孔口一般都不设置专门的消声器。液体的冲刷和溶解还能对主机起清洗作用，将磨削和可溶解物质带出压缩机。

2. 喷液量的计算

对于喷水润滑的水蒸气压缩机，润滑所需的喷水量往往比热平衡所需的喷水量大。用户对出口蒸汽参数往往有过热或饱和的要求，过量喷水会降低压缩机出口的蒸汽参数，需要控制喷水量，甚至造成允许的喷水量无法满足啮合副润滑的基本要求。对于这类压缩机，喷液量需首先满足出口蒸汽参数的要求，对啮合副间隙精准喷液是未来的技术发展方向。

大部分单螺杆压缩机的喷液量是由热平衡决定的。假设压缩机的功率最终全部转化为热量，根据能量守恒定律，压缩机的热平衡方程为

$$P_{sh} = q_m c_{pg}(T_d - T_{sg}) + q_{mo} c_{po}(T_d - T_{so}) \tag{4-21}$$

式中：P_{sh}为压缩机的轴功率；q_m为气体的质量流量；q_{mo}为喷入液体的质量流量；c_{pg}为气体的定压比热容；c_{po}为喷入液体的定压比热容；T_d 为排气温度；T_{sg}为进气温度；T_{so}为喷液温度。在设计阶段，估算轴功率就可以获得喷液的质量流量。对实际的压缩机进行复核计算时，只需代入实测的轴功率即可。

上式假设排气后喷入液体和被压缩气体的温度相同，均为排气温度。若需要计算水蒸气压缩机的喷水量，则只需将排气状态蒸汽和喷入液态水的最终状态单独设置，代入式(4－21)即可获得喷水量。

由于上述计算喷液量的方法已经常见，本书不再举例计算。一般常压空气压缩机的热平衡喷液量在 0.3%～0.4%。但满足润滑和密封要求所需的喷液量往往比热平衡所需的喷液量大。同时，在排气通道内测量排气温度的位置，气体的温度仍然要高于液体的。所以工程中，常压喷油空气压缩机的喷油量一般是容积流量的 1%左右，水润滑单螺杆空气压缩机的喷水量则可高达容积流量的 3%。中压喷水单螺杆空气压缩机的喷水量则更高。

第 5 章　工作过程模拟

对单螺杆压缩机进行准确的工作过程分析是几何参数和结构参数的设计与选取基础。采用容积效率和绝热效率估算的方法设计单螺杆压缩机被称为零维模拟。这种方法不能直接考虑进气、压缩和排气过程的泄漏及阻力损失的影响。其设计结果的准确与否，取决于容积效率和绝热效率的准确估值。采用控制容积法，用迭代的方式求解控制方程，被称为一维工作过程模拟。采用三维数值模拟，建立工作容积的三维模型，可以数值求解单螺杆压缩机的工作过程，获得压缩机的设计参数，以及详细的流场信息。但是单螺杆压缩机的螺杆轴与星轮轴垂直，三维模型在计算过程中，容易出现网格畸形，从而增加建模分析难度、降低模拟结果的可靠度。同时，单螺杆压缩机工作过程喷液，增加了单螺杆压缩机工作过程三维模拟的难度。因此，单螺杆压缩机工作过程的三维模拟仍然不成熟，本章主要介绍一维工作过程模拟。

单螺杆压缩机中，星轮齿、齿槽和机壳气缸的内壁面相互包围构成多个同时工作的容积（工作腔），上、下两侧工作腔的容积随转子的旋转不断改变，与进、排气孔口间歇性地连通，周而复始地完成图 5-1 中显示的进气、压缩和排气过程。

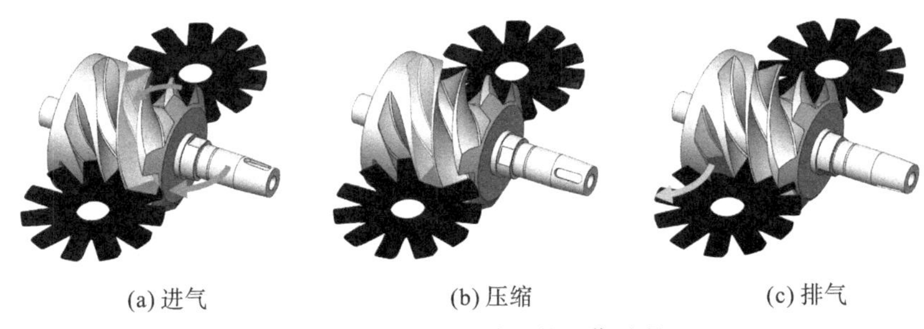

(a) 进气　　(b) 压缩　　(c) 排气

图 5-1　单螺杆压缩机的工作过程

5.1　基本假设

要描述单螺杆压缩机内部复杂的工作过程，必须进行适当的简化和假设，以顺利地建立数学模型并提高求解速度，同时需考虑假设的合理性以保证模型的准确性。

(1)压缩机的转速恒定；

(2)忽略工质动能和势能；

(3)吸气过程和排气过程的回流为单相气体，同时忽略它们的压力脉动；

(4)在相同的星轮转角下，各腔体内部的热力学参数相同，液体的密度为常数；

(5)气液两相互不相溶；

(6)泄漏过程为绝热过程，该过程中的干度为工作腔内气体与气液混合物质量的比值。

试验研究表明上述假设是合理的。但对于喷入液体与工质互溶的情况，本书模型不适用，如喷水润滑的水蒸气压缩机。

5.2　基本方程

根据热力学第一定律和质量守恒定律，考虑单螺杆压缩机进气腔、工作腔和排气腔之间的传热和泄漏，采用控制容积分析法，对单螺杆压缩机的工作过程进行分析。在单螺杆压缩机中，上、下两侧的工作腔同步工作，进气腔、工作腔和排气腔两两连通，各腔体内部的热力状态相互耦合。因此，数学模型需同时考虑各个腔体之间的相互影响。分别在上、下两侧选取进气腔、工作腔和排气腔作为控制容积进行建模，如图 5-2 所示。其中，进、排气腔容积是固定的，而工作腔的容积则时刻改变。气体进入进气腔之前与进气管路换热，并与工作腔中泄漏的介质进行质量传递和热量交换，之后进入工作腔。在外界输入功 dW 的作用下，工作腔内的气体被压缩，容积变化为 dV，气体的压力和温度发生变化。此外，受到喷液与泄漏的影响，控制容积内的气液两相之间存在热交换。

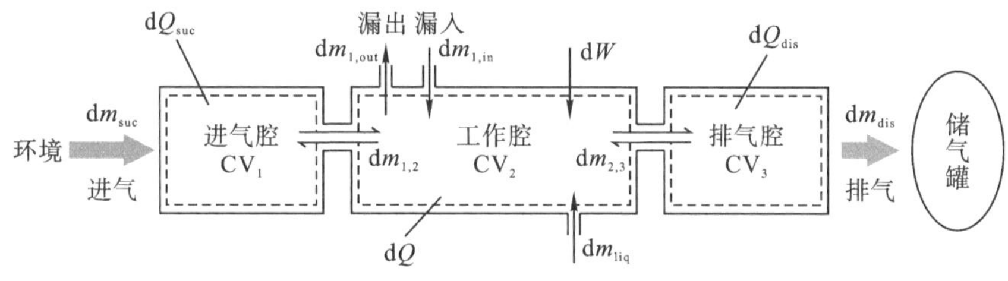

图 5-2　控制容积简化热力学模型

上述的控制容积 CV_1～CV_3 均满足开口系质量守恒方程和能量守恒方程，可描述为

$$\frac{\mathrm{d}m}{\mathrm{d}\alpha_{sw}}=\sum\frac{\mathrm{d}m_{in}}{\mathrm{d}\alpha_{sw}}-\sum\frac{\mathrm{d}m_{out}}{\mathrm{d}\alpha_{sw}} \tag{5-1}$$

$$\frac{\mathrm{d}U}{\mathrm{d}\alpha_{sw}}=\sum\frac{\mathrm{d}m_{in}}{\mathrm{d}\alpha_{sw}}h_{in}-\sum\frac{\mathrm{d}m_{out}}{\mathrm{d}\alpha_{sw}}h_{out}-\frac{\mathrm{d}Q}{\mathrm{d}\alpha_{sw}}+\frac{\mathrm{d}W}{\mathrm{d}\alpha_{sw}} \tag{5-2}$$

式中：m 为质量，kg；α_{sw} 为星轮转角，rad；Q 为换热量，J；W 为外部输入功，J，$\mathrm{d}W=-p\mathrm{d}V$。

在进气过程中，气体流经进气过滤器和进气管道进入进气腔，并与泄漏至进气腔的气体及沉积在进气腔底部的液体接触换热，之后进入工作腔。同时，从超前工作腔泄漏的气液两相流体也将进入工作腔与之混合。这些因素影响工作腔内气液两相的比例和热力学状态。通常，稳定工作时，进气腔内的压力和温度可视为定值。因此，上述因素对进气质量和温度的影响被纳入工作腔的进气过程模型进行考虑。

质量变化包含从其他工作腔泄漏的高温气液两相流的回流。工作腔内的气体和液体的质量变化满足下列公式：

$$\frac{\mathrm{d}m_g}{\mathrm{d}\alpha_{sw}}=\frac{\mathrm{d}m_{g,suc}}{\mathrm{d}\alpha_{sw}}+\sum\frac{\mathrm{d}m_{g,leak}}{\mathrm{d}\alpha_{sw}} \tag{5-3}$$

$$\frac{\mathrm{d}m_{liq}}{\mathrm{d}\alpha_{sw}}=\frac{\mathrm{d}m_{liq,suc}}{\mathrm{d}\alpha_{sw}}+\sum\frac{\mathrm{d}m_{liq,leak}}{\mathrm{d}\alpha_{sw}} \tag{5-4}$$

式中：$m_{g,suc}$ 为流经吸气孔口的气体质量，kg；$m_{liq,suc}$ 为流经吸气孔口的液体质量，kg；$m_{g,leak}$ 为漏入工作腔的气体质量，kg；$m_{liq,leak}$ 为漏入工作腔的液体质量，kg。

试验研究发现，在重力的作用下从两侧腔体漏入星轮室的液体通常分布在底部，这些液体绝大部分是从螺杆的下侧腔体回流至压缩腔的，造成单螺杆压缩机上、下两侧腔体进气时的含液量不同，这种现象被称为喷液的二次分配。假设上侧工作腔在进气过程中回流的液体仅为前一个螺杆齿槽的漏入量，而下侧工作腔还需考虑从其他工作腔外漏出的液体从吸气孔口进入工作腔，则式(5－4)中流经吸气孔口的液体质量满足

$$\begin{cases} m_{\mathrm{liq,suc,up}} = 0 \\ m_{\mathrm{liq,suc,down}} = C_{\mathrm{liq}}\left(\sum m_{\mathrm{liq,leak}} - m_{\mathrm{liq,leak,7}} - m_{\mathrm{liq,leak,8}}\right) \end{cases} \tag{5-5}$$

式中：C_{liq}为流量系数；$m_{\mathrm{liq,suc,up}}$和 $m_{\mathrm{liq,suc,down}}$分别为上下两侧流经的液体质量，kg。

如第1章所述，单螺杆压缩机存在进气鼓风效应。在进气过程、星轮齿与螺杆齿槽形成封闭容积之前，星轮齿与螺杆齿槽之间的容积实际上是缩小的。因此，进气阶段工作腔容积缩小，可能提高工作腔压力向进气腔回流。因此，进气过程需考虑工作腔内的气体回流进入吸气腔。这一过程可简化为喷管流动模型，如下式所示：

$$q_{\mathrm{m,suc}} = \begin{cases} CS_2\sqrt{\dfrac{2\kappa}{\kappa-1}p_1\rho_1\left[\left(\dfrac{p_2}{p_1}\right)^{\frac{2}{\kappa}} - \left(\dfrac{p_2}{p_1}\right)^{\frac{\kappa+1}{\kappa}}\right]} & \dfrac{p_2}{p_1} > e_{\mathrm{cr}} \\ CS_2\sqrt{\dfrac{2\kappa}{\kappa-1}p_1\rho_1\left[\left(\dfrac{2}{\kappa+1}\right)^{\frac{2}{\kappa-1}}\right]} & \dfrac{p_2}{p_1} \leqslant e_{\mathrm{cr}} \end{cases} \tag{5-6}$$

式中：p_1 为高压侧压力，Pa；p_2 为低压侧压力，Pa；ρ_1 为高压侧工质的密度，kg/m^3；S_2 为孔口面积，即喷管出口面积，m^2；κ 为绝热指数；e_{cr}为临界压力比，$e_{\mathrm{cr}} = \left(\dfrac{2}{\kappa+1}\right)^{\frac{\kappa}{\kappa-1}}$。

如上文所述，单螺杆压缩机下侧腔体进气时带液。因为这些液体在星轮室存留时间稍长，与壳体、进气介质的换热面积大，同时螺杆和星轮剧烈的搅拌作用，可以使气液充分混合，可以认为进气过程中气液两相温度相等。鉴于此，完全封闭时气液混合物的温度采用下式计算：

$$T_{\mathrm{mix}} = T_{\mathrm{s}}\left[1 + C_{\mathrm{h}}\left(\frac{T_{\mathrm{liq}}}{T_{\mathrm{s}}} - 1\right)\right] \tag{5-7}$$

式中：T_{s} 为进气口温度，K；T_{liq}为循环液体的温度，K，可取喷液温度和排出液体温度的平均值；C_{h} 为预热系数，取0.52。

工作腔中气体和液体的微分方程如下：

$$\frac{\mathrm{d}U}{\mathrm{d}\alpha_{\mathrm{sw}}} = \frac{\mathrm{d}m_{\mathrm{in}}}{\mathrm{d}\alpha_{\mathrm{sw}}}h_{\mathrm{in}} - \frac{\mathrm{d}m_{\mathrm{out}}}{\mathrm{d}\alpha_{\mathrm{sw}}}h_{\mathrm{out}} + \sum_{i=1}^{9}\frac{\mathrm{d}m_{\mathrm{g,leak},i}}{\mathrm{d}\alpha_{\mathrm{sw}}}h_{\mathrm{g,leak},i} - \frac{\mathrm{d}Q}{\mathrm{d}\alpha_{\mathrm{sw}}} + \frac{\mathrm{d}W}{\mathrm{d}\alpha_{\mathrm{sw}}} \tag{5-8}$$

$$\frac{\mathrm{d}m_{\mathrm{g}}}{\mathrm{d}\alpha_{\mathrm{sw}}} = \frac{\mathrm{d}m_{\mathrm{g,in}}}{\mathrm{d}\alpha_{\mathrm{sw}}} - \frac{\mathrm{d}m_{\mathrm{g,out}}}{\mathrm{d}\alpha_{\mathrm{sw}}} + \sum_{i=1}^{9}\frac{\mathrm{d}m_{\mathrm{g,leak},i}}{\mathrm{d}\alpha_{\mathrm{sw}}} \tag{5-9}$$

$$\frac{\mathrm{d}m_{\mathrm{liq}}}{\mathrm{d}\alpha_{\mathrm{sw}}} = \frac{\mathrm{d}m_{\mathrm{liq,inj}}}{\mathrm{d}\alpha_{\mathrm{sw}}} - \frac{\mathrm{d}m_{\mathrm{liq,dis}}}{\mathrm{d}\alpha_{\mathrm{sw}}} + \sum_{i=1}^{9}\frac{\mathrm{d}m_{\mathrm{liq,leak},i}}{\mathrm{d}\alpha_{\mathrm{sw}}} \tag{5-10}$$

$$\frac{\mathrm{d}T_{\mathrm{liq}}}{\mathrm{d}\alpha_{\mathrm{sw}}} = \frac{1}{m_{\mathrm{liq}}}\left(\sum T_{\mathrm{liq,in}}\frac{\mathrm{d}m_{\mathrm{liq,in}}}{\mathrm{d}\alpha_{\mathrm{sw}}} - \sum T_{\mathrm{liq,out}}\frac{\mathrm{d}m_{\mathrm{liq,out}}}{\mathrm{d}\alpha_{\mathrm{sw}}} - T_{\mathrm{liq}}\frac{\mathrm{d}m_{\mathrm{liq}}}{\mathrm{d}\alpha_{\mathrm{sw}}} + \frac{1}{c_{\mathrm{liq}}}\frac{\mathrm{d}Q}{\mathrm{d}\alpha_{\mathrm{sw}}}\right) \tag{5-11}$$

式中：$m_{\mathrm{liq,inj}}$为喷液量，kg；$m_{\mathrm{liq,leak},i}$为各泄漏通道的液体泄漏量，kg；$m_{\mathrm{liq,dis}}$为流出排气孔口的液体质量，kg；$T_{\mathrm{liq,in}}$为喷液温度，K；$T_{\mathrm{liq,out}}$为流出的液体温度，即工作腔内的液体温度，K。

当压缩机开始排气时，工作腔与排气腔之间存在压差，若工作腔压力大于排气腔压力，则气液混合物从排气孔口流进排气腔；否则，需考虑回流。但考虑到液体惯性力较大，假设只有排气腔中的气体回流到工作腔内。排气过程简化为孔板流动模型。当流经孔板的流体是单相

的气体，则应采用膨胀系数 ε_v 对流量予以修正，则流经孔板的单相气体流量为

$$q_{mdis} = C\varepsilon_v A_{dis}\sqrt{2\rho_g(p_1 - p_2)} \tag{5-12}$$

式中：A_{dis} 为排气孔口面积，m^2；ρ_g 为空气的密度，kg/m^3。

流量系数 C 根据试验值确定，而膨胀系数 ε_v 可以根据下列公式计算：

$$\varepsilon_v = 1 - (0.351 + 0.256\beta^4 + 0.93\beta^8)\left[1 - \left(\frac{p_2}{p_1}\right)^{\frac{1}{\kappa}}\right] \tag{5-13}$$

式中：β 为孔板前后直径比，通常小于 0.75。

当工作腔内的气液两相流进入排气腔，排气孔口面积的变化也会影响流量的大小。该流动可以简化为气液两相均相流经孔板流动模型，排出的两相流质量流量 q_{mdis} 可根据下式获得：

$$q_{mdis} = \frac{C\varepsilon_v A_{dis}\sqrt{2\rho_{liq}\Delta p}}{\left[\theta(1-\chi) + \chi\sqrt{\frac{\rho_{liq}}{\rho_g}}\right]\sqrt{(1-\beta^4)}} \tag{5-14}$$

式中：ρ_{liq} 为液体密度，kg/m^3；Δp 为孔板前后压差，Pa；χ 为干度；β 为孔板前后直径比；θ 为流量校正系数，它与气、液两相的密度比相关，计算式为

$$\theta = 1.48625 - 9.26541\left(\frac{\rho_g}{\rho_{liq}}\right) + 44.6954\left(\frac{\rho_g}{\rho_{liq}}\right)^2 - 60.6150\left(\frac{\rho_g}{\rho_{liq}}\right)^3 - 5.12966\left(\frac{\rho_g}{\rho_{liq}}\right)^4 - 26.5743\left(\frac{\rho_g}{\rho_{liq}}\right)^5 \tag{5-15}$$

式(5-15)中的质量流量为气液混合物，还需要根据气、液两相的比例分别计算各自的流量：

$$\begin{cases} q_{mdis,g} = \chi q_{mdis} \\ q_{mdis,liq} = (1-\chi)q_{mdis} \end{cases} \tag{5-16}$$

基本控制方程中的气体物性参数可以根据物性方程计算，也可以从物性软件读取。一般情况下，在不考虑相变的计算中，采用物性软件不会引起迭代问题。液体密度、黏度视为定值。

求解上述微分方程，还需建立泄漏、喷液和换热等热力过程的数学模型。

5.3　泄漏模型

泄漏是影响单螺杆压缩机工作过程的关键因素之一，泄漏通道的几何尺寸、前后的压差、部件的相对运动速度和气液两相的性质及比例都会改变泄漏量。为了能完整准确地模拟单螺杆压缩机的工作过程，需要建立相应的泄漏模型。图 5-3 是单螺杆压缩机泄漏通道示意图，各泄漏通道可以根据几何特性划分为以下三类：

(1)泄漏通道间隙恒定：通道 1、通道 6、通道 7、通道 8、通道 9；

(2)泄漏通道间隙沿长度方向随星轮转角变化：通道 2、通道 4；

(3)孔口型泄漏通道：通道 3、通道 5。

1. 齿侧泄漏通道

对于直线包络啮合副，从星轮高压面到啮合点位置区域，星轮齿前侧、齿后侧的轮廓线与齿槽侧面可能形成较短的类三角状泄漏通道。由于星轮齿截面轮廓线的曲率较大，而泄漏通

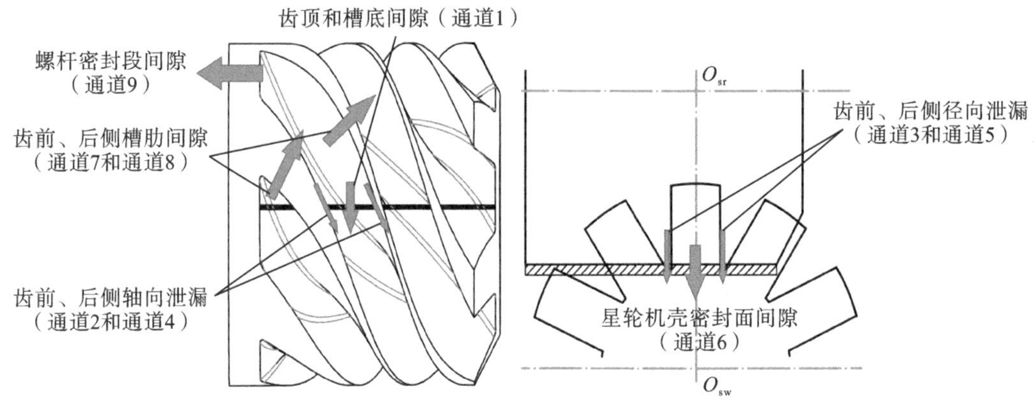

图 5-3　泄漏通道示意图

道的长度较短，这部分泄漏通道可以简化为楔形泄漏通道，流经这类通道的流体流动如图5-4所示。

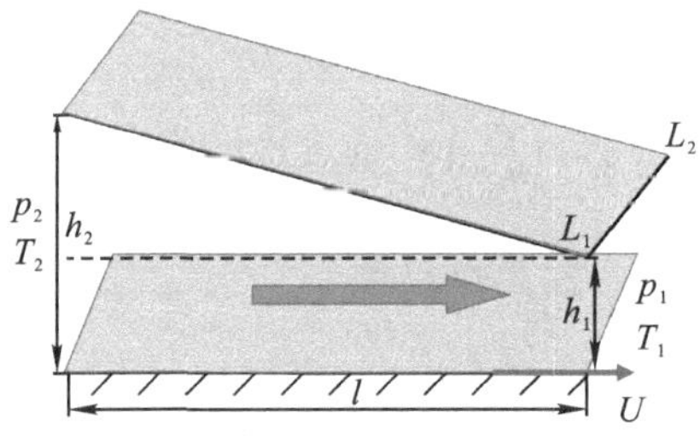

图 5-4　楔形平板泄漏通道示意图

上图中，l 是星轮齿轴向泄漏通道的长度，L 是星轮齿啮入螺杆齿槽的长度，也就是从齿顶到啮合点这段长度。L_1 代表最靠近齿根处的啮合点对应的星轮齿齿高，L_2 代表的是齿顶啮合点对应的星轮齿齿高。它们之间的几何关系满足下式：

$$\begin{cases} L_1 = \dfrac{a}{\cos\alpha_{sw}} \pm \dfrac{b\tan\alpha}{2} \\ L_2 = \sqrt{r_{sw}^2 - \left(\dfrac{b}{2}\right)^2} \end{cases} \tag{5-17}$$

式中：a 为螺杆外缘至星轮轴的距离，即中心距与螺杆半径的差值；r_{sw} 为星轮半径；b 为星轮齿宽；“+”和“−”分别表示齿前侧和齿后侧。则流经楔形平板间隙的泄漏量可根据下式求得。

$$q_m = \frac{\rho l h_1 h_2}{h_1 + h_2}\left(\frac{h_1 h_2}{6\mu l}\Delta p + U\right) \tag{5-18}$$

式中：U 为平行平板之间的相对运动速度，$U = \omega_{sr}\left\{A - r_{sw}\cos\left[\alpha_{sw} + \arcsin\left(\dfrac{b}{2r_{sw}}\right)\right]\right\}$。

若采用（多）圆柱包络和曲面包络型面，星轮齿前侧和齿后侧均由包络曲面构成间隙连续变化的泄漏通道，如图 5-5(a)所示。这类泄漏通道的几何特征表现为泄漏通道狭长且泄漏间隙先减小后增大，呈缩放喷管型；泄漏通道的壁面也存在相对运动。为了同时考虑泄漏通道前、后压差的驱动力和相对运动造成的黏滞力作用，可以将这类流动简化为图 5-5(b)所示的缩放喷管型窄缝流动模型，其泄漏间隙 $h(\alpha_{sw}, t, L)$ 沿泄漏方向 x 不断变化。

该模型可以认为是一元稳态定常流动，其热力学方程与边界条件为

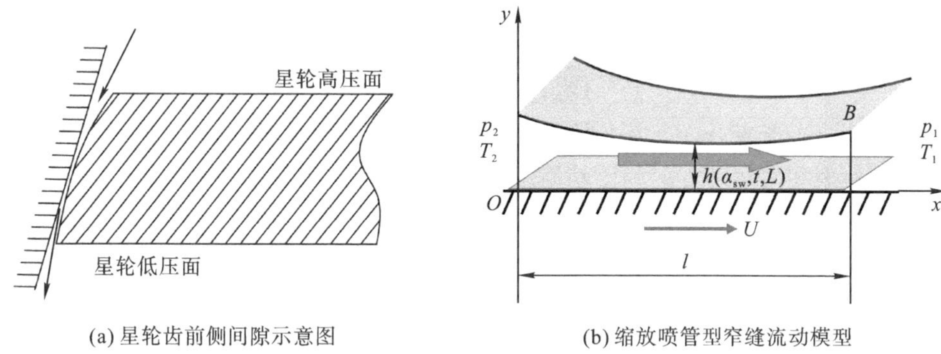

(a) 星轮齿前侧间隙示意图　　(b) 缩放喷管型窄缝流动模型

图5-5　缩放喷管型窄缝流动示意图

$$\begin{cases} x = 0, p = p_2 \\ x = l, p = p_1 \\ y = 0, u = U \\ y = h(\alpha_{sw}, t, L), u = 0 \end{cases} \tag{5-19}$$

流体流经缩放喷管型窄缝的流速和质量流量可分别根据公式(5-20)和(5-21)得到：

$$u = \frac{1}{2\mu}\frac{\mathrm{d}p}{\mathrm{d}x}y^2 - \left(\frac{U}{h} + \frac{1}{2\mu}\frac{\mathrm{d}p}{\mathrm{d}x}h\right)y + U \tag{5-20}$$

式中：μ为间隙内流体黏度，Pa·s。

$$q_m = \rho\int_0^{B(\alpha_{sw})} -\frac{1}{12\mu}\frac{\Delta p - 6\mu U\int_0^l h\ (\alpha_{sw},t,L)^{-2}\mathrm{d}x}{\int_0^l h\ (\alpha_{sw},t,L)^{-3}\mathrm{d}x}\mathrm{d}B \tag{5-21}$$

式中：$B(\alpha_{sw})$为泄漏通道的宽度，m。

2. 其他泄漏通道

对于星轮齿顶和螺杆槽底之间的间隙通道1，星轮齿高压面与机壳密封面之间的间隙通道6和螺杆外缘与气缸内壁之间的间隙通道7、通道8而言，间隙值与泄漏通道长度相比非常小且大小始终不变，这类间隙的泄漏可以简化为平行平板流动模型，即库埃特-泊肃叶(Couette-Poiseuille)模型，如图5-6所示。

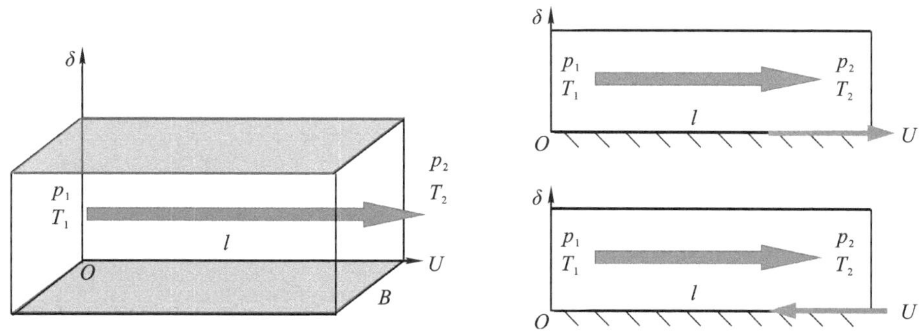

图5-6　平行平板流动

当黏度较大的流体流经相对运动的两平板之间，由于间隙尺寸较小，必须同时考虑黏滞力和压力差驱动的流动，也就是库埃特流和泊肃叶流。下式给出了流经平行平板泄漏通道的流

体质量流量 q_m 的计算方法：

$$q_m = \int_{\alpha_{sw}}^{\alpha_{out}} \left(\frac{B(\alpha_{sw})\delta^3 \rho}{12\mu} \frac{\Delta p}{l(\alpha_{sw})} \pm \frac{B(\alpha_{sw})\delta\rho}{2} U \right) d\alpha_{sw} \tag{5-22}$$

式中：l 为泄漏通道的长度，m；U 为平行平板之间的相对运动速度，m/s；Δp 为泄漏通道前后压差，Pa；"＋"代表相对运动方向和压差流速度同向，"－"表示两者方向相反。

泄漏通道的特征长度 l 和 B 与泄漏通道的几何结构相关：通道 1、通道 6 和通道 9 的泄漏间隙值 δ 及泄漏通道的长度 l 不随星轮转角变化，则公式(5－22)可简化为

$$q_m = \frac{B\delta^3\rho}{12\mu} \frac{\Delta p}{l} \pm \frac{B\delta\rho}{2} U \tag{5-23}$$

通道 1 的宽度是啮入螺杆的星轮齿顶圆弧长度。

$$B_1 = \begin{cases} 2\delta r_{sw} & \alpha_{in} < \alpha_{sw} \leqslant \alpha_h \\ r_{sw}\left(\arccos\left(\frac{a}{r_{sw}}\right) + \delta - \alpha_{sw} \right) & \alpha_h < \alpha_{sw} \leqslant \alpha_{out} \end{cases} \tag{5-24}$$

式中：α_{in} 为进气封闭角，rad；α_h 为星轮齿前侧开始旋出螺杆齿槽时的星轮转角，rad；α_{out} 为星轮齿完全脱离螺杆齿槽的星轮转角，rad；δ 为星轮齿宽半角，rad；r_{sw} 为星轮半径，m。

该泄漏通道的平板运动速度为

$$U_1 = \omega_{sr}(A - r_{sw}\cos\alpha_{sw}) \tag{5-25}$$

式中：ω_{sr} 为螺杆角速度，rad/s。

通道 6 的宽度是啮入螺杆的星轮齿顶圆弧长度。

$$B_6 = \begin{cases} \dfrac{b'}{\cos\alpha_{sw}} & \alpha_{in} < \alpha_{sw} \leqslant \alpha_h \\ a\tan\alpha_h + \dfrac{b'}{2\cos\alpha_h} - a\tan\alpha_{sw} + \dfrac{b'}{2\cos\alpha_{sw}} & \alpha_h < \alpha_{sw} \leqslant \alpha_{out} \end{cases} \tag{5-26}$$

式中：b' 为标准齿宽，m。

该通道的平板运动速度为

$$U_6 = a\omega_{sw}\tan\alpha_{sw} \tag{5-27}$$

对于通道 9，通道宽度取决于排气孔口的尺寸。当 $\alpha_h - \alpha_p > \gamma - 2\delta$ 时，泄漏通道的宽度如式(5－28)所示；否则按照式(5－29)计算。

$$B_9 = \begin{cases} 2\varepsilon\delta r_{sr} & \alpha_{in} \leqslant \alpha_{sw} < \alpha_p \\ \varepsilon r_{sr}(\alpha_h - \alpha_p) - \dfrac{\varepsilon r_{sr}(\alpha_h - \alpha_p)}{\alpha_{out} - \alpha_p - \gamma}(\alpha_{sw} + \lambda - \alpha_{out}) - \\ \qquad \varepsilon r_{sr}(\alpha_{sw} - \alpha_p - 2\delta) & \alpha_p \leqslant \alpha_{sw} < \alpha_{out} - \gamma \\ \varepsilon r_{sr}(\alpha_h - \alpha_p) - \varepsilon r_{sr}(\alpha_{sw} - \alpha_p - 2\delta) & \alpha_{out} - \gamma \leqslant \alpha_{sw} < \alpha_p + 2\delta \\ \varepsilon r_{sr}(\alpha_{out} - \alpha_{sw}) & \alpha_p + 2\delta \leqslant \alpha_{sw} < \alpha_{out} \end{cases} \tag{5-28}$$

$$B_9 = \begin{cases} 2\varepsilon\delta r_{sr} & \alpha_{in} \leqslant \alpha_{sw} < \alpha_p \\ \varepsilon r_{sr}(\alpha_h + 2\delta - \alpha_{sw}) & \alpha_p \leqslant \alpha_{sw} < \alpha_p + 2\delta \\ \varepsilon r_{sr}(\alpha_{out} - \alpha_{sw}) & \alpha_p + 2\delta \leqslant \alpha_{sw} < \alpha_{out} \end{cases} \tag{5-29}$$

式中：α_p 为齿前侧螺旋线与排气孔口开始相交时的星轮转角，rad；r_{sr} 为螺杆半径，m；ε 为齿数比，即星轮齿数 z_{sw} 与螺杆头数 z_{sr} 的比值；γ 为星轮分度角，rad。

对于泄漏通道 7 和通道 8，除了泄漏通道的间隙是定值，其泄漏通道的长度、宽度及平板的相对运动速度都在随星轮转角不断变化。图 5 - 7 显示了通道 7 和通道 8 的几何特征，其中螺杆齿槽肋厚为泄漏通道的长度，齿前侧和齿后侧螺旋线的长度为通道的宽度。相关的几何特征可用式(5 - 30)和式(5 - 31)表示。

$$\begin{cases} B_7 = \int_{\alpha_{in}}^{\alpha_{out}} \sqrt{y_q(\alpha_{sw})'^2 + s_q(\alpha_{sw})'^2}\,d\alpha_{sw} - \int_{\alpha_{in}}^{\alpha_{sw}} \sqrt{y_q(\alpha_{sw})'^2 + s_q(\alpha_{sw})'^2}\,d\alpha_{sw} \\ l_7 = [y_h(\alpha_{sw}) - y_q(\alpha_{sw} - \gamma)]\cos\left[\arctan\left(\dfrac{y_q(\alpha_{sw})'}{s_q(\alpha_{sw})'}\right)\right] \end{cases} \tag{5-30}$$

$$\begin{cases} B_8 = \int_{\alpha_{in}}^{\alpha_{out}} \sqrt{y_h(\alpha_{sw})'^2 + s_h(\alpha_{sw})'^2}\,d\alpha_{sw} - \int_{\alpha_{in}}^{\alpha_{sw}} \sqrt{y_h(\alpha_{sw})'^2 + s_h(\alpha_{sw})'^2}\,d\alpha_{sw} \\ l_8 = [y_h(\alpha_{sw}) - y_q(\alpha_{sw} - \gamma)]\cos\left[\arctan\left(\dfrac{y_h(\alpha_{sw})'}{s_h(\alpha_{sw})'}\right)\right] \end{cases} \tag{5-31}$$

式中：平板的相对运动速度为 $U = \omega_{sr} r_{sr} \cos\left(\dfrac{y(\alpha_{sw})'}{s(\alpha_{sw})'}\right)$。

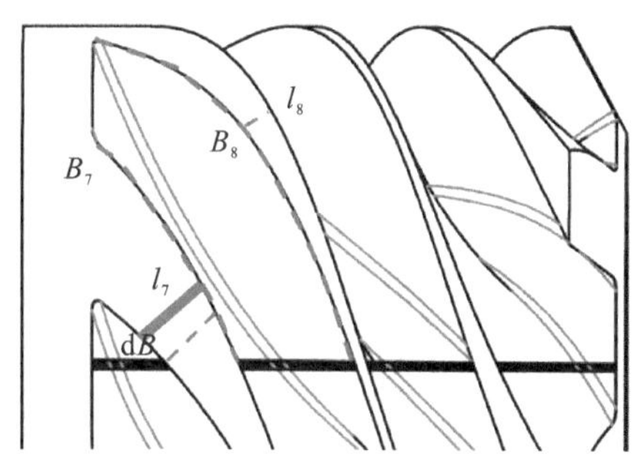

图 5 - 7　通道 7 和通道 8 的几何特征示意图

3. 泄漏流态判断

在单螺杆压缩机中，喷液量和相对间隙值影响着压缩机泄漏过程中气液两相的干度和流态。由于控制容积内持续喷液，可以假设液膜均匀地分布在控制容积的表面；而星轮、螺杆和机壳存在相对运动，控制容积表面的液体产生离心力，各个间隙内也可能存在液体。所以，确定了泄漏的流动模型之后，需采用分相流动模型对泄漏流态进行判断。

1)液膜的临界厚度

判断泄漏流态的首要任务是求解液膜的临界厚度。假设间隙内为气液两相分层流动，其流动状态如图 5 - 8 所示。

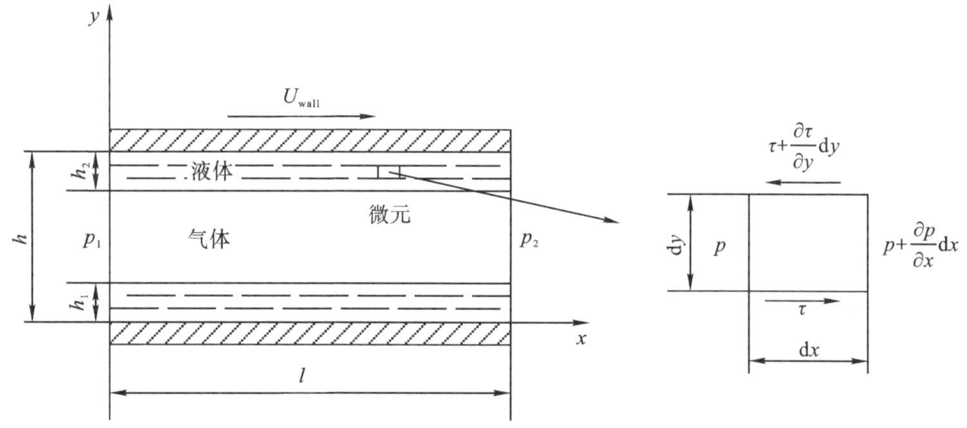

图 5 - 8　分层流动假设及微元受力分析

按照牛顿内摩擦定律所述，流体切应力满足

$$\tau = \frac{\Delta p D}{4l} \tag{5-32}$$

式中：l 为泄漏通道的长度，m；D 为泄漏通道的当量直径，m，主要由泄漏通道的截面积 S_h 和湿周 P_e 决定，$D=4S_h/P_e$；Δp 为泄漏通道的前后压差，Pa。

上式中，泄漏通道前后的压差 Δp 与流体的流速满足伯努利方程：

$$\Delta p = \frac{fl\rho U^2}{2D} \tag{5-33}$$

式中：f 为气液分界面上的表面阻力系数；ρ 为流体的密度，kg/m^3；U 为流体的流速，m/s。

联立式(5-32)和式(5-33)，则可得在液体和气体的分界面上流体微元所受的切应力为

$$\tau_j = \frac{f}{4}\left[\frac{\rho_g (U_g - U_{liq})^2}{2}\right] \tag{5-34}$$

式中：τ_j 为交界面上流体所受切应力，Pa，$j=1,2$；ρ_g 为气体的密度，kg/m^3；U_g 为交界面上气体的流速，m/s；U_{liq}为交界面上的液体流速，m/s。

壁面液膜满足库埃特流动模型，可由下式表示：

$$\frac{dp}{dx} = \mu_{liq}\frac{d^2 U_o}{dy^2} \tag{5-35}$$

式中：μ_{liq}为液体动力黏度，Pa•s；U_o 为壁面液膜速度，m/s。

以上壁面液膜为例，其边界条件如下式(5-36)所示：

$$\begin{cases} y=0, & U_{o1}=U_{wall} \\ y=h_1, & U_{o1}=U_{liq,1} \end{cases} \tag{5-36}$$

联立式(5-35)和式(5-36)即可计算出上壁面液膜速度分布：

$$U_o = \frac{U_{liq}}{h_1}y + \frac{1}{2\mu_{liq}}\frac{dp}{dx}(y^2 - h_1 y) + U_{wall} \tag{5-37}$$

式中：U_{liq}为上层气液分界面上的液体流速。

液体的平均速度为

$$\overline{U}_{o1} = \frac{U_{liq}+U_{wall}}{2} - \frac{h_1^2}{12\mu_{liq}}\frac{dp}{dx} \tag{5-38}$$

此外，液膜中的剪切应力也可以由下式(5-39)描述：

$$\tau_1 = \mu_{liq}\left[\frac{U_{liq}-U_{wall}}{h_1} + \frac{1}{2\mu_{liq}}\frac{dp}{dx}(2y-h_1)\right] \tag{5-39}$$

当 $y=h_1$，可通过上式求得气液交界面上的剪切应力如下：

$$\tau_1 = \mu_{liq}\left(\frac{U_{liq}-U_{wall}}{h_1} + \frac{h_1}{2\mu_{liq}}\frac{dp}{dx}\right) \tag{5-40}$$

上述公式中，泄漏通道的压力变化梯度为

$$\frac{dp}{dx} = -\frac{\Delta p}{l} \tag{5-41}$$

根据两相流基本理论，气液两相中气体的流速及气液两相的滑移比与液膜有如下关系：

$$\overline{U}_{o1} = \frac{U_g}{s} \tag{5-42}$$

其中：滑移比 s 满足

$$s = 0.4 + 0.6\left(\frac{\rho_{liq}}{\rho_g} + 0.4\frac{1-\chi}{\chi}\right)^{\frac{1}{2}}\left(1+0.4\frac{1-\chi}{\chi}\right)^{-\frac{1}{2}} \tag{5-43}$$

式中：χ 为干度，可按照实际腔体内部的气液质量求得。

通过式(5-32)～式(5-43)，便可计算出上层壁面上附着液膜的厚度 h_1；当壁面运动速度 $U_w=0$，亦可获得下层液膜厚度 h_2。若 $h_1+h_2<h$，说明液膜临界厚度小于泄漏通道的实际间隙，泄漏通道内为气液两相流动；否则，流经该泄漏通道的流体仅为纯液体。

2)层流与湍流的判据

当泄漏通道为两相流动时，则需要根据流动的雷诺数判断气液两相流是否分层。通常将均相流动流体的雷诺数作为衡量的判据。

$$Re=\frac{D_h\overline{U}}{\nu} \tag{5-44}$$

式中：D_h 为泄漏通道的水力直径，m；ν 为均相流体的运动黏度，m^2/s。

当 $Re\leqslant Re_{cr}$，气体和液体的流动速度都较低，认为流动为层流。此时液体附着在泄漏通道上、下壁面，气体从液体中间流过。当 $Re>Re_{cr}$ 时，流体流速升高，气液两相处于湍流状态，二者相互混合，则可按照均相流动处理。

3)两相流模型

均相流动和分层流动时气液混合物的物性存在差异。

若采用均相流动模型，气相和液相之间无相对运动，即两者流速相当，气液混合物达到热平衡。这种情况下，混合物的热力学性质可根据下式求得：

$$\begin{cases}\rho_{mix}=\dfrac{\rho_g\rho_{liq}}{(1-\chi)\rho_g+\chi\rho_{liq}}\\[2ex]\mu_{mix}=\dfrac{\mu_g\mu_{liq}}{(1-\chi)\mu_g+\chi\mu_{liq}}\\[2ex]\kappa_{mix}=\dfrac{\chi C_{p,g}+(1-\chi)C_{liq}}{\chi C_{V,g}+(1-\chi)C_{liq}}\end{cases} \tag{5-45}$$

其中：干度 χ 满足

$$\chi=\frac{\dot{m}_g}{\dot{m}_g+\dot{m}_{liq}} \tag{5-46}$$

式中：$\dot{m}_g$ 为气体流量，kg/s；$\dot{m}_{liq}$ 为液体流量，kg/s。

若气液两相处于分层状态，则气相和液相具有各自的流速和物性参数，可根据气液两相的厚度及对应的流速求解实际的泄漏量：

$$\begin{cases}\dot{m}_g=AU_g\rho_g\dfrac{h-h_1-h_2}{h}\\[2ex]\dot{m}_{liq}=A\overline{U}_o\rho_{liq}\dfrac{h_1+h_2}{h}\end{cases} \tag{5-47}$$

5.4　补充方程

1. 喷液模型

1)流动模型

单螺杆压缩机一般采用沿螺杆截面内垂直于星轮齿面喷液的方法，喷液孔通常为圆形。

喷液孔的直径与工作腔的几何尺寸相比较小。因此，喷液模型可以简化为孔板流动模型，喷液量满足：

$$q_{\mathrm{mliq}} = CA_{\mathrm{liq}}\sqrt{2\rho_{\mathrm{liq}}(p_1 - p_2)} \tag{5-48}$$

式中：C 为通流系数；A_{liq} 为喷液孔的投影面积，m^2；p_1 为喷液压力，Pa；p_2 为工作腔内的压力，Pa。

2）喷液孔面积

图 5-9 显示了喷液孔和齿槽外缘之间的几何关系（其坐标轴 y 位于分割面，即星轮上表面与螺杆外缘的相交线，从螺杆进气端指向排气端；坐标轴 s 位于螺杆进气端面与螺杆外缘的交接线上，沿着螺杆外缘圆柱面展开；两坐标轴的交点为两坐标轴的原点 O；y_0 为喷液孔距离进气端面的距离，s_0 为螺杆齿槽前侧刚到达 y 轴时喷液孔在 s 坐标轴的坐标）。喷液孔和齿槽的相对位置随星轮转角的改变而不断变化。为了描述喷液孔面积的变化规律，提取以下几个特征位置：当孔口与齿槽开始重合，压缩机开始喷液，此时星轮转角为 α_{o1}；随着转子的转动，喷液孔口与齿槽的重合面积逐渐增大，直到星轮转角为 α_{o2} 时，喷液孔面积达到最大值；当孔口与齿后侧螺旋线相交，面积开始减小，此时的星轮转角为 α_{o3}；最后，当喷液孔口完全脱离齿槽，喷液过程结束，此时的星轮转角为 α_{o4}。上述特征角度对应的星轮转角 α_{oi} 均满足

$$[y(\alpha_{\mathrm{oi}} \pm \Delta\alpha) - y(\alpha_{\mathrm{oi}})]^2 + [s(\alpha_{\mathrm{oi}} \pm \Delta\alpha) - s(\alpha_{\mathrm{oi}})]^2 = r_{\mathrm{o}}^2 \tag{5-49}$$

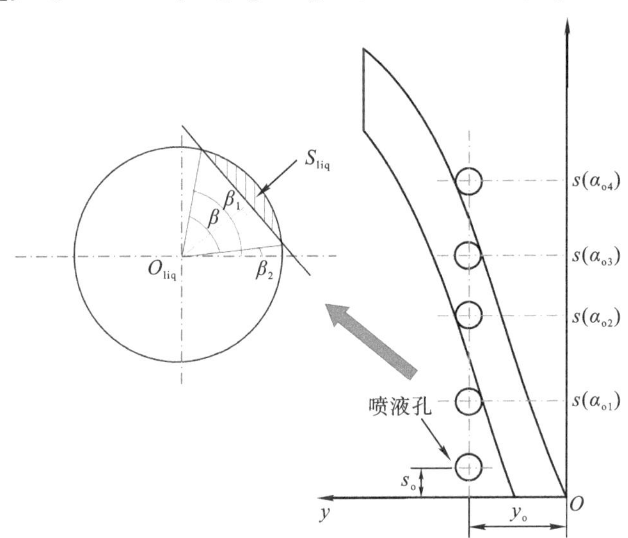

图 5-9　喷液孔与齿槽外缘的特征位置

喷液孔面积满足

$$S_{\mathrm{liq}} = \begin{cases} 0 & \alpha_{\mathrm{in}} < \alpha_{\mathrm{sw}} \leqslant \alpha_{\mathrm{o1}} \\ \dfrac{\beta_1 - \beta_2 - \sin\left(\dfrac{\beta_1 - \beta_2}{2}\right)\cos\left(\dfrac{\beta_1 - \beta_2}{2}\right)}{2} r_{\mathrm{o}}^2 & \alpha_{\mathrm{o1}} < \alpha_{\mathrm{sw}} \leqslant \alpha_{\mathrm{o2}} \\ \pi r_{\mathrm{o}}^2 & \alpha_{\mathrm{o2}} < \alpha_{\mathrm{sw}} \leqslant \alpha_{\mathrm{o3}} \\ \dfrac{2\pi - \beta_1 + \beta_2 + \sin\left(\dfrac{\beta_1 - \beta_2}{2}\right)\cos\left(\dfrac{\beta_1 - \beta_2}{2}\right)}{2} r_{\mathrm{o}}^2 & \alpha_{\mathrm{o3}} < \alpha_{\mathrm{sw}} < \alpha_{\mathrm{o4}} \\ 0 & \alpha_{\mathrm{o4}} < \alpha_{\mathrm{sw}} \end{cases} \tag{5-50}$$

式中：r_o 为喷液孔口的半径，m；β_1 为螺旋线与喷液孔的上交点对应的特征角度，rad；β_2 为螺旋线与喷液孔的下交点对应的特征角度，rad。

3）流态判别

喷液流态会因喷液孔尺寸和前后压差的变化而发生变化，可能的流动状态有：液滴、光滑液滴、波纹流和喷雾流。这四种流动状态可以根据韦伯数 We 进行判断，只有当 $We>20$ 时喷液才达到良好的雾化效果，韦伯数的公式如下：

$$We = \frac{d_{\text{liq}}\rho_{\text{liq}}v_{\text{liq}}^2}{\sigma_{\text{liq}}} \tag{5-51}$$

式中：d_{liq} 为喷液孔直径，m；v_{liq} 为喷液速度，m^2/s；σ_{liq} 为液体的表面张力，N/m。

2. 换热模型

工作腔内的换热包括以下几个部分：气液两相之间的换热；腔内气体与漏入的高温气体混合换热；气液两相分别在机壳气缸内壁的换热。根据式（5-51）计算空气压缩机喷液的韦伯数小于 20，说明喷入的液体未能良好雾化，大部分液体在进入工作腔之后因离心力和转子的相对运动，附着在啮合副和机壳气缸的表面。因此，可以将换热模型简化为壁面上的液体与腔内气体之间的对流换热，如下式所示：

$$\dot{Q} = hS_{\text{h}}\Delta T \tag{5-52}$$

式中：h 为气、液间的对流换热系数，$W/(m^2 \cdot K)^{-1}$；S_{h} 为对流换热面积，m^2；ΔT 为气、液间的温差，K。

接下来，建立曲面包络单螺杆压缩机工作腔换热面积的数学方程，并给出对流换热系数的求解方法。

1）换热面积

工作腔的换热面积包括：星轮齿高压面的啮合区域，螺杆齿槽槽底的封闭区域，螺杆齿槽齿前、齿后侧面，以及机壳气缸的内表面。

星轮齿高压面的啮合区域面积 $S_{\text{h},1}$ 根据下式计算：

$$S_{\text{h},1} = \begin{cases} \int_{-\frac{b'}{2}}^{\frac{b'}{2}} \sqrt{r_{\text{sw}}^2 - \eta^2} - \eta\tan\alpha_{\text{sw}} - \dfrac{a}{\cos\alpha_{\text{sw}}}\text{d}\eta & \alpha_{\text{in}} \leqslant \alpha_{\text{sw}} < \alpha_{\text{h}} \\ \int_{-\frac{b'}{2}}^{r_{\text{sw}}\sin(\alpha_{\text{mid}}-\alpha_{\text{sw}})} \sqrt{r_{\text{sw}}^2 - \eta^2} - \eta\tan\alpha_{\text{sw}} - \dfrac{a}{\cos\alpha_{\text{sw}}}\text{d}\eta & \alpha_{\text{h}} \leqslant \alpha_{\text{sw}} < \alpha_{\text{out}} \end{cases} \tag{5-53}$$

式中：η 为齿宽方向的位置；α_{mid} 为排气侧啮合角，rad。

螺杆齿槽槽底面积 $S_{\text{h},2}$，机壳气缸内表面的面积 $S_{\text{h},3}$，螺杆齿槽齿前侧面积 $S_{\text{h},4}$ 和齿后侧面积 $S_{\text{h},5}$ 根据压缩机的几何特性进行计算，如式（5-54）～式（5-57）所示：

$$S_{\text{h},2} = \begin{cases} \int_{\alpha_{\text{sw}}}^{\alpha_{\text{h}}} 2\varepsilon\delta r_{\text{sw}}(A - r_{\text{sw}}\cos\alpha_{\text{sw}})\text{d}\alpha_{\text{sw}} + \int_{\alpha_{\text{h}}}^{\alpha_{\text{out}}} 2\delta r_{\text{sw}}(A - r_{\text{sw}}\cos\alpha_{\text{sw}})\text{d}\alpha_{\text{sw}} & \alpha_{\text{in}} \leqslant \alpha_{\text{sw}} < \alpha_{\text{h}} \\ \int_{\alpha_{\text{sw}}}^{\alpha_{\text{h}}} \varepsilon r_{\text{sw}}(\alpha_{\text{mid}} - \alpha_{\text{sw}} + \delta)[A - r_{\text{sw}}(\alpha_{\text{mid}} - \alpha_{\text{sw}} + \delta)\cos\alpha]\text{d}\alpha_{\text{sw}} & \alpha_{\text{h}} \leqslant \alpha_{\text{sw}} < \alpha_{\text{out}} \end{cases} \tag{5-54}$$

$$S_{\text{h},3} = \begin{cases} \int_{\alpha_{\text{sw}}}^{\alpha_{\text{h}}} \dfrac{\varepsilon b' r_{\text{sr}}}{\cos\alpha_{\text{sw}}}\text{d}\alpha_{\text{sw}} + \int_{\alpha_{\text{h}}}^{\alpha_{\text{out}}} \varepsilon r_{\text{sr}}[y_{\text{q}}(\alpha_{\text{h}}) - y_{\text{h}}(\alpha_{\text{sw}})]\text{d}\alpha_{\text{sw}} & \alpha_{\text{in}} \leqslant \alpha_{\text{sw}} < \alpha_{\text{h}} \\ \int_{\alpha_{\text{sw}}}^{\alpha_{\text{out}}} \varepsilon r_{\text{sr}}[y_{\text{q}}(\alpha) - y_{\text{h}}(\alpha_{\text{sw}})]\text{d}\alpha_{\text{sw}} & \alpha_{\text{h}} \leqslant \alpha_{\text{sw}} < \alpha_{\text{out}} \end{cases} \tag{5-55}$$

$$S_{h,4}=\begin{cases}\int_{\alpha_{sw}}^{\alpha_h}\varepsilon\left(r_{sw}-\dfrac{a}{\cos\alpha_{sw}}-\dfrac{b'\tan\alpha}{\alpha_{sw}}\right)\left[r_{sr}-\left(\dfrac{a}{\cos\alpha_{sw}}-\dfrac{b'\tan\alpha_{sw}}{\alpha_{sw}}\right)\dfrac{\cos\alpha_{sw}}{2}\right]d\alpha_{sw} & \alpha_{in}\leqslant\alpha_{sw}<\alpha_h\\ 0 & \alpha_h\leqslant\alpha_{sw}<\alpha_{out}\end{cases}\quad(5-56)$$

$$S_{h,5}=\int_{\alpha}^{\alpha_{out}}\varepsilon\left(r_{sw}-\frac{a}{\cos\alpha_{sw}}+\frac{b'\tan\alpha_{sw}}{\alpha_{sw}}\right)\left[r_{sr}-\left(\frac{a}{\cos\alpha}+\frac{b'\tan\alpha_{sw}}{\alpha_{sw}}\right)\frac{\cos\alpha_{sw}}{2}\right]d\alpha_{sw}\quad(5-57)$$

则工作腔内部的换热面积为 $S_h=\sum_{i=1}^{5}S_{h,i}$。

2)对流换热系数

根据传热学基本原理,对流换热系数可以根据下式计算:

$$h=\frac{\lambda}{D}Nu\quad(5-58)$$

式中:λ 为导热系数,W/(m·K);D 为流通管道的内径或当量直径,m;Nu 为努塞特数,由圆管内换热关联式计算并修正。

圆管内气体流动的对流换热规律可描述如下:

当齿槽内为层流($Re<2300$),可以使用齐德-泰特(Sieder-Tate)公式来计算平均努塞特数。

$$\begin{cases}Nu=1.86\left(\dfrac{RePr}{l/D}\right)^{1/3}\left(\dfrac{\mu}{\mu_{wall}}\right)^{0.14}\\ Pr=0.48\sim16700\\ \dfrac{\mu}{\mu_{wall}}=0.0044\sim9.75\\ \left(\dfrac{RePr}{l/D}\right)^{1/3}\left(\dfrac{\mu}{\mu_{wall}}\right)^{0.14}\geqslant2\end{cases}\quad(5-59)$$

式中:l 为流道长度,m;μ_{wall}为壁温下流体的动力黏度,Pa·s。

当齿槽内的流体处于旺盛湍流状态时($Re>10^4$),可以根据湍流换热关联式迪图斯-贝尔特(Dittus-Boelter)公式进行求解。

$$Nu=0.023Re^{0.8}Pr^n\quad(5-60)$$

当加热流体时,$n=0.4$;当冷却流体时,$n=0.3$。式中的雷诺数 $Re=\dfrac{uD}{\nu}=\dfrac{\rho uD}{\mu}$;普朗特数 $Pr=\dfrac{\nu}{a_r}=\dfrac{\mu c_p}{\lambda}$。该公式的适用范围是 $Re=10^4\sim1.2\times10^5$,$Pr=0.7\sim120$,$l/D\geqslant60$。式中:a_r 为热扩散率,m^2/s;μ 为动力黏度,Pa·s;ν 为运动黏度,m^2/s;ρ 为密度,kg/m^3;λ 为导热系数,W/(m·K);c_p 为定压比热容,J/(kg·K)。

流体在齿槽内的流动速度则需要按照啮合副的运动特性,选取星轮片相对于齿槽的平均速度或星轮周向速度,如式(5-61)所示:

$$u=\omega_{sw}\left|r_{sw}-\frac{r_{sw}-\dfrac{a}{\cos\alpha_{sw}}}{2}\right|\quad(5-61)$$

格尼林斯基(Gnielinski)关联式则用于计算处于过渡区($2300<Re<10^4$)的 Nu,描述为

$$Nu=\frac{(f/8)(Re-1000)Pr}{1+12.7\sqrt{f/8}(Pr^{2/3}-1)}\left[1+\left(\frac{D}{l}\right)^{2/3}\right]c_{\mathrm{T}} \tag{5-62}$$

式中：l 为管长，m；c_{T} 为温度系数，$c_{\mathrm{T}}=(T/T_{\mathrm{wall}})^{0.45}$，其中温度的比值在 0.5～1.5。

流体在齿槽内流动的方向随着转子的旋转不断变化，可以将齿槽结构简化为螺旋管，流体也会因为二次环流而加强换热。所以 Nu 在计算时还需用螺旋管修正系数 c_{r} 进行一定的修正。因此，实际模型中使用的传热准则数由下式求得：

$$Nu_{\mathrm{r}}=c_{\mathrm{r}}Nu \tag{5-63}$$

式中：修正系数 $c_{\mathrm{r}}=1+1.77D/R$，$D=r_{\mathrm{sw}}-a/\cos\alpha_{\mathrm{sw}}$，$R=r_{\mathrm{sw}}-(r_{\mathrm{sw}}-a/\cos\alpha_{\mathrm{sw}})/2$。

3. 性能及功耗分析

容积效率 η_v、绝热效率 η_{ad}、轴功率 N_{s} 和比功率 N_{r} 等宏观性能参数可以综合评判压缩机的性能。容积效率 η_v 是指实际和理论排气量的比值，用来反映压缩机容积利用率和内部泄漏的情况。容积效率可以用下式描述：

$$\eta=\frac{q_{v,\mathrm{act}}}{q_{v,\mathrm{th}}} \tag{5-64}$$

式中，$q_{v,\mathrm{act}}$为实际的容积流量，$\mathrm{m^3/min}$；$q_{v,\mathrm{th}}$为理论容积流量，$\mathrm{m^3/min}$。

当实际的容积流量确定，单螺杆压缩机的绝热压缩功率可以根据下式进行计算：

$$N_{\mathrm{ad}}=p_1q_{v,\mathrm{act}}\frac{\kappa}{\kappa-1}\left[\left(\frac{p_2}{p_1}\right)^{\frac{\kappa-1}{\kappa}}-1\right]=q_{\mathrm{m}}(h_{2\mathrm{s}}-h_1) \tag{5-65}$$

式中：N_{ad}为绝热压缩功率，kW；q_{m} 为质量流量，kg/s；$h_{2\mathrm{s}}$为等熵压缩完成时空气的比焓，J/kg；h_1 为压缩机入口状态的焓值，J/kg。

单螺杆压缩机的轴功率由气体压缩的指示功率 N_{i}、旋转部件的摩擦功率 N_{f}和液体输送的功率 N_{liq}组成，如下式所示：

$$N_{\mathrm{s}}=N_{\mathrm{i}}+N_{\mathrm{liq}}+N_{\mathrm{f}} \tag{5-66}$$

压缩机实际循环的指示功率表示单位时间内工作腔内直接用于压缩气体的功耗，反映压缩机内部的不可逆损失。单螺杆压缩机的指示功率可以根据上侧工作腔和下侧工作腔的 $p-V$ 指示图积分获得，如下式所示：

$$N_{\mathrm{i}}=\frac{nz_{\mathrm{sr}}\int V\mathrm{d}p_{\mathrm{up}}}{60}+\frac{nz_{\mathrm{sr}}\int V\mathrm{d}p_{\mathrm{down}}}{60} \tag{5-67}$$

式中：n 为转速，r/min。

在单螺杆压缩机工作过程中，喷入的液体所受压力也会随气体压缩过程而变化，产生一定功率损耗。该过程的功耗可以根据下式求得：

$$N_{\mathrm{liq}}=\frac{nz_{\mathrm{sr}}}{60}\int\frac{m_{\mathrm{liq}}}{\rho_{\mathrm{liq}}}\mathrm{d}p_{\mathrm{up}}+\frac{nz_{\mathrm{sr}}}{60}\int\frac{m_{\mathrm{liq}}}{\rho_{\mathrm{liq}}}\mathrm{d}p_{\mathrm{down}} \tag{5-68}$$

由于液体黏度比空气大得多，在各部件旋转的过程中，星轮齿顶与螺杆齿槽底面之间、螺杆肋外缘与气缸内壁面之间、星轮高压面与机壳密封面之间，以及螺杆密封段的间隙中均存在一定的液体，在黏滞力作用下产生功率损失。已有研究指出，单螺杆空气压缩机的摩擦功率主要由定间隙泄漏通道产生，星轮齿前侧和齿后侧间隙产生的摩擦功率可以忽略。摩擦功率可以根据下式获得：

$$N_{f,i} = lBU\left(\frac{U\mu_{\text{liq}}}{\delta} - \frac{\Delta p\delta}{2l}\right) \tag{5-69}$$

轴功率和实际容积流量之比称为比功率，可描述为

$$N_r = \frac{N_s}{q_{v,\text{act}}} \tag{5-70}$$

绝热效率可以反映压缩机的阻力损失和泄漏对压缩机性能的影响，是绝热压缩功率和轴功率的比值，如下式所示：

$$\eta_{\text{ad}} = \frac{N_{\text{ad}}}{N_s} \tag{5-71}$$

4. 数学模型求解方法

图 5-10 是求解上述工作过程模型的流程图。需使用程序语言实现数学建模，并基于四阶龙格-库塔法求解相应的微分方程组。在求解过程中，首先输入几何参数和工况参数；然后

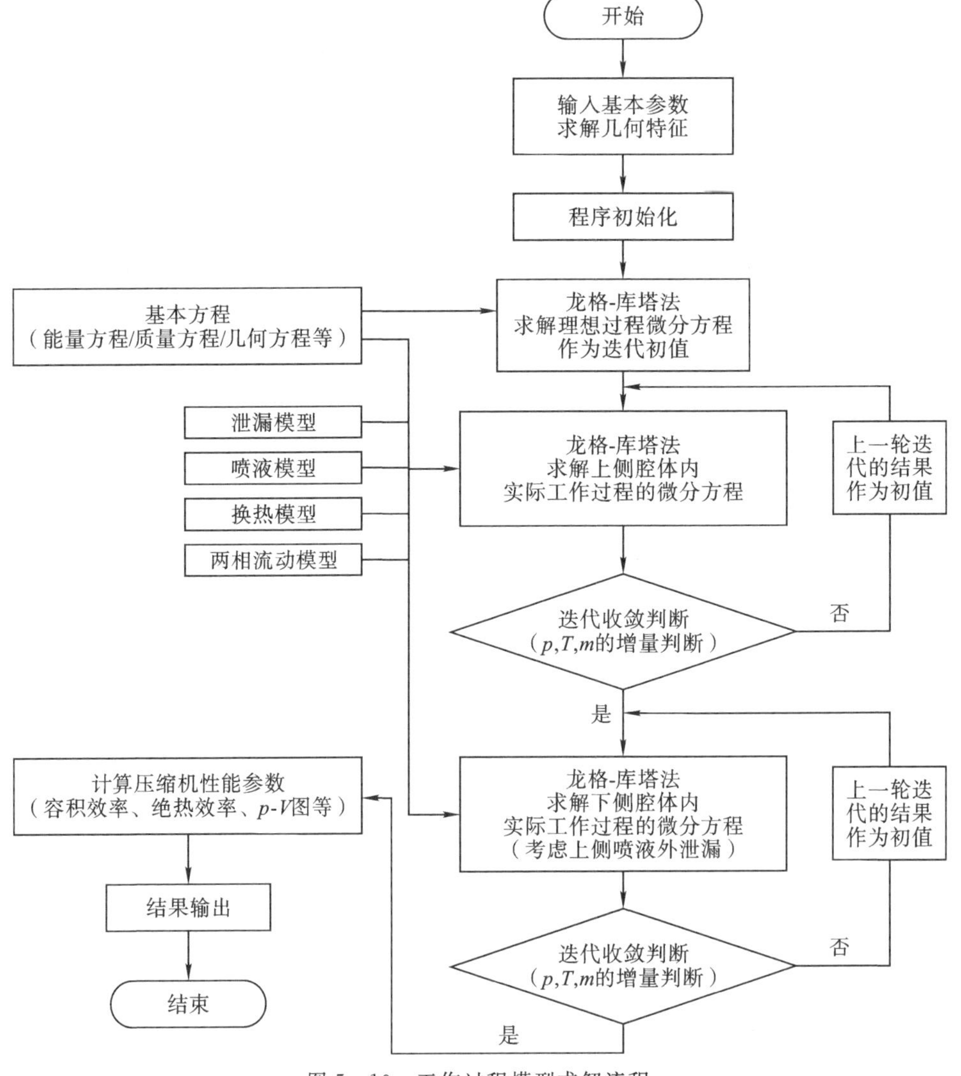

图 5-10 工作过程模型求解流程

初始化程序，对理想工作过程的微分方程组进行求解，并存储理想工作过程的状态参数作为迭代的初值。最后综合考虑泄漏模型、喷液模型、换热模型和两相流动模型，反复迭代计算控制容积的实际工作过程，直到计算误差满足要求为止。数学模型同时考虑了上侧和下侧腔体的工作过程，所以需要首先求解上侧工作腔的工作过程，再将其作为下侧工作过程的边界条件。完成迭代后即可获得容积效率、绝热效率等宏观性能参数和各个控制容积的 $p-V$ 指示图、$T-V$ 指示图、泄漏量等微观参数随容积的变化关系。

5.5　结果与分析

表 5-1 列举了理论容积流量为 6.77 m^3/min 的曲面包络单螺杆压缩机的关键设计参数。接下来以此为例进行模拟和结果分析。

表 5-1　样机的关键设计参数

参数	数值	参数	数值
螺杆直径/mm	182	螺杆长度/mm	160
星轮直径/mm	194	星轮齿宽/mm	28
中心距/mm	145.5	吸气压力/kPa	100
额定频率/Hz	50	排气压力/kPa	900
包络椭圆长轴/mm	10	包络椭圆短轴/mm	5
理论容积流量/($m^3 \cdot min^{-1}$)	6.77	齿数比	11∶6

1. 数学模型准确性验证

图 5-11 显示了单螺杆压缩机在频率为 50 Hz(转速 2960 r/min)、排气背压为 900 kPa 时，模拟和试验的 $p-V$ 图对比。数学模型模拟的 $p-V$ 图与试验测试的曲线图的气体压力平

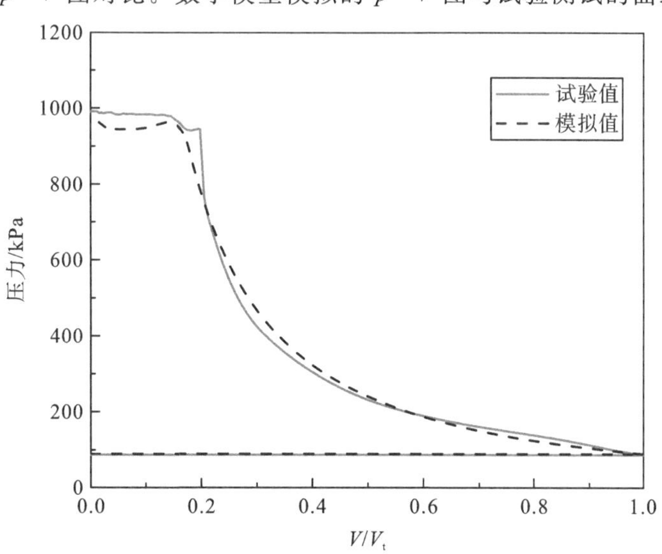

图 5-11　单螺杆压缩机模拟和试验 $p-V$ 图对比($f=50$ Hz，$p_d=900$ kPa)

均相对误差为 5.42%，数学模型准确。

图 5-12 显示了曲面包络单螺杆压缩机在不同频率下的容积效率和轴功率的模拟值与试验值的对比。可以看到，轴功率和容积效率的模拟值与实测的数据有同样的变化趋势。在不同频率下，容积效率模拟值的相对误差不超过 5%，模拟的轴功率最小误差仅为 3.3%，最大相对误差不到 5%，这也证明了所构建模型的准确性。

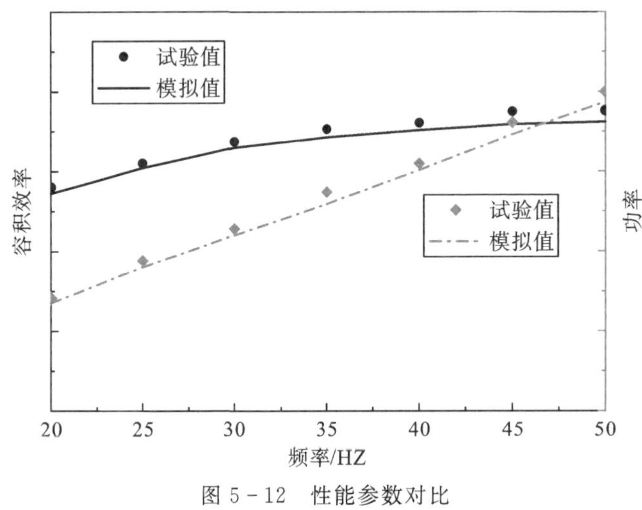

图 5-12 性能参数对比

为了进一步分析压缩机内部微观热力学特性，本节基于模拟结果对压缩机内部的泄漏、换热与各部件之间的黏性摩擦功耗进行了深入分析。

图 5-13 显示了样机在频率为 50 Hz（转速 2960 r/min）、排气背压为 900 kPa 时，流经不同泄漏通道的气体质量流量变化曲线，其中通道 7 的泄漏为内泄漏，其他则为外泄漏。从图中可知，在工作过程的开始阶段，压缩腔内的气体压力缓慢升高，压力与环境压力接近，各个工作腔之间的压差则相对较大。因此，当处于压缩初始阶段，从单螺杆压缩机漏出的气体少于漏入

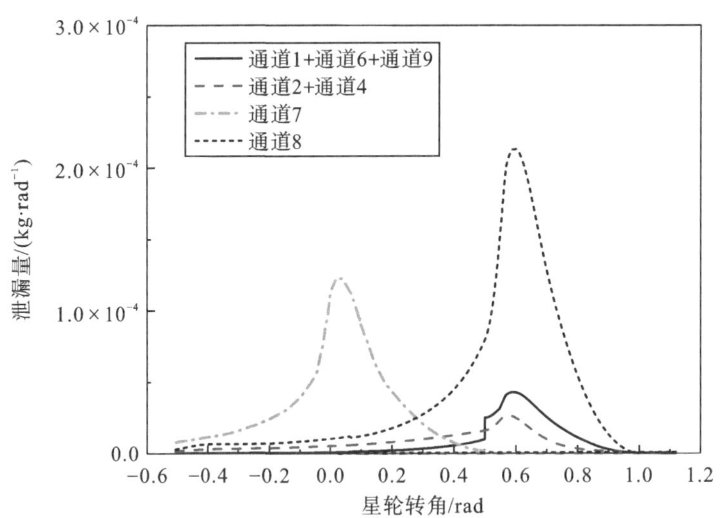

图 5-13 各泄漏通道的泄漏量变化曲线（$f=50$ Hz，$p_d=900$ kPa）

的气体，即以内泄漏为主。内、外泄漏量的差异随压力的逐渐升高而减小。在压缩的中间阶段，由于超前的工作腔逐渐完成排气，从泄漏通道 7 漏入当前控制容积的流量逐渐趋于零；流经泄漏通道 8 及其他外泄漏通道的气体质量流量随着前、后工作腔压差的增加逐渐增大。当压缩机开始排气，工作腔内的压力达到排气压力，各外泄漏通道的质量流量也达到最大值，直到排气过程结束。

图 5-14 绘制了样机在频率为 50 Hz、排气背压为 900 kPa 时各通道的泄漏总量占总泄漏量的百分比，其中仅通道 7 的泄漏为内泄漏。从柱状图可知，样机内螺杆外缘与机壳内壁之间的泄漏占主导地位。其中，流经通道 7 的内泄漏和流经通道 8 的外泄漏分别占总泄漏量的 28.14%和 52.59%。这是因为，泄漏通道 7 和通道 8 的前后压差较大，泄漏通道长度短且沿泄漏线不断变化，黏滞力对泄漏的阻碍作用减弱，综合表现为较大的泄漏量。对于星轮-螺杆啮合副之间的泄漏通道来说，流经星轮齿顶通道 1、星轮齿前侧通道 2 的泄漏量明显小于星轮齿后侧通道 4 的泄漏量。这主要是由黏滞力差异所致：泄漏通道 1 的长度和间隙值恒定，泄漏通道中的润滑液黏滞力作用明显，使流经泄漏通道 1 的泄漏量减少；根据第 3 章啮合副齿前侧和齿后侧间隙的几何特性，齿前侧泄漏通道 2 的平均间隙更小，也有助增加黏滞力对泄漏的阻碍作用。

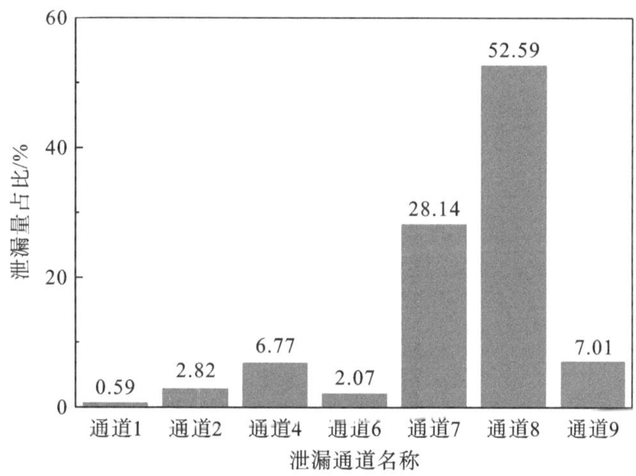

图 5-14　各泄漏通道的相对泄漏量(f=50 Hz，p_d=900 kPa)

曲面包络啮合副的齿前侧和齿后侧间隙呈缩放喷管形，与直线包络啮合副的楔形间隙相比，这种几何特征可能改变实际的泄漏量。图 5-15 为相同气量下，直线包络啮合副和曲面包络啮合副的星轮齿侧轴向泄漏量。对比发现，在压缩过程中后期，曲面包络啮合副的轴向泄漏量更小，这也说明曲面包啮合副的连续曲面结构可以有效减少星轮齿侧的轴向泄漏量，提高压缩机的容积效率。

机壳内壁与星轮-螺杆啮合副之间均含有润滑液。各个部件之间存在相对运动，润滑液的黏滞力将产生黏性摩擦功耗，影响压缩机的性能。可以根据间隙的几何特征将黏性摩擦功耗分为四个部分，分别是：齿顶和槽底产生的摩擦功耗 P_{f1}、机壳密封面和星轮齿高压面产生的摩擦功耗 P_{f2}、气缸内壁和槽肋产生的摩擦功耗 P_{f3} 及机壳内壁与螺杆密封段产生的摩擦功耗 P_{f4}。排气量为 6 m^3/min、喷液量为 2.4 m^3/h、频率为 50 Hz、排气背压为 900 kPa 时，这四部分的黏性摩擦功耗分别为 301.42 W、23.03 W、1.64 kW 和 894.01 W，共 2.86 kW，占轴功率

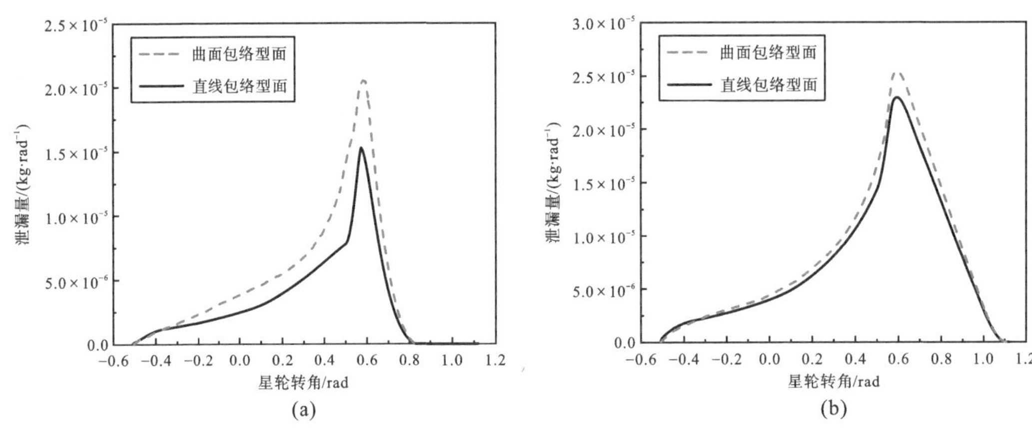

图 5-15 星轮齿轴向泄漏通道对比(f=50 Hz,p_d=900 kPa)

的 7.15%,其中气缸内壁与螺杆外缘之间的黏性摩擦功耗份额最高。

2. 螺杆旋转频率

图 5-16 显示了不同频率下,流经各泄漏通道的气体净流量变化曲线。结果表明,相同的星轮转角下,频率和泄漏量呈负相关关系。在压缩初始阶段,不同频率下总泄漏流量的差异较小;从压缩过程中段到排气完全结束,压缩机的频率对于总泄漏量的影响逐渐显著。

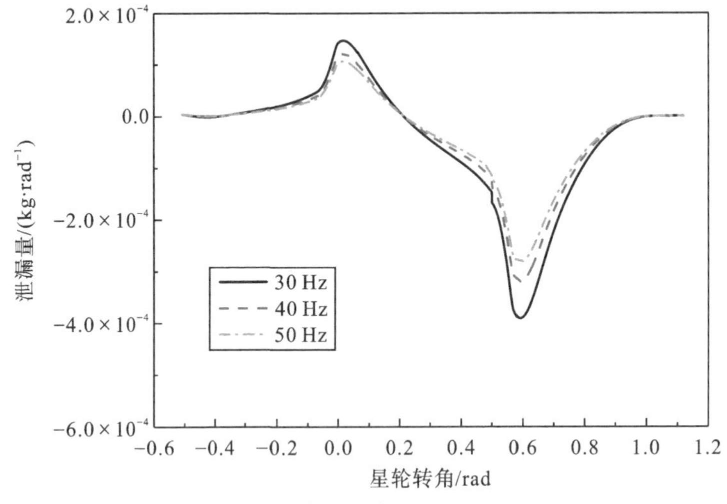

图 5-16 不同频率下的净泄漏量(p_d=900 kPa)

图 5-17 显示了不同频率下,各泄漏通道的气体流量。可以看出,各通道泄漏量都随着星轮转角的变化呈现先增大后减小的趋势,同时符合频率越小、泄漏量越大的规律。对于通道 7 而言,由于泄漏通道前后压差较大,在压缩过程初始阶段,不同频率下的泄漏量存在明显的差异。而其他泄漏通道前后的压差在这一阶段较小,不同频率下各通道的泄漏量差异很小。直到压缩阶段中后期,频率造成的泄漏量差异随着泄漏通道前后压差的增加而增大。压缩机排气初期存在气体回流,所以不同频率泄漏量的最大值出现在这一阶段。

图 5-18 显示了不同频率下,各泄漏通道的气体泄漏总量对比。图 5-18(a)表明,降低频率将使各泄漏通道的泄漏总量显著增加,其中机壳与螺杆之间泄漏量的变化量明显大于其他

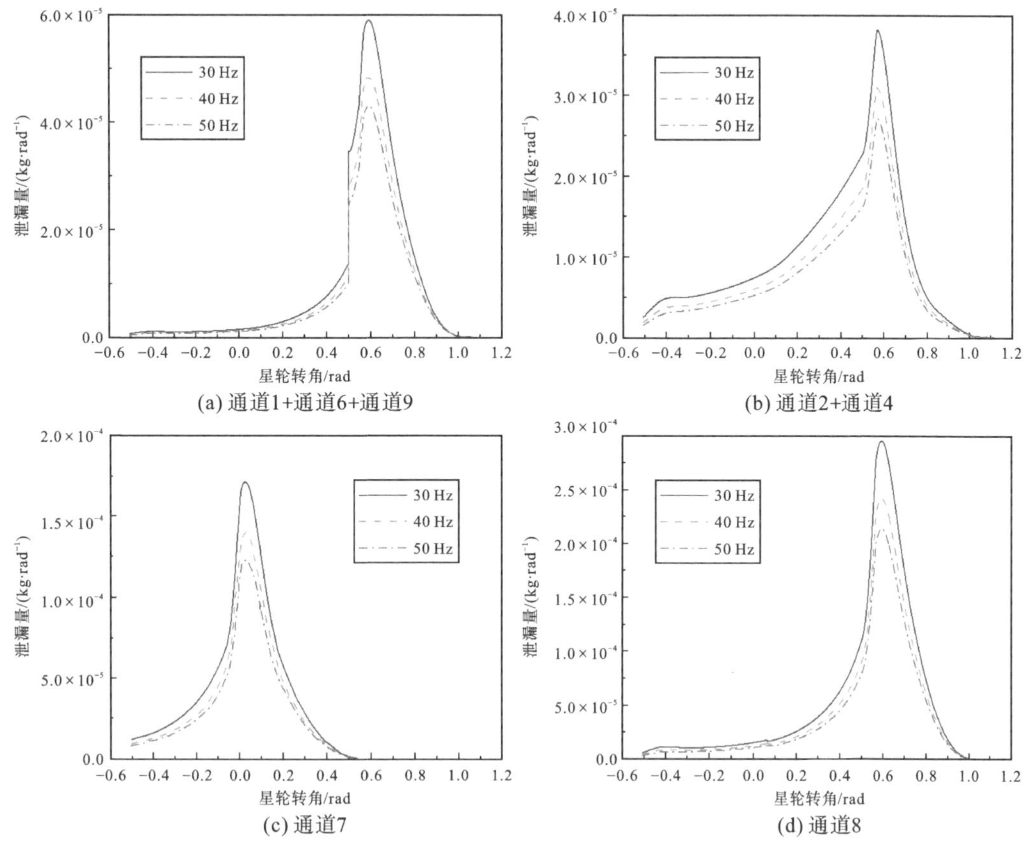

图 5－17　不同频率下各泄漏通道的泄漏量

几个泄漏通道。结果还表明，频率从 50 Hz 降为 30 Hz 时，各通道的泄漏量增长率更高，这说明泄漏量和频率之间不是单一的线性关系。

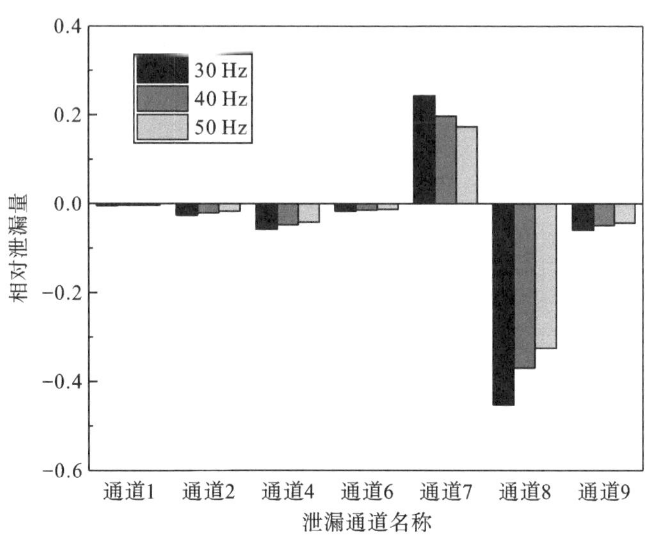

图 5－18　不同频率下各泄漏通道的泄漏质量

图 5-19 为各个泄漏通道在不同旋转频率下的黏性摩擦功耗。结果表明，压缩机的旋转频率越高，各泄漏通道产生的黏性摩擦功耗越大，其中气缸与螺杆外缘之间的泄漏通道 7、通道 8 和通道 9 随频率的变化率更大。当频率分别为 30 Hz、40 Hz 和 50 Hz 时，黏性摩擦功耗分别占总功率的 3.42%、5.79%和 7.15%。这意味着，黏性摩擦功耗对性能产生的不良影响随着频率的升高而增大。

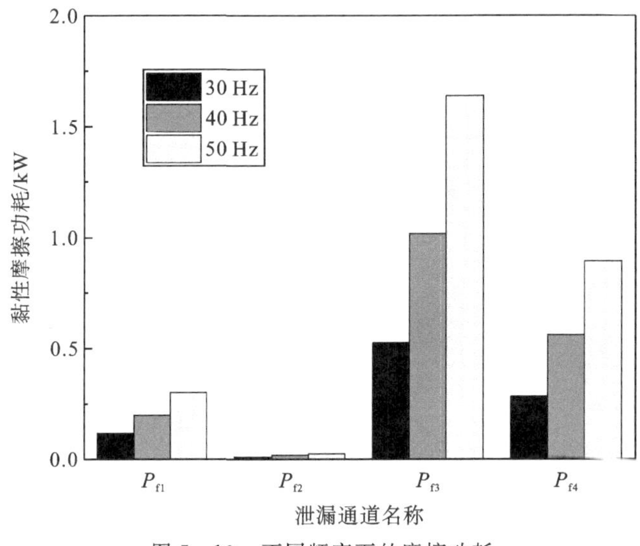

图 5-19　不同频率下的摩擦功耗

3. 排气背压

如图 5-20 所示，在曲面包络单螺杆压缩机中，压缩机的泄漏量与排气背压之间的关系在压缩机的不同工作阶段存在差异。当星轮转角小于 0 rad 时，工作腔处于压缩的初始阶段，压缩机的泄漏以内泄漏为主，具体表现为排气背压越大，泄漏量越小。其主要原因是不同排气背

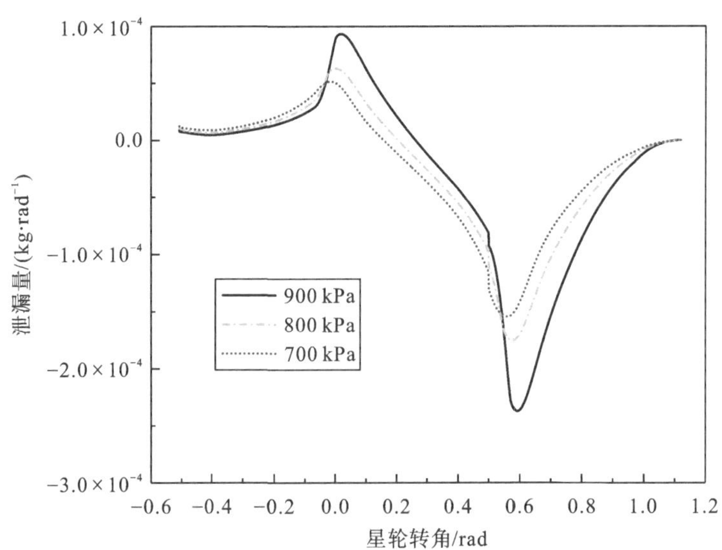

图 5-20　不同排气背压下的净泄漏量(f=50 Hz)

压下的含液量差异。在压缩过程中，泄漏通道的前后压差逐渐增大，泄漏量也随着排气背压的增加而增大，与排气背压呈正相关。

图 5-21 表明，当星轮转角逐渐增加，各个泄漏通道的泄漏量呈现先增后减的趋势。对于通道 7 来说，在压缩初始阶段，排气背压越大，每个泄漏通道的泄漏量越小；当超前的工作腔接近排气状态时，泄漏通道 7 的压差变大，流经该通道的泄漏量则与排气背压呈正相关。而对于其他泄漏通道，压缩过程初始阶段由于排气背压对于工作腔内的压力影响小，不同排气背压下各通道的泄漏量略有不同。直到压缩阶段中后期，随着压差的增大，排气背压造成的泄漏量差异也越发明显。而压缩机排气初期存在气体回流，所以当压缩机开始排气，排气背压越高，泄漏量的变化更加显著。

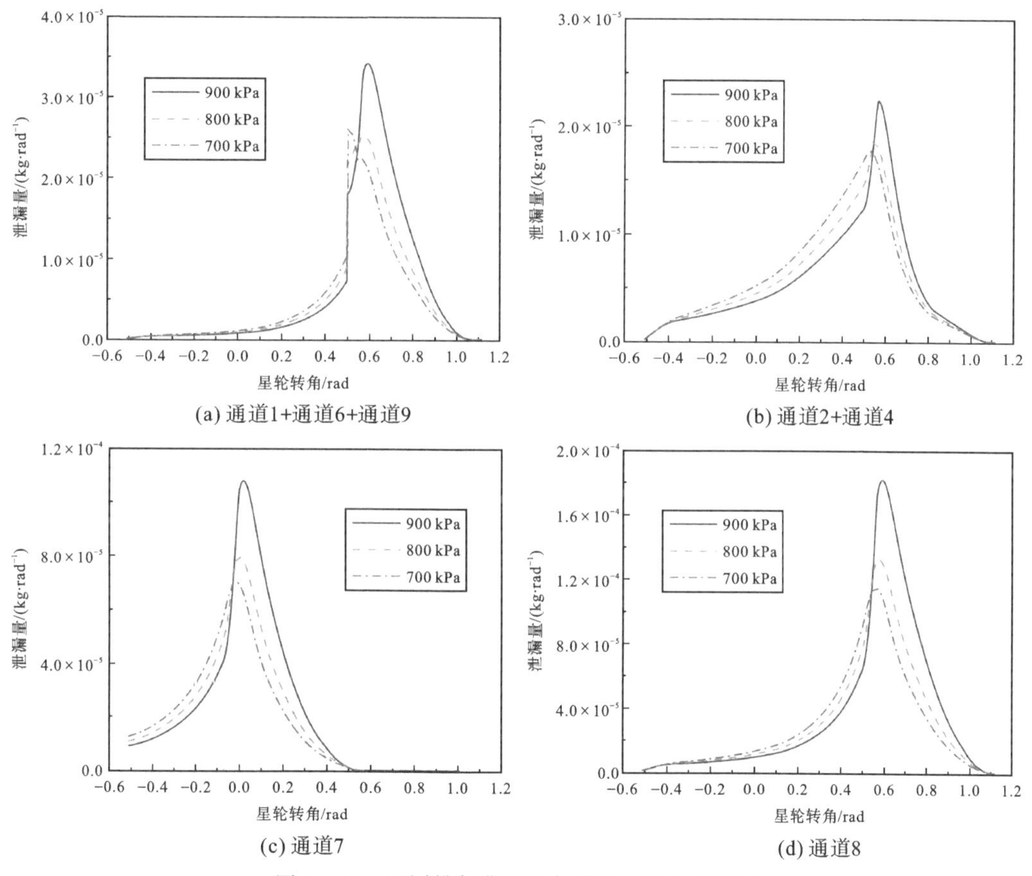

图 5-21　不同排气背压下各泄漏通道的泄漏量

图 5-22 绘制了各泄漏通道在不同排气背压时的相对泄漏量对比图。可知，各个泄漏通道中气体泄漏量都与排气背压呈正相关，其中机壳气缸与螺杆之间的间隙产生的泄漏量受到排气背压的影响更大。同时，在压差力、黏滞力和气液两相占比三个因素的综合作用下，各个通道的泄漏量与排气背压之间的关系并非单一的线性关系。如图所示，当排气背压从 700 kPa 提高到 800 kPa 时，泄漏量的增加量小于排气背压从 800 kPa 上升到 900 kPa 时泄漏量的增加量。

图 5-23 显示了不同排气背压下的黏性摩擦功率。结果表明，与压缩机频率产生的影响

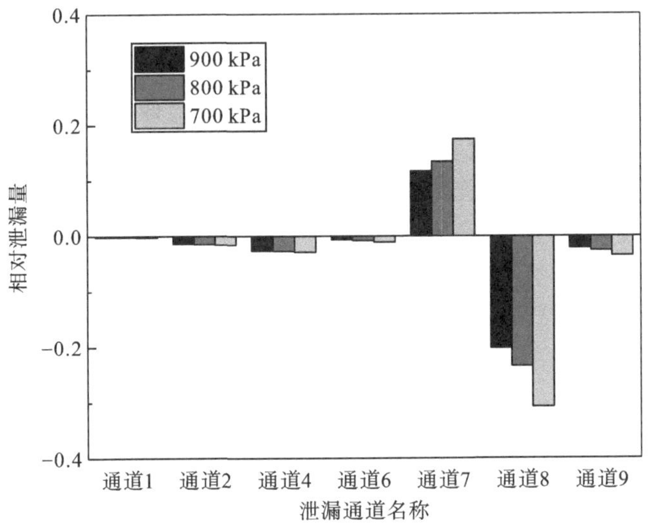

图 5－22　不同排气背压下各泄漏通道的相对泄漏量(f=50 Hz)

相比，排气背压对于黏性摩擦功耗的影响要小一些。螺杆与气缸内壁之间的间隙产生的摩擦功耗 P_{f3} 和 P_{f4} 随着排气背压的降低而增大，变化更加显著。这意味着排气背压低时，间隙内的液体占比更大。

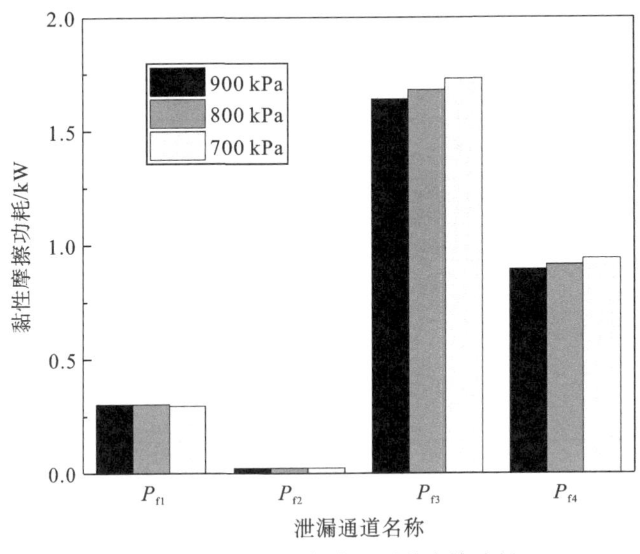

图 5－23　不同排气背压下的摩擦功耗

4. 喷液量

本节选用喷液压力为 400 kPa、500 kPa 和 600 kPa 对应的喷液量对其泄漏特性和黏性摩擦功耗进行分析，深入探究喷液量对压缩机性能的影响。图 5－24 显示了喷液量为 2.40 m^3/h、2.85 m^3/h 和 3.23 m^3/h 时的净泄漏量变化曲线。结果表明，无论是内泄漏还是外泄漏，同一星轮转角下的泄漏量都随喷液量的增加而减小。当喷液量从 2.40 m^3/h 增加到 2.85 m^3/h 时，相同星轮转角对应的泄漏量有了明显的减小，而当喷液量从 2.85 m^3/h 增加到 3.23 m^3/h 时，泄漏量的变化更少。

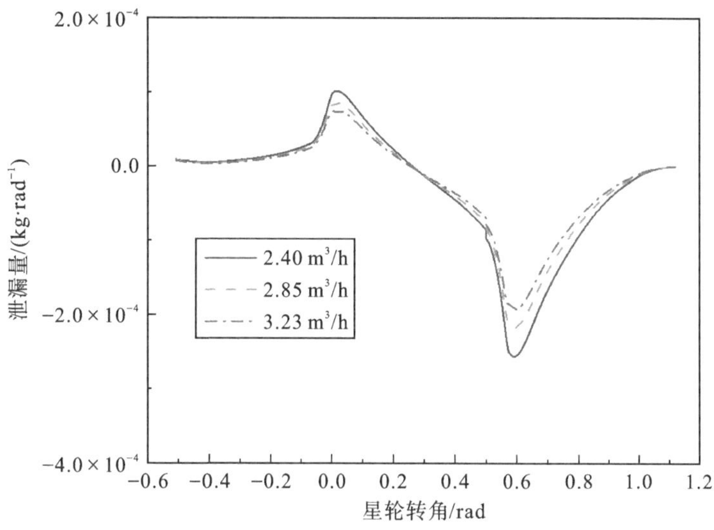

图 5-24　不同喷液量下的净泄漏量（f=50 Hz，p_d=900 kPa）

图 5-25 显示了喷液量为 2.40 m³/h、2.85 m³/h 和 3.23 m³/h 时各个泄漏通道的泄漏量变化曲线。从图中可知，各个泄漏通道在每个时刻的泄漏量都和喷液量呈负相关。喷液量对

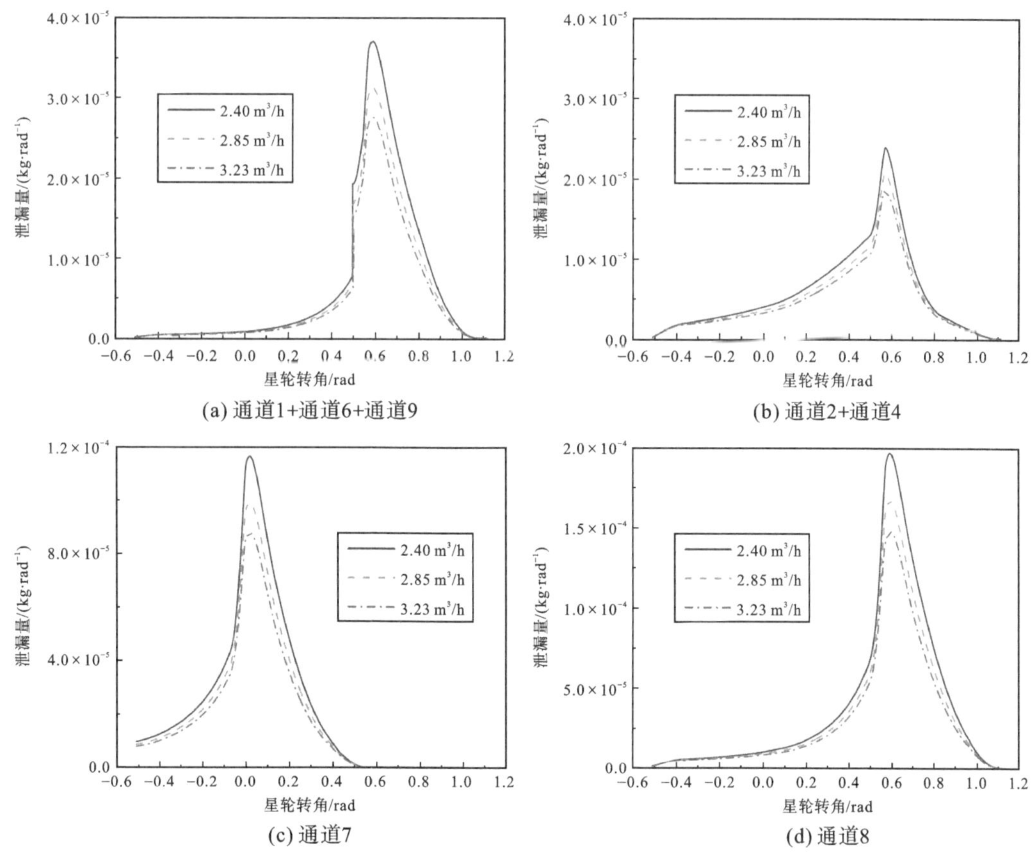

图 5-25　不同喷液量下各泄漏通道的泄漏量（f=50 Hz，p_d=900 kPa）

星轮齿前侧和齿后侧的泄漏量影响较小，而对其他的泄漏通道的泄漏量影响更显著。这是由于齿前侧和齿后侧的泄漏通道的理论间隙较小，泄漏通道中液体含量相对稳定；而其他泄漏通道间隙较大，其间的润滑液含量更容易受到喷液量的影响。

图 5-26 展示了喷液量对各通道泄漏总量的影响。结果表明，增大喷液量可使流经各个泄漏通道的气体质量减小，其中机壳与螺杆之间的泄漏量随喷液量的变化量明显大于其他几个泄漏通道。

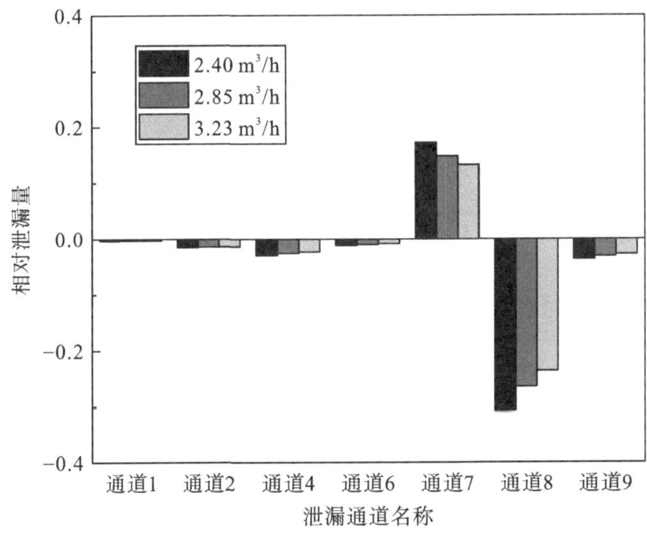

图 5-26 不同喷液量下各泄漏通道的相对泄漏量(f=50 Hz，p_d=900 kPa)

图 5-27 显示了不同喷液量下的黏性摩擦功率。这说明增加喷液量将产生更大的黏性摩擦功耗。当喷液量从 2.4 m^3/h 增加了 35%，黏性摩擦功耗从 2.86 kW 增加到了 2.98 kW，仅增大了 4%。

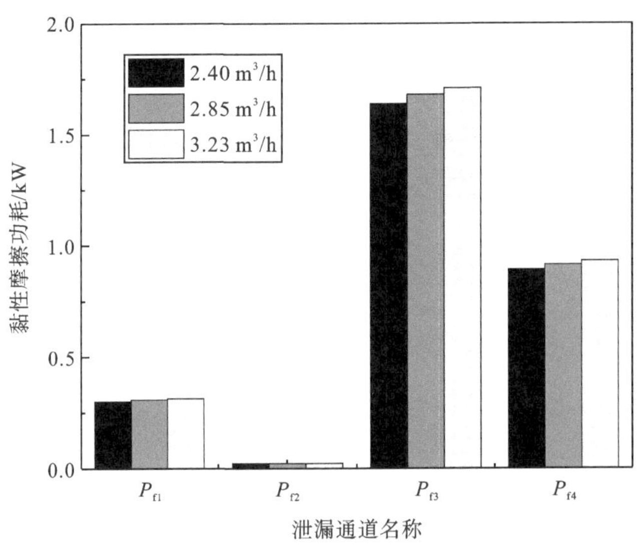

图 5-27 不同喷液量下的摩擦功耗

5. 泄漏通道间隙

漏通道的间隙值影响着压缩机的泄漏量和黏性摩擦功耗。在样机中，星轮齿和齿槽之间的泄漏通道理论间隙值 δ_{th} 为 0.03 mm，星轮密封面的间隙及螺杆外缘和机壳之间的泄漏通道理论间隙值 δ_{th} 为 0.07 mm。本节选用 0.8、0.9、1.0、1.1 和 1.2 作为系数求得五组不同的泄漏通道间隙，计算并分析相应的泄漏特性和摩擦功耗。图 5－28 对比了五组间隙值对应的每条通道的总泄漏情况。结果表明，泄漏随间隙的减小有所改善。但是泄漏量和间隙值之间并非简单的线性关系。随着间隙的缩小，间隙缩小值对泄漏量的减小值的贡献越来越小。

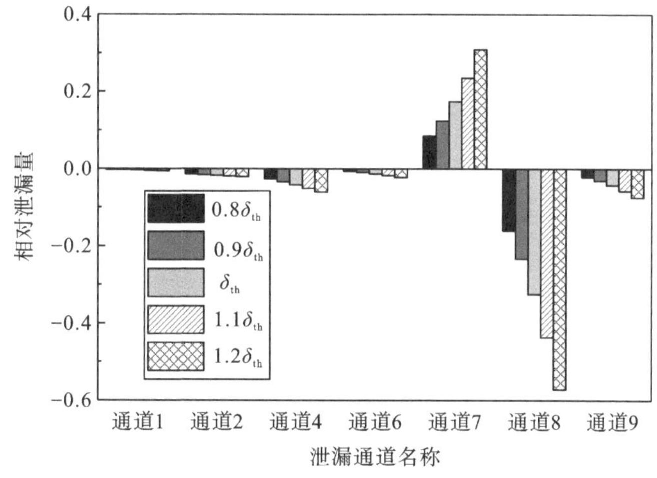

图 5－28　不同间隙各泄漏通道的相对泄漏量（f＝50 Hz，p_d＝900 kPa）

图 5－29 显示了不同泄漏间隙下，各个泄漏通道的黏性摩擦功耗对比。从图中可知，泄漏通道的间隙值越小，各泄漏通道的黏性摩擦功耗越大，摩擦功耗的变化率也与间隙值呈负相关。这也说明减小间隙值对于压缩机泄漏量的影响程度和其对黏性摩擦功耗的影响程度不同；间隙太小反而会明显增大黏性摩擦功耗。因此，在单螺杆压缩机后续的设计中必须综合考虑泄漏和摩擦功耗，选取合适的设计间隙。

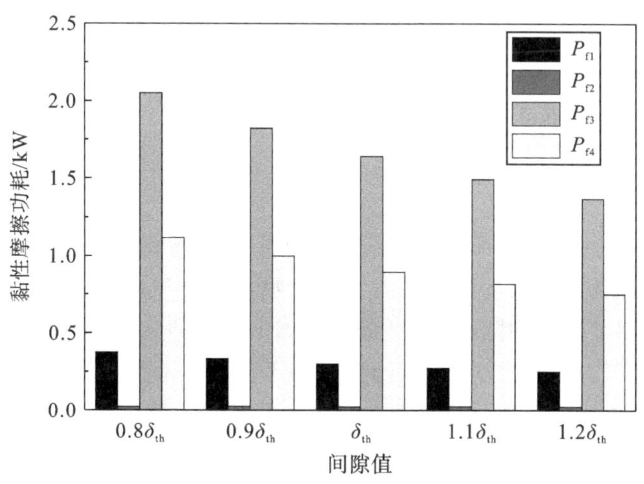

图 5－29　不同间隙的摩擦功耗（f＝50 Hz，p_d＝900 kPa）

第6章　工作过程测试

单螺杆压缩机的工作过程中，其工作腔实际位置是沿着轴向推进的。因此，要测得完整的工作过程，需要在轴向布置多个压力传感器，并将其压力信号拼接，测得完整的工作过程。在螺杆转子上打测压孔并通过螺杆轴引出气体压力，也可以测得完整的工作过程。但测压孔较长，压力损失大，同时可能因测压孔进入液体影响测试精度。

6.1　测试试验台

1. 试验系统及流程

单螺杆压缩机工作过程和动态特性试验平台如图6-1所示。

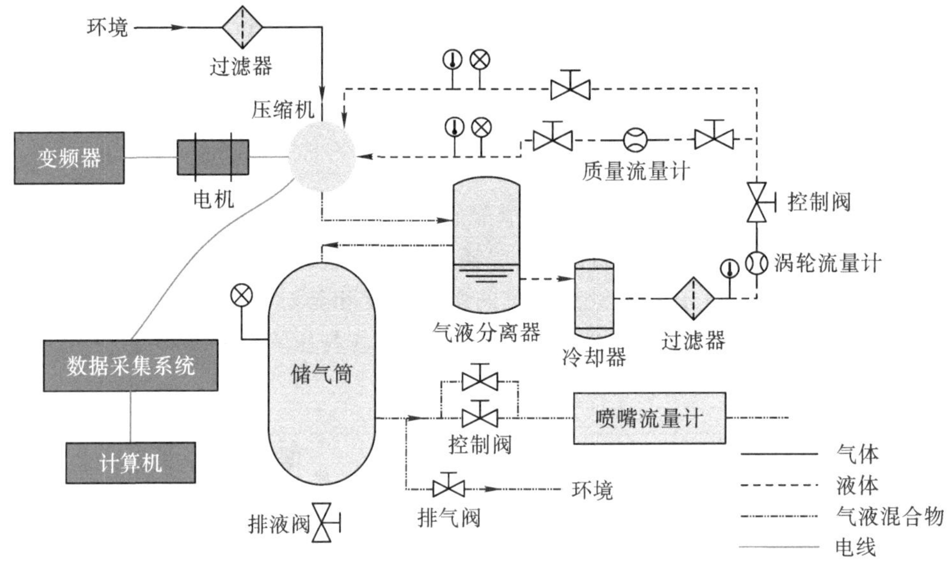

图6-1　动态特性试验平台流程图

试验平台主要包括气体压缩系统、数据采集系统、喷液量调节系统和宏观性能参数测试系统，图6-2所示。压缩机的上、下两侧各布置一个喷液孔。气液分离器中的液体在高压气体的推动下，从冷却器和过滤器中陆续流过，最后分成上下两路，分别喷进上下两侧的工作腔中。热电阻温度传感器和压力表布置于喷液管路上，用于获取喷液温度和压力；同时在喷液的主管路和支管路上也安装了涡轮流量计和质量流量计，用于获取喷液量。喷液量均用喷液管上的控制阀调节。电机的转速由变频器进行控制。

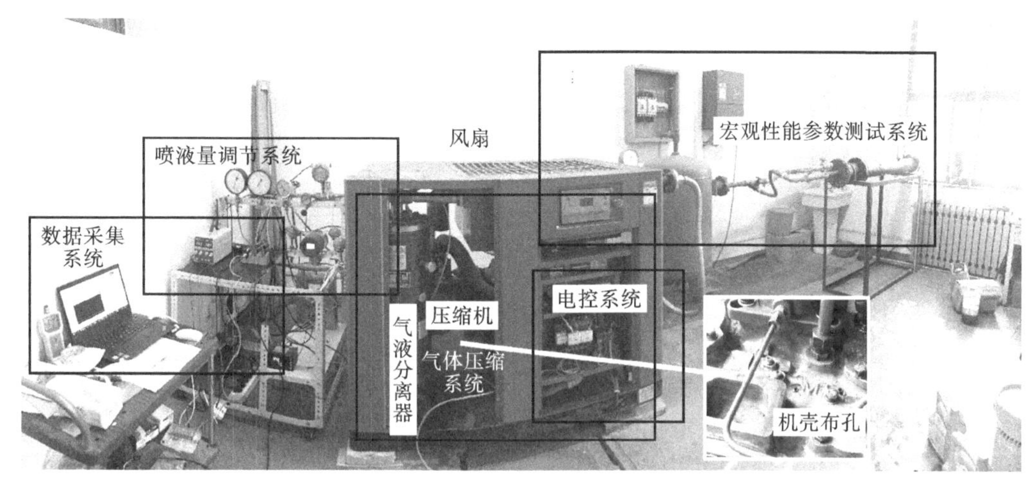

图 6-2　动态特性试验平台

2. 测试及数据采集系统

1)指示图测量

在单螺杆压缩机的机壳两侧各布多个采压孔，安装压力传感器，实现单螺杆压缩机运转时 $p-t$ 曲线的连续测量。每个采压孔的打孔位置需要根据所覆盖的星轮转角进行计算，其轴向位置满足连续测压的需求，即相邻测压孔的测压区域叠加。对于 6∶11 齿数比的单螺杆压缩机工作腔，一般需布置 5 个测压孔。

图 6-3(a)是压缩机上侧的压力采集孔位置。图 6-3(b)显示了多个压力传感器测得的 $p-t$ 曲线。可以看到，为了确保每个阶段的测试信号有效连接，每个传感器的测量范围必须存在一定的重叠。压力传感器采集的压力信号转化为电压信号，经数据采集调理设备采集后，采用相关数据采集和处理软件(如 LabVIEW)显示和存储。为了将试验的采样时间和单螺杆压缩机的容积变化规律对应起来，还需要同步采集压缩机主轴的转角。考虑到单螺杆压缩机螺杆转速波动小，可在其主轴上布置接近开关，假设相邻激励信号之间螺杆转速不变。这样就可以将 $p-t$ 曲线转化为 $p-\theta$ 曲线，获得单螺杆压缩机的指示图(工作过程曲线)。图 6-4 是使用的数据采集系统、压力传感器和接近开关实物。

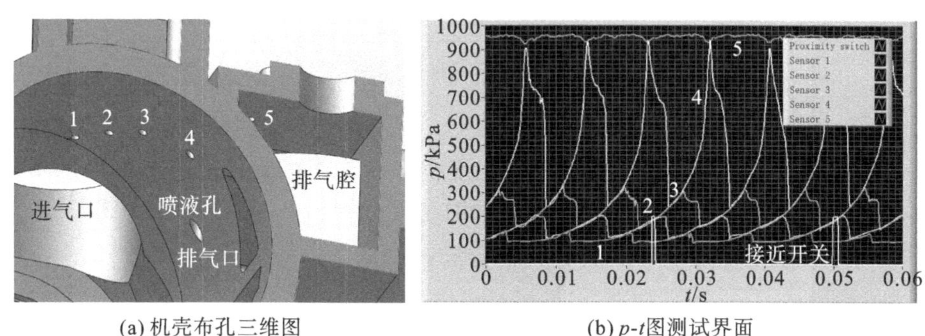

(a) 机壳布孔三维图　　(b) p-t图测试界面

图 6-3　单螺杆压缩机 $p-t$ 图测试

接近开关的安装位置决定了信号触发时间与螺杆齿槽位置的关系。在单螺杆压缩机中壳体侧窗与星轮齿上表面的密封面是在中性面上的基准平面，可以以螺杆齿槽排气侧刚好完全

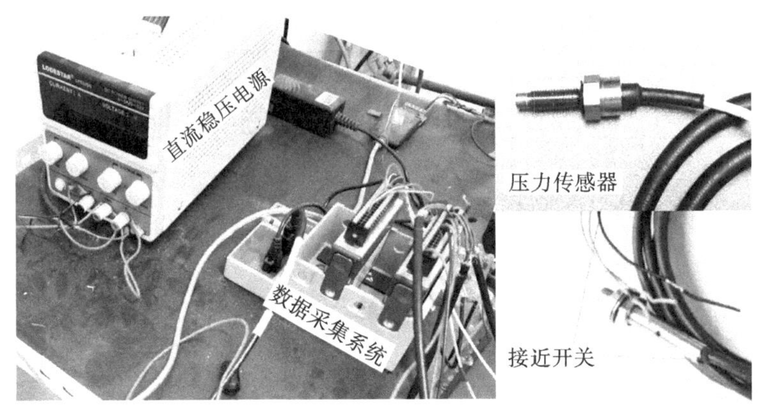

图 6-4　数据采集系统和传感器

脱离气缸，即排气侧齿槽端点与中性面重合位置作为接近开关基准点。按照这一方式确定接近开关信号触发点，星轮齿的转角位为 α_{start}。若相邻两次接近开关的时间为 t_{start} 和 t_{end}，则压缩机转速 n、一个周期内星轮齿转角 α_{sw} 和时刻 t 的关系如下：

$$\begin{cases} n = \dfrac{60}{t_{end} - t_{start}} \\ \alpha_{sw} = \alpha_{start} + 2\pi \dfrac{t - t_{start}}{t_{end} - t_{start}} \end{cases} \tag{6-1}$$

式中：时刻 t 的单位是秒。

2）性能参数测量

压力、温度、流量及功率的测量与其他压缩机类似，不再赘述。需要注意的是，单螺杆压缩机的喷液中往往含有一定量的被压缩气体，所谓喷液实际是两相流，喷液量的测量应当采用质量流量计。当然，喷液含气量与气液分离筒内的分离效果有关。分离效果好，喷液中含液量低；效果差，则含液量高，会降低压缩机的排气量。考虑到喷液含气量与单螺杆压缩机主机无关，本章不再叙述喷液含气量的测试结果。

3. 误差分析

容积效率、比功率和绝热效率均属于间接测量数据，存在测量误差及测量误差的传递。若将间接测量参数定义为 $f(v_1, v_2, \cdots, v_i)$，其不确定度 u_f 可以用下式求得：

$$u_f = \sqrt{\left(\frac{\partial f}{\partial v_1}u_1\right)^2 + \left(\frac{\partial f}{\partial v_2}u_2\right)^2 + \cdots + \left(\frac{\partial f}{\partial v_i}u_i\right)^2} \tag{6-2}$$

式中：$v_1, v_2, \cdots, v_i$ 为各直接测量参数；$u_1, u_2, \cdots, u_i$ 代表各个直接测量参数的不确定度。

将各传感器直接测量获得的参数的不确定度代入上式便可获得间接测量值的不确定度。本章案例中，容积效率、绝热效率和比功率的不确定度分别为 2.42％、3.37％和 3.34％，说明测量精度满足要求。

6.2　试验测试结果

1. 频率和排气背压的影响规律

对空气压缩机，其进气参数是稳定性的。频率和排气背压是影响压缩机实际工作状态的主要因素。为了明确这两个因素对压缩机性能的影响，试验测量了样机在 6 组不同频率(25～50 Hz)和 3 组不同排气背压(700 kPa、800 kPa、900 kPa)下的性能参数。图 6－5～图 6－8 分别显示了不同频率和排气背压下，单螺杆压缩机性能参数的变化曲线。

图 6－5 和图 6－6 说明样机的容积效率和功率随频率的提高而逐步增大。当排气背压为 900 kPa，频率从 20 Hz 提升到 50 Hz，容积效率增大了 19％。这是因为当频率提高时，转子之间液体的黏性剪切力随之增大，减小了压缩机的泄漏量，增加了容积流量。此外，在转速较高的情况下，工作腔内的润滑液、高温空气及零部件之间的换热时间缩短，润滑液的冷却降温效果减弱，可能使单螺杆压缩机各部件的热变形增大，进一步减小啮合副之间的密封间隙。在 50 Hz 以内，轴功率和容积效率与频率是正相关的。理论上，转速提高后，进排气阻力损失会增加，频率超过 50 Hz 后有可能出现容积效率下降。

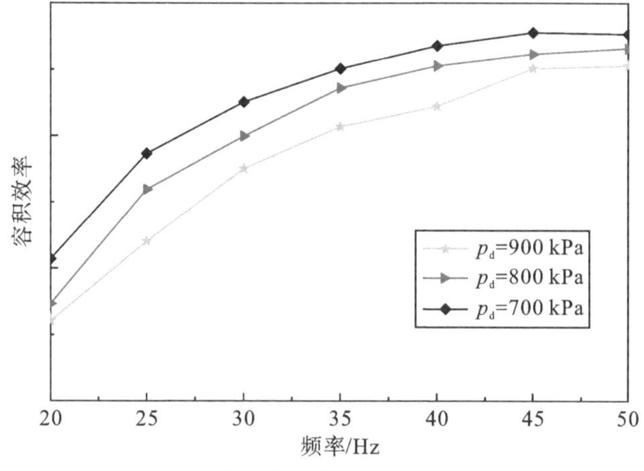

图 6－5　频率和排气背压对容积效率的影响

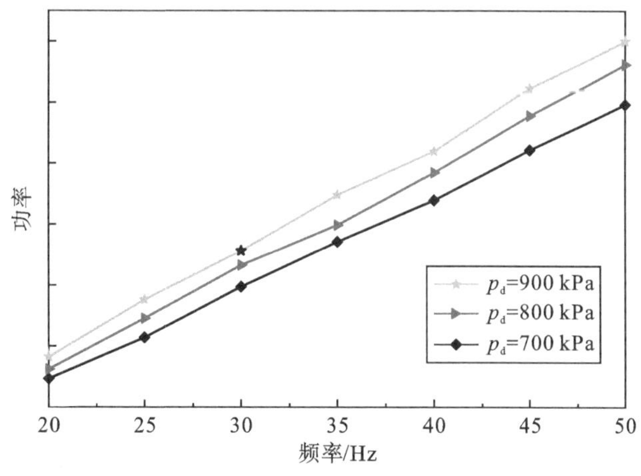

图 6－6　频率和排气背压对功率的影响

样机的容积效率随排气背压的升高而有所下降；与之对应的是排气背压升高压缩机的功率增加。当频率为 50 Hz 时，排气背压从 700 kPa 增大到 900 kPa 后，容积效率降低 2.43％，功率增加 13％。排气背压上升使工作腔内的泄漏加剧，减小了容积流量。排气背压升高则要求气体的压缩功增大，功耗提高。

为了进一步明确频率和排气背压对比功率的影响，将各测试工况下的比功率 N_r 与设计工况比功率 $N_{r,th}$ 进行了比较，并对比功率随频率和排气背压的变化规律进行分析，结果显示在图 6-7 中。当排气背压为设计压力时，频率的降低会使比功率高于额定工况下的比功率；在设计频率下，降低排气背压会使压缩机的比功率比设计工况下的比功率更低。比功率的变化也随着频率的增加而逐渐趋于平缓。这意味着当频率较低时，容积流量对压缩机的比功率的下降起主导作用。随着频率的增大，容积流量与功率增加的程度相当，不再对比功率有明显的影响。随着排气背压的升高，功率和容积流量的变化规律相反，表现为容积流量减小而功率增大，从而使比功率也逐渐增大。

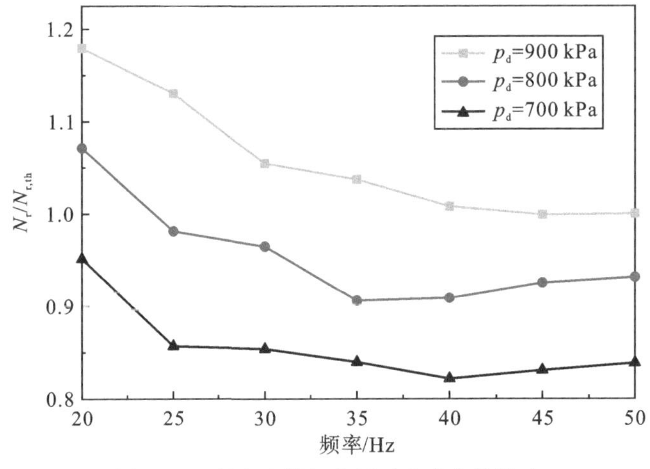

图 6-7　频率和排气背压对比功率的影响

图 6-8 显示了绝热效率与频率和排气背压之间的变化关系。当频率从 20 Hz 逐渐提高，绝热效率随之增大；当频率达到 40 Hz 时，绝热效率反而开始降低。这是由于在频率较低的情况下，压缩机容积流量的变化对绝热效率的影响起主导作用。当频率提高，流动阻力也随之增大，造成绝热效率的降低。所以当阻力损失的影响大于容积流量的影响时，绝热效率先随频率上升，然后开始下降。排气背压增加后，绝热效率总体呈下降趋势，这也与容积效率变化的影响有关。

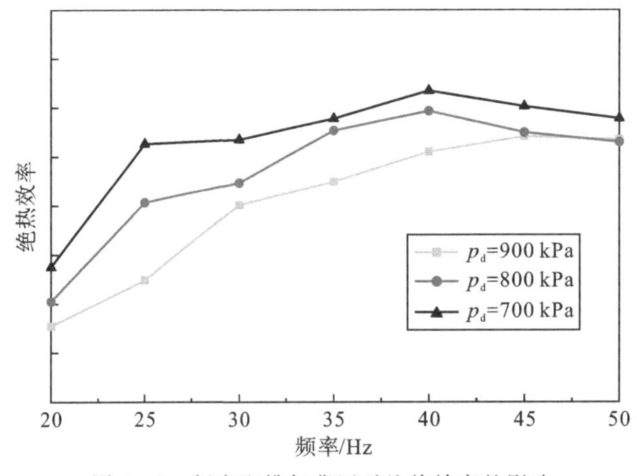

图 6-8　频率和排气背压对绝热效率的影响

压缩机的 $p-V$ 图是研究内部工作过程的重要工具，试验采集了不同频率和不同排气背压下的 $p-V$ 图。图 6-9 是压缩机排气背压为 900 kPa 时不同频率下的 $p-V$ 图。从 $p-V$ 图可知，在压缩过程和排气过程的初始阶段，频率越高压力越大；工作过程中其他阶段的压力也因此发生相应的变化。对于压缩过程，泄漏是改变压力大小的关键因素之一。当频率增大时，泄漏通道内的黏性剪切力增大，泄漏量减小，气体压力增大。在排气过程中，旋转频率的提高会使排气的流速加快。受排气孔口和排气腔的出口尺寸的限制，工作容积和排气腔里的气体无法及时排出，压力有所增大。除此之外，喷入工作容积的润滑液占据了一定的体积，对工作容积里的气体可能造成挤压，产生增压的效果。随着频率的增加，增压作用逐渐增大。因此，在较高的频率下，排气过程的压力更大。

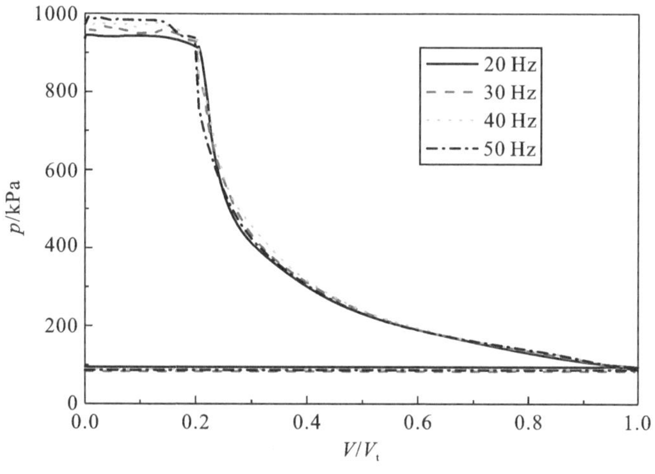

图 6-9　不同频率下测得的 $p-V$ 图（$p_d=900$ kPa）

图 6-10 是压缩机频率为 20 Hz 时不同排气背压下测得的 $p-V$ 图。对比后发现，改变排气背压会使工作过程曲线存在明显的区别。各工况的 $p-V$ 图差异主要表现在压缩终了和排气过程。压缩终了，压力和排气背压呈正相关；开始排气时的腔内压力在不同排气背压下都低于理论排气压力，这说明样机的排气孔口位置靠前，压缩机存在欠压缩；当排气趋于稳定，腔

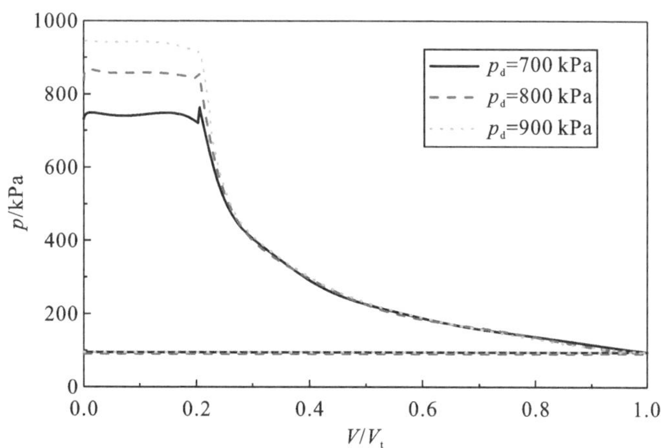

图 6-10　不同排气背压下测得的 $p-V$ 图（$f=20$ Hz）

内压力高于设计压力，造成更多的功率损失。

2. 喷液量的变化规律

想要评判压缩机实际的表现，喷液量也是一个关键因素。当压缩机依靠气液分离器内的高压气体驱动喷液时，压缩机的运行工况将影响实际的喷液量。试验分别测得了每组排气背压和频率下的总喷液量。为便于定性分析，定义喷液量与排气量的体积比为相对喷液量，衡量压缩机实际的喷液情况。

图 6-11 描绘了相对喷液量与频率和排气背压之间的关系：随着频率的增加，相对喷液量会减小；排气背压的增大会增加相对喷液量。这是因为，频率和排气背压的增加都会加大液体的喷射压差，增加液体流量；频率的升高和背压的减小会使容积流量增加。在二者的综合作用下，相对喷液量随频率和排气背压的变化趋势不同。

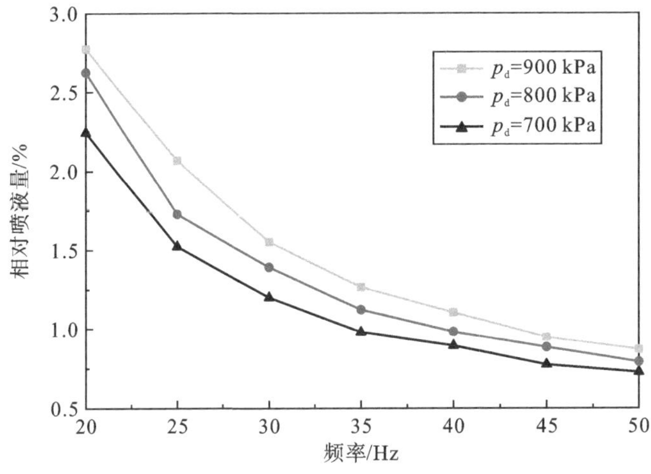

图 6-11　相对喷液量与频率和排气背压的变化关系

图 6-12 描绘了不同喷液量下样机性能参数的变化曲线。结果表明，增大喷液量，容积效率和绝热效率则表现为先升高而后略微下降的变化趋势，在运行工况下存在最佳喷液量。

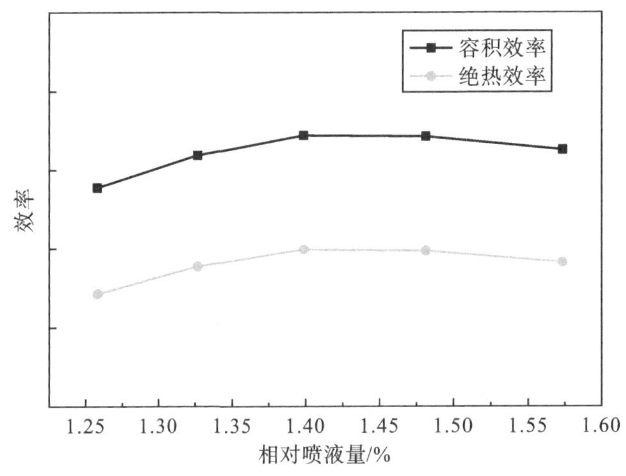

图 6-12　喷液量对压缩机性能的影响(f=30 Hz，p_d=900 kPa)

6.3　进气鼓风效应

通常认为压缩机的进气阻力损失可造成封闭容积内的初始压力低于进气压力。但样机试验发现，单螺杆压缩机工作腔的封闭压力可以高于进气压力。这一现象产生的原因可能是在形成封闭容积之前的一段旋转期内，星轮齿将未封闭区域的气体“鼓风”送入封闭容积。因此将这一现象称为进气鼓风效应。

通常压缩机的进气压力 p_e 是指压缩机进气过滤器之前的压力，本节将其定义为环境压力。由于流动阻力的存在，进气过滤器之后进气腔的压力一般低于环境压力。工作腔开始进气时的压力也可能因为流动阻力的存在，低于进气腔压力，标记为进气过程开始时的压力 $p_{s,start}$，由于进气鼓风效应，工作腔完全封闭时的压力 $p_{s,close}$ 可能高于进气腔压力。为了便于评价这种鼓风效应，引入无量纲进气压力损失 ζ_s，如下式所示：

$$\zeta_s = \frac{p - p_e}{p_e} \tag{6-3}$$

式中：p 为进气阶段工作腔内压力，kPa；p_e 为环境压力，kPa。

图 6-13 显示了单螺杆压缩机在排气背压为 900 kPa 时，不同频率下的无量纲进气压力损失。可以看出，进气腔内的气体压力 $p_{s,start}$ 随着频率增加而减小，并且始终低于环境压力。这意味着进气过程中，气体通过空气过滤器、进气管道及工作腔进气口时，流动阻力损失明显。压缩机进气过程的气体流速较大，属于湍流，阻力系数几乎是恒定的，其流动阻力损失仅仅由固定的压缩机几何尺寸和材料参数所决定。因此，频率越大，流速越快，流动阻力也越大，工作腔开始进气时的腔内气体压力越小。

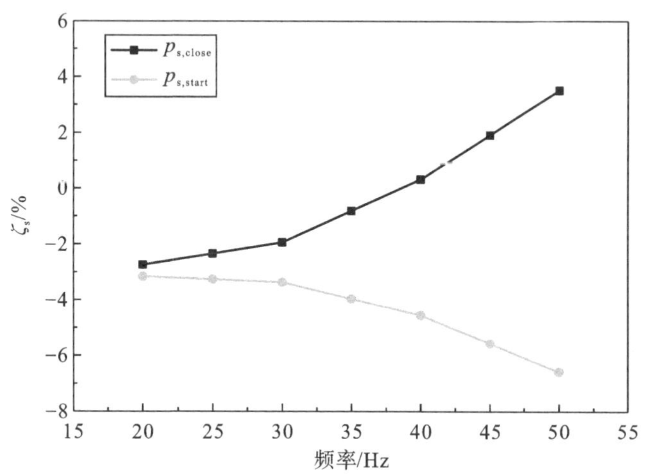

图 6-13　不同频率下无量纲进气压力损失(p_d=900 kPa)

完全封闭时工作腔内的压力 $p_{s,close}$ 与频率呈正相关。当工作腔完全封闭时，工作腔中气体的压力略大于进气腔中的气压，明显呈现进气鼓风效应。二者之间的差异也随着频率的增加而变大。当频率高于 37 Hz 时压缩过程的起始压力开始高于环境压力。这就意味着，压缩机在高速旋转的情况下，进气鼓风会使压缩机的容积效率得到提升。

理论上，产生进气鼓风效应的影响因素有两个：齿槽封闭前星轮齿对进气“鼓风”，这是增加气量的;在封闭之间,未封闭的进气孔口和齿槽排气端未脱离对面星轮齿时排气端与星轮腔连通漏气,这是降低气量的。从试验结果看,齿槽排气端未脱离星轮齿时存在的漏气通道面积小、阻力大,漏气量小,而“鼓风”作用明显。对比不同时刻工作腔容积和流出气体体积的变化量也验证了这一结果。图 6-14 显示了在齿槽封闭过程中,工作腔的容积变化量和从工作腔流出的气体体积的对比曲线。

从图 6-14 中可以看到,当星轮转角小于 -0.6 rad 时,漏出工作腔的气体体积略大于工作腔容积的减少量;随后,星轮转角处于进气封闭角之前 0.09 rad(5.16°),流出工作腔的气体体积发生骤降,而工作腔的容积减小量反而持续增加。最终直到星轮齿完全封闭,工作腔容积共减少了 2.21×10^{-5} m^3,流出齿槽的气体体积仅为工作腔容积减少量的 86%,即 1.9×10^{-5} m^3,工作腔容积的减小量明显大于气体的泄漏量,造成工作腔内气体密度增加,起到明显的增压作用。经计算,进气鼓风效应可将容积效率提升 4.12%。因此,完全可以将单螺杆压缩机的进气封闭角提前,增大压缩机的气量。实际上,这样也可以减小规定气量所要求的螺杆直径,缩小压缩机体积,降低成本。利用进气鼓风效应可将规定气量单螺杆压缩机的螺杆直径减小 2.5% 左右。

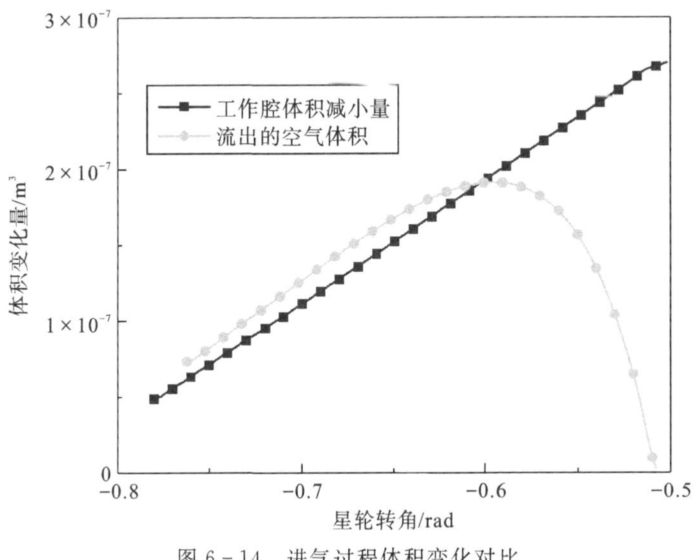

图 6-14　进气过程体积变化对比

6.4　非对称现象

单螺杆压缩机的主轴为水平布置,一侧工作腔在水平面上侧,另一侧在水平面下侧,这会导致从各个腔体泄漏的润滑液从进气口回流时,即重力的作用泄漏至星轮室的润滑液主要进入了下侧工作腔。实际工程中曾发现润滑液在星轮腔明显分布在下侧,由此可以判断这部分润滑液将主要从下侧工作腔吸入,如图 6-15 所示。

因此,在单螺杆压缩机中存在明显的润滑液二次分配现象,即外泄漏至星轮腔的润滑液主要进入下侧工作腔,这会导致下侧腔体润滑液的含量高于上侧腔体。很显然,这会造成压缩机上、下两侧腔体的进气和泄漏过程特征不一致,最终导致上、下两侧腔体的工作过程有所区别,即非对称工作过程。

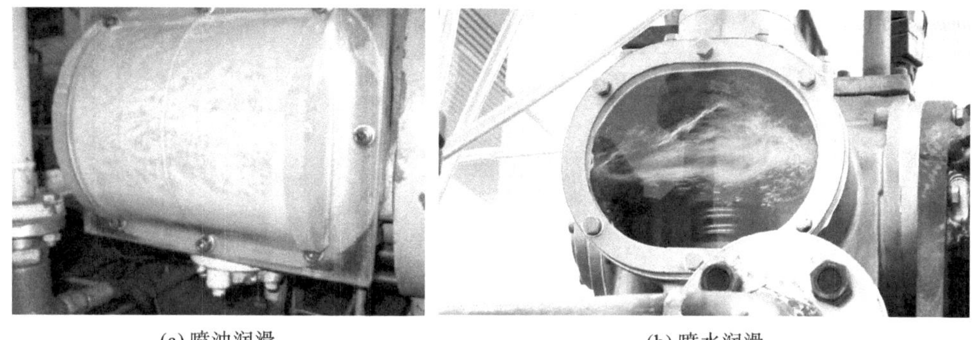

(a) 喷油润滑　　　　(b) 喷水润滑

图 6-15　星轮腔润滑液情况

图 6-16 显示了单螺杆压缩机在频率为 30 Hz、排气背压为 900 kPa 时上、下两侧工作腔的 $p-V$ 图。结果表明，上、下两侧工作腔的热力过程差异明显。其中，两侧的进气过程与排气过程差别较小。两侧气体压力随星轮转角的增大而逐渐升高，二者的压力差也明显改变。经计算，在频率为 30 Hz、排气背压为 900 kPa 的工况下，压缩阶段的最大压差达到 39 kPa 左右。

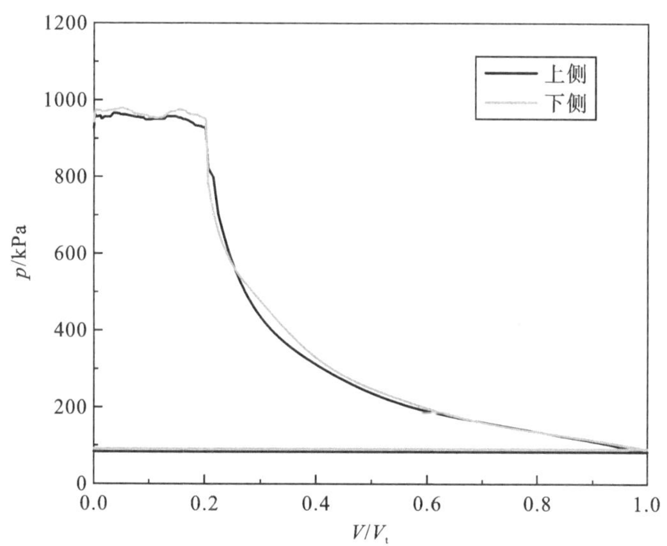

图 6-16　单螺杆压缩机上、下两侧工作腔的 $p-V$ 图对比($f=30$ Hz，$p_d=900$ kPa)

结合工作过程模拟结果，图 6-17 显示了单螺杆压缩机在频率为 30 Hz、排气背压为 900 kPa 时上、下两侧腔体的润滑液含量对比。从图中可以看到，从进气开始，下侧的润滑液比上侧润滑液更多。泄漏通道中的气流会受到润滑液的阻碍，所以下侧气体和润滑液的泄漏量更少。因此，随着星轮转角的增大，下侧润滑液含量始终高于上侧润滑液的含量。

含液量的不同会影响工作腔泄漏通道内气液两相的占比，造成工作腔内部压力的差异。由于下侧工作腔进气含液量大，其进气过程中气体与润滑液的传热传质更加强烈。这些进入下侧腔体的润滑液可能会阻碍工作腔内气体回流至进气腔，强化进气鼓风效应。所以下侧的进气封闭压力略大于上侧。下侧较多的润滑液可以更好地起到间隙密封作用，使其工作过程压力稍高。当工作腔与排气孔口连通后，压缩机进入排气阶段，上、下两侧工作腔的气体压力

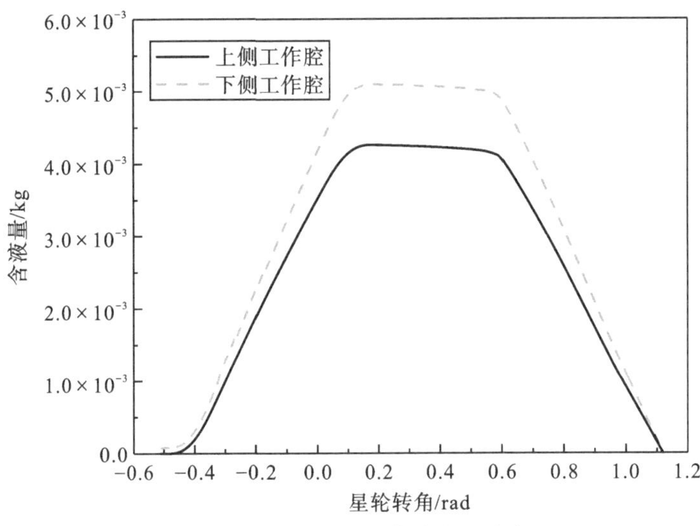

图 6-17　上、下两侧工作腔润滑液含量

差开始出现相反趋势，即上侧的压力逐渐大于下侧的压力，这可能与压缩机排气过程的气体回流有关，也与压缩机的设计有关。实验样机存在欠压缩，当压缩机开始排气时工作腔内的气体压力明显低于排气腔内的气体压力。在排气孔口刚连通时，排气腔内的高压气体会在工作腔和排气腔的压差作用下反向回流进工作腔，造成工作腔内气压升高，这一过程相当于等容压缩。在排气过程初期，气体回流不仅受排气孔口的阻碍产生流动阻力，工作腔内的润滑液也会拥塞在排气孔口周围，对气流起到阻碍作用。相对于下侧工作腔，上侧工作腔的润滑液含量更少，气体回流过程更顺畅，因此进入工作腔内的高压气体较多，压力升高的速度更快。直到排气过程中、后期，排气孔口面积逐渐增大，而且气体压力也和排气腔内的压力一致，回流现象减弱。

图 6-18 是排气背压为 900 kPa 时，上、下两侧工作腔排气过程的平均压力。可以看出，平均压力与频率成正相关关系。这是因为，工作腔内的气体和液体进入排气腔时受排气腔几何结构的限制，无法自由流出。排气过程中气流的流速随频率的增加逐渐提高，流动阻力不断

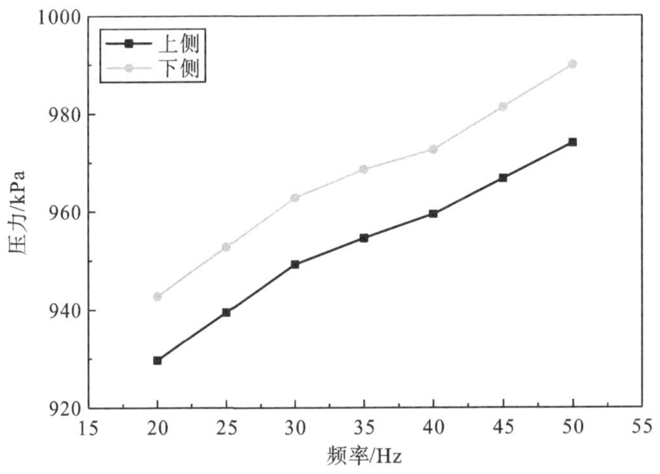

图 6-18　单螺杆压缩机平均排气压力(p_d=900 kPa)

增加，工作腔和排气腔内的气体压力也随之增大。提高旋转频率将减少间隙内的泄漏量，使压缩机的容积流量增大。但是无论频率如何变化，同一星轮转角下的工作腔和排气腔的几何尺寸始终不变。因此，相同容积内的工质密度更大，压力也更大。

图 6-18 还表明下侧的平均排气压力大于上侧的平均排气压力，这也是上、下两侧工作腔的含液量差异造成的。下侧的含液量高于上侧，所以下侧的液体密封效果更好，泄漏量更少。喷入的液体也占据了工作腔和压缩腔的部分容积，起到了一定的压缩效果。样机设计时下侧腔体的容积小于上侧腔体的容积。在排气过程中，下侧腔体的排气阻力更大，积聚在腔内的压力也更大。

试验结果表明，排气过程会产生一定的气流脉动，造成不必要的功率损耗。气流脉动的不均匀度是指压力脉动幅值与平均排气压力的比值，可以用来直观地评价排气过程的压力损失。图 6-19 显示了压缩机在排气背压为 900 kPa、不同频率下，上、下两侧的排气压力不均匀度。从曲线图可知，随着频率的增加，上、下两侧的排气压力不均匀度随频率的提高而增大。这意味着较高的频率会加剧流动阻力，从而引起更高的功率损耗和严重的振动。此外，上侧工作腔的排气压力损失比下侧的排气压力损失更大，二者的差异也随着频率的提高而略有增加。

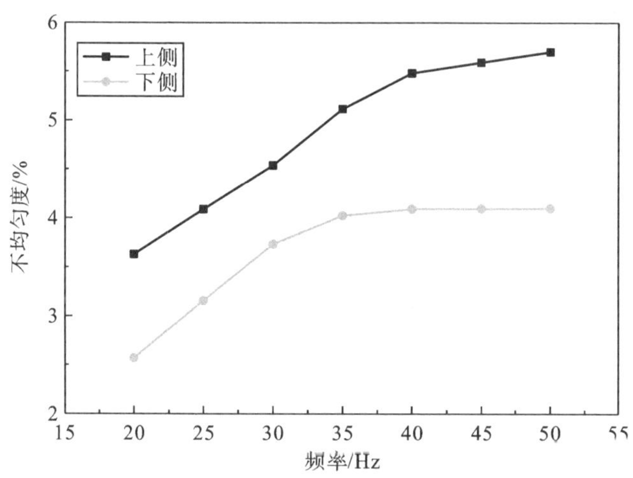

图 6-19　不同频率下排气压力的不均匀度曲线（p_d=900 kPa）

单螺杆压缩机工作过程的非对称性会影响其性能及可靠性，从而导致压缩机管路振动，产生较大的噪声。这一问题在蒸汽机械再压缩、热泵和制冷等喷液相变领域将更为明显，可采取调整喷液孔位置、改变喷液量等方法消除或减弱不对称性。

第 7 章　动力计算

准确的受力分析是轴承选取与设计的基础，也是转子动力学计算的基础。近年来研究发现，单螺杆压缩机星轮齿的磨损与液膜对星轮形成的动力有关。这些问题都可通过螺杆、星轮的动力计算解决。

7.1　星轮体受力

将星轮、星轮支架和轴作为整体进行受力分析，星轮体的受力情况较为复杂，除气体力、轴承支反力外，还有星轮齿与螺杆齿槽间的接触力、液膜作用力等。

单螺杆压缩机一般有多个星轮齿同时处于压缩和排气状态，每个星轮齿的受力过程是一样的，所以接下来从单个星轮齿的受力出发，逐项分析星轮体的受力。需要说明的是，除了星轮齿侧、齿顶之外，星轮体在旋转中不可避免地与周围的气体或润滑液之间存在摩擦阻力，相比于轴承阻力和气体力，其作用力很小，可将其忽略。

以图 3－4 所定义的静坐标系 S_1 为基准，星轮转动的角速度为 ω_2，所研究星轮齿的转角为 α_2，剖面线所示阴影部分为处于工作腔的星轮齿面，工作腔内压力为 $p(\alpha_2)$，单个星轮齿和星轮轴系的受力特征如图 7－1 所示。

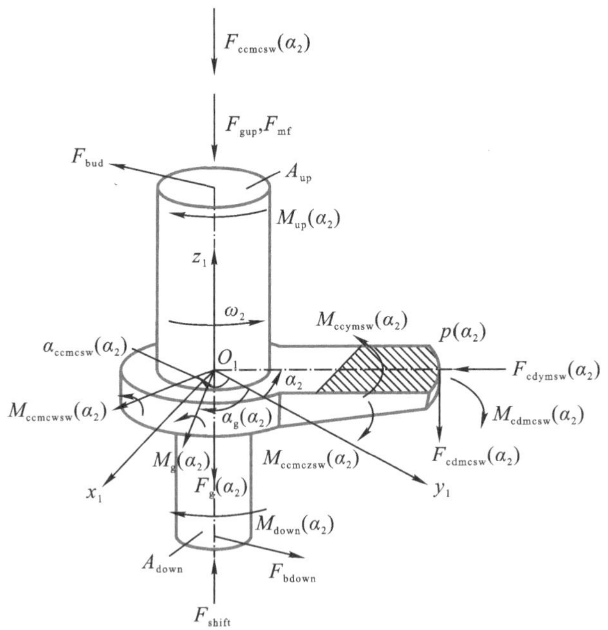

图 7－1　单个星轮齿和星轮轴系的受力特征

图 7－1 中标记了所有星轮体受力，较为复杂。为避免繁琐，接下来逐项开展受力分析，图

中各项力与力矩的标记均能在下文得到介绍。

1. 星轮齿侧与螺杆齿槽面之间的液膜作用力

制造与装配精度合理的条件下，星轮齿与螺杆齿槽之间不存在干涉。星轮是被动轮，在被螺杆推动旋转的工作条件下，星轮齿可能与螺杆齿槽发生直接接触。若星轮齿侧面与螺杆齿槽面之间的间隙内充满润滑液或气液混合流体，则在产生足够的液膜润滑时，星轮齿前、后侧的间隙在液膜压力的作用下重分配达到被动平衡，在此条件下齿侧间隙内的液膜压力能产生推动星轮旋转的力矩，该力矩同时克服轴承和机械密封等轴端部件及其他阻力矩，从而实现星轮齿与螺杆齿槽免接触。如果上述液膜压力不足，则仍然有可能存在星轮齿侧面与螺杆齿槽侧面之间的接触，产生星轮齿侧与螺杆齿槽面之间的接触力。即便如此，星轮齿侧与螺杆齿槽面产生的接触力在圆周方向的分力也会与液膜产生推动星轮旋转的力矩、轴承和机械密封等部件的阻力矩达到平衡。因此，星轮齿与螺杆齿槽侧面之间产生的作用力在星轮旋转方向只会对星轮形成力矩，不影响轴承受力。齿侧液膜的存在还会形成对星轮齿侧和螺杆齿槽侧面的摩擦力。摩擦力的方向沿着螺杆齿槽侧面接触区域的切线方向，其沿星轮圆周方向的分量对星轮形成阻力矩，沿星轮轴向的分量对星轮的作用类似于气体力。

在星轮齿不同高度位置，齿侧间隙不同，齿侧面的斜度也不同，产生的液膜力和液膜的摩擦力方向大小不同，需要积分计算，将在下节具体介绍计算方法。若通过计算获得星轮齿在某个转角 α_2 下上述受力的大小和方向，如图 7－2 所示。

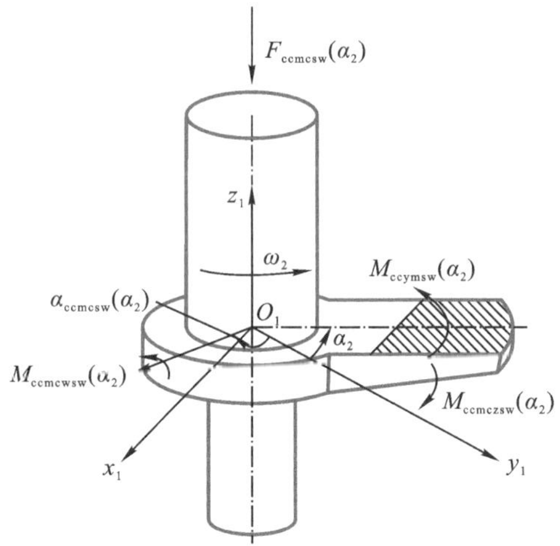

图 7－2　星轮齿侧液膜对星轮体的作用力

将齿侧液膜对星轮形成的旋转力矩标记为 $M_{ccymsw}(\alpha_2)$。该力矩主要由星轮齿前、后侧面液膜的压力不相同引起。

液膜摩擦力作用在星轮齿侧，可分解为沿星轮轴向的分力和旋转方向的阻力。旋转方向的阻力对星轮体形成阻力矩 $M_{ccmczsw}(\alpha_2)$，与星轮旋转方向相反。对轴系的受力分析中，该阻力矩可以与齿侧液膜对星轮形成的旋转力矩直接叠加计算。其轴向分力的作用点可转移至星轮轴心，转化为对星轮体的弯矩大小 $M_{ccmcwsw}(\alpha_2)$和方向角 $\alpha_{ccmcsw}(\alpha_2)$，以及沿星轮轴向的分力 $F_{ccmcsw}(\alpha_2)$。

考虑到摩擦力对星轮形成的弯矩方向角为 $\alpha_{ccmcsw}(\alpha_2)$，按照空间力系的转化方法，可进一

步将弯矩转化为 x_1 和 y_1 方向的分弯矩，便于星轮轴系的受力分析。转化后的受力特征如图 7－3 所示。

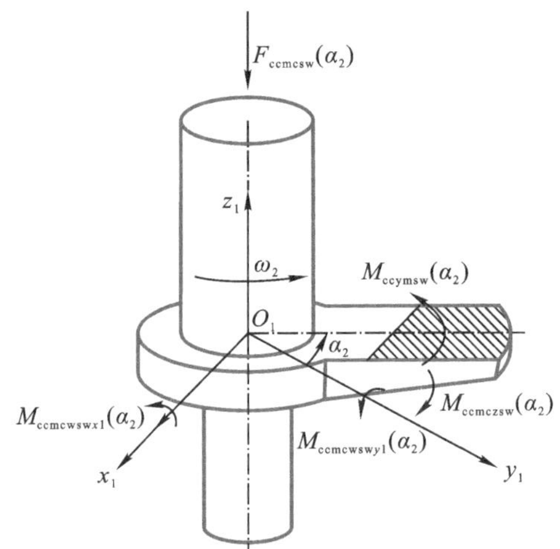

图 7－3　转换后星轮齿侧液膜对星轮体的作用力

将齿侧液膜摩擦力对星轮体形成的弯矩转换至 x_1 和 y_1 方向后可表示为（弯矩的正方向按照右手定则确定，下同）

$$\begin{cases} M_{ccmcwswx1}(\alpha_2) = M_{ccmcwsw}\sin[\alpha_{ccmcsw}(\alpha_2)] \\ M_{ccmcwswy1}(\alpha_2) = -M_{ccmcwsw}\cos[\alpha_{ccmcsw}(\alpha_2)] \end{cases} \tag{7-1}$$

这里需要说明的是，按照空间力系的转化方法，齿侧液膜压力和摩擦力在 x_1y_1 平面内的分量不仅能对星轮形成转矩，还能形成垂直于星轮轴的作用力。但考虑到其转矩与星轮旋转方向一致，同时齿侧液膜厚度的二次分配有可能实现动力矩和阻力矩的匹配，从而确保持星轮匀速旋转，本书只作转矩的分析。

2. 星轮齿顶与螺杆齿槽底面之间液膜的作用力

近似地，齿顶液膜的作用力对星轮表现为指向星轮轴的齿顶液膜力和沿着星轮轴方向的摩擦力。因为齿顶的液膜力作用在齿顶圆周（圆柱）面上，整个齿顶的液膜力的合力指向星轮轴，标记为 $F_{cdymsw}(\alpha_2)$和方向角 $\alpha_{cdymsw}(\alpha_2)$，如图 7－4 所示。

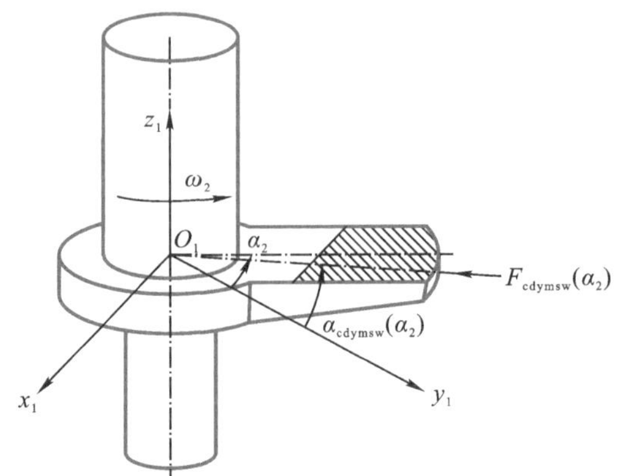

图 7－4　星轮齿顶与螺杆齿槽底面之间的液膜力

齿顶液膜和螺杆齿槽底或齿顶之间的摩擦力可分解为轴向力和周向阻力矩，标记为 $F_{\mathrm{cdmcsw}}(\alpha_2)$ 和方向角 $\alpha_{\mathrm{cdmcsw}}(\alpha_2)$，以及 $M_{\mathrm{cdmcsw}}(\alpha_2)$，如图 7－5 所示。

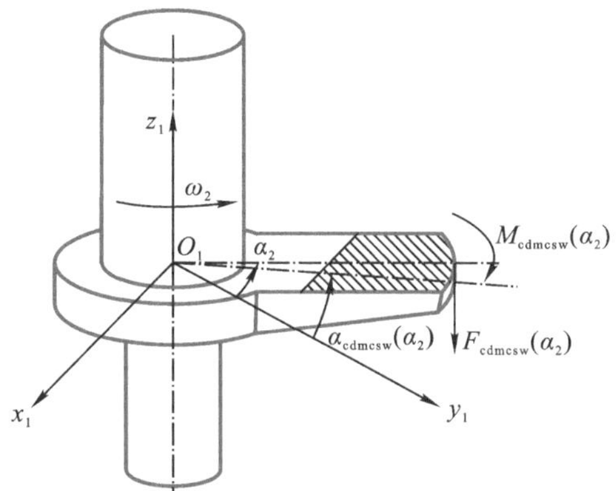

图 7－5　星轮齿顶液膜的摩擦力

按照空间力系的转化方法，轴向摩擦力可转换至星轮轴中心和弯矩，并将弯矩分解至 x_1 和 y_1 方向。同样地，前述齿顶液膜力 $F_{\mathrm{cdymsw}}(\alpha_2)$ 也可分解到 x_1 和 y_1 方向，如图 7－6 所示。

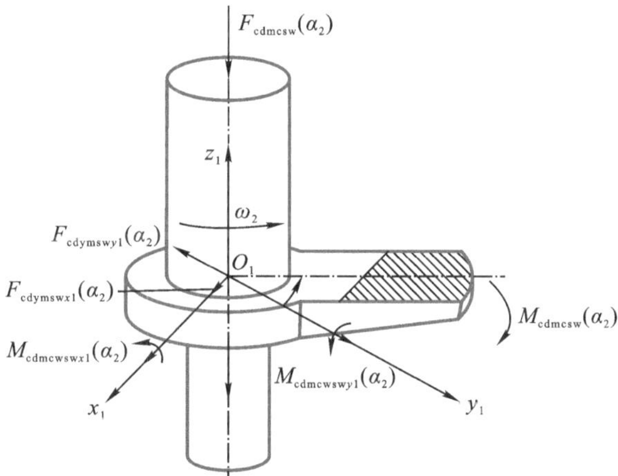

图 7－6　转换后星轮齿顶与螺杆齿槽底面之间的作用力

图中齿顶液膜的分力为

$$\begin{cases} F_{\mathrm{cdymsw}x1}(\alpha_2)=F_{\mathrm{cdymsw}}(\alpha_2)\sin[\alpha_{\mathrm{cdymsw}}(\alpha_2)] \\ F_{\mathrm{cdymsw}y1}(\alpha_2)=-F_{\mathrm{cdymsw}}(\alpha_2)\cos[\alpha_{\mathrm{cdymsw}}(\alpha_2)] \end{cases} \tag{7-2}$$

齿顶摩擦力沿星轮轴向的分力将星轮的弯矩分解为沿 x_1 和 y_1 方向的分弯矩，由下式计算：

$$\begin{cases} M_{\mathrm{cdmcwsw}x1}(\alpha_2)=-F_{\mathrm{cdmcsw}}(\alpha_2)R_2\cos[\alpha_{\mathrm{cdmcsw}}(\alpha_2)] \\ M_{\mathrm{cdmcwsw}y1}(\alpha_2)=-F_{\mathrm{cdmcsw}}(\alpha_2)R_2\sin[\alpha_{\mathrm{cdmcsw}}(\alpha_2)] \end{cases} \tag{7-3}$$

式中：R_2 为星轮齿顶半径。

3. 气体力

星轮体周围气体的压力主要可以分为三部分：①压缩腔中星轮齿面所面临的压缩腔内气体压力；②因为星轮室与压缩机进气腔连通，星轮体周围大部分空间面临的气体压力是进气压力;③星轮轴端气体压力。

对于喷油润滑单螺杆压缩机,星轮轴端采用油润滑的滚动轴承,轴端气体压力均为进气压力,不产生轴端气体力;若装有机械密封,考虑到机械密封外侧一般是环境压力,星轮轴上、下两端机械密封密封环内径不同,也产生轴向附加气体力(在动静环之间存在液膜推开力、接触力及气体力,从而产生轴向作用力,动静环之间的作用力计算见后文);如果星轮轴采用滑动润滑轴承,则上、下端滑动轴承动静环润滑面外径不同时,也产生轴向附加气体力(滑动轴承的受力计算见后文)。

考虑星轮轴两端均安装单端面机械密封,且两端机械密封密封环内径不同的情况,会产生轴向附加气体力。若环境压力为 p_0,进气压力为 p_s,星轮轴上端机械密封密封环内径占据的面积为 A_{up},下端机械密封密封环内径占据的面积为 A_{down},产生的轴向附加气体力为 F_{gup},如图 7-7 所示。

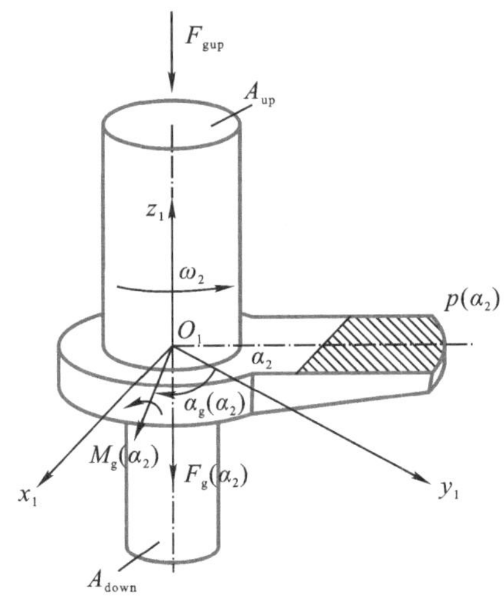

图 7-7　星轮体上的气体力

轴向附加气体力可用下式计算:

$$F_{gup} = (p_s - p_0)(A_{down} - A_{up}) \tag{7-4}$$

上式是根据压差和压力作用面积差计算的轴向附加气体力。对于一端采用机械密封、另一端采用滑动轴承的情况,则依据实际压差和作用面积另行推导轴向附加气体力的计算公式。其他情况也可另行推导。考虑星轮轴两端均为滑动轴承,上、下端滑动轴承动静环润滑面外径不同时,去掉式中 p_0,将面积代入上式计算。采用上式计算轴向附加气体力时要特别注意气体力的受力方向。

图 7-7 中,星轮齿在工作腔内部分所受气体压力为 $p(\alpha_2)$时,按照空间力系的转化方法,星轮齿受到的气体力可转化为沿着星轮轴向的气体力 $F_g(\alpha_2)$和气体力弯矩 $M_g(\alpha_2)$,以及弯矩的方向角 $\alpha_g(\alpha_2)$。

气体力、气体力弯矩的计算过程与螺杆齿槽容积计算过程类似,可以采用积分的方式,不再赘述,此处给出计算公式。

当星轮齿转角为 α_2 时,基元容积内的气体压力为 $p(\alpha_2)$,作用于单个星轮齿的气体力为

$$F_g(\alpha_2)=\begin{cases}\int_{-\frac{b}{2}}^{\eta_0}[p(\alpha_2)-p_s]\left(\sqrt{R_2^2-\eta^2}-\eta\tan\alpha_2-\dfrac{A-R_1}{\cos\alpha_2}\right)\mathrm{d}\eta & -\alpha''<\alpha_2<\alpha_1+\delta\\ 0 & \alpha_2\leqslant-\alpha'' \text{ 或 } \alpha_2\geqslant\alpha_1+\delta\end{cases} \tag{7-5}$$

式中：

$$\eta_0=\begin{cases}R_2\sin(\alpha_2-\alpha_1) & \alpha_2\geqslant\alpha_1-\delta\\ b/2 & \alpha_2<\alpha_1-\delta\end{cases}$$

式中：A 为中心距；R_2 为星轮外径；R_1 为螺杆外径；b 为星轮齿宽；α_1 为螺杆排气侧啮合角，见式(2-8)；δ 为半齿宽角，见式(2-11)。

按照空间力系的转化计算方法，将气体力对星轮的弯矩转化至沿 x_1 和 y_1 方向的分弯矩，采用积分的方法分解计算得

$$\begin{cases}M_{gx1}(\alpha_2)=\int_{-\frac{b}{2}}^{\eta_0}\int_0^{\mu_0}-[p(\alpha_2)-p_s]\cos(\alpha_2+\sigma)\sqrt{\left(\sqrt{R_2^2-\eta^2}-\mu\right)^2+\eta^2}\,\mathrm{d}\mu\mathrm{d}\eta\\ M_{gy1}(\alpha_2)=\int_{-\frac{b}{2}}^{\eta_0}\int_0^{\mu_0}-[p(\alpha_2)-p_s]\sin(\alpha_2+\sigma)\sqrt{\left(\sqrt{R_2^2-\eta^2}-\mu\right)^2+\eta^2}\,\mathrm{d}\mu\mathrm{d}\eta\end{cases} \tag{7-6}$$

其中

$$\mu_0=\sqrt{R_2^2-\eta^2}-\eta\tan\alpha_2-\frac{A-R_1}{\cos\alpha_2}$$

$$\sigma=\arctan\left(\frac{\eta}{\sqrt{R_2^2-\eta^2}-\mu}\right)$$

4. 机械密封部件附加力

不采用机械密封的压缩机无须考虑这部分作用力。通常星轮轴上的机械密封可采用如图 7-8 所示的金属波纹管或橡胶波纹管。

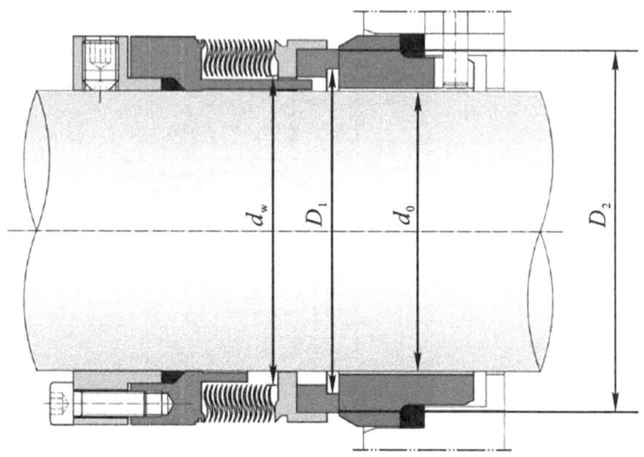

图 7-8　金属波纹管机械密封结构示意图

一般机械密封的静环布置在压缩机轴承座上，其动静环之间密封面的轴向力和摩擦力作用于星轮轴。

以图 7-8 所示的机械密封为例，对机械密封随轴转动部分整体作受力分析，轴向作用力或介质压力包括：密封腔(压缩机进气腔)内气体压力 p_s 和机械密封轴侧的环境压力 p_0 形成的气体力，机械密封紧钉螺钉与轴之间的作用力，弹性元件的弹簧预紧力和动静环之间的轴向

作用力。通常为防止机械密封动环与轴发生相对位移，紧钉螺钉与轴之间的作用力足够大，气体压力差形成的气体力部分被紧钉螺钉克服。未被克服部分气体力的大小则与机械密封的结构型式有关，如波纹管的结构和材料。假设弹性元件具有足够的延展性，可近似用弹性元件内径作为 p_s 和 p_0 气体压力作用区域的分界线进行受力分析，则动静环之间密封面的轴向力如下式所示：

$$F_{jmzj} = F_s + \frac{\pi}{4}p_s(D_2^2 - d_w^2) - \frac{\pi}{4}p_0(D_1^2 - d_w^2) \tag{7-7}$$

式中：d_w 为波纹管内径；F_s 为弹性元件的弹簧预紧力。需要说明的是，对于不同结构的机械密封，式(7-7)的形式可能需要根据实际受力情况调整。若假设气体力未被紧钉螺钉克服，将上式波纹管内径 d_w 用轴径 d_0 代替即可。当星轮轴两端机械密封型号相同，且弹簧压缩量相同时，其轴向力是相互抵消的，无须计算。

机械密封动静环之间的摩擦力对星轮轴形成阻力矩，与轴承的阻力矩作用相同。动静环之间的机械密封摩擦力矩 M_{jmz} 可按照下式计算：

$$M_{jmz} = fF_{jmzj}\frac{D_2 + D_1}{4} \tag{7-8}$$

式中：f 为密封环接触端面摩擦因数，半干摩擦取 0.1～0.6，边界摩擦取 0.05～0.15，半液摩擦取 0.005～0.1，全液摩擦则取 0.001～0.005。

5. 星轮体受力合成(不包括轴承受力分析)

星轮体受力合成的目的是计算星轮体总的轴向力、弯矩和摩擦阻力矩，为轴承受力分析和星轮体旋转力矩波动分析提供受力条件。

将上述星轮齿受力和星轮轴受力分解到 S_1 坐标系的坐标轴后，如图 7-9 所示。

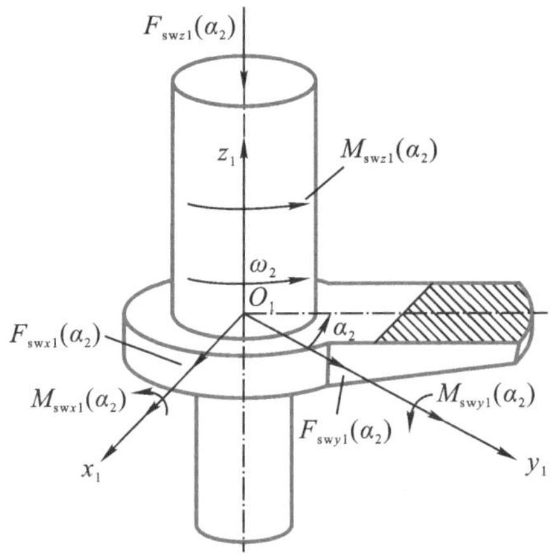

图 7-9　星轮体受力合成

星轮体受力合成中需要计及所有处于啮合状态的星轮齿上的受力。将星轮轴向即 z_1 轴上受力的正方向定义为 z_1 轴的负方向，其余力和弯矩的正方向均为坐标轴的正方向。一般地，星轮有三齿同时处于啮合状态，星轮的轴向合力 F_{swz1} 为

$$\begin{aligned}F_{swz1}(\alpha_2) = &F_{ccmcsw}(\alpha_2) + F_{ccmcsw}(\alpha_2+\gamma) + F_{ccmcsw}(\alpha_2+2\gamma) + \\ &F_{cdmcsw}(\alpha_2) + F_{cdmcsw}(\alpha_2+\gamma) + F_{cdmcsw}(\alpha_2+2\gamma) + \\ &F_g(\alpha_2) + F_g(\alpha_2+\gamma) + F_g(\alpha_2+2\gamma) + F_{gup} + F_{jmzj}\end{aligned} \tag{7-9}$$

其中，γ 为星轮齿的分度角；机械密封轴向力则需要注意受力方向后代入。其余各坐标方向的合力和弯矩为

$$\left\{\begin{aligned}
F_{swx1}(\alpha_2) &= F_{cdymswx1}(\alpha_2)+F_{cdymswx1}(\alpha_2+\gamma)+F_{cdymswx1}(\alpha_2+2\gamma)\\
F_{swy1}(\alpha_2) &= F_{cdymswy1}(\alpha_2)+F_{cdymswy1}(\alpha_2+\gamma)+F_{cdymswy1}(\alpha_2+2\gamma)\\
M_{swx1}(\alpha_2) &= M_{ccmcwswx1}(\alpha_2)+M_{ccmcwswx1}(\alpha_2+\gamma)+M_{ccmcwswx1}(\alpha_2+\gamma)+\\
&\quad M_{cdymswx1}(\alpha_2)+M_{cdymswx1}(\alpha_2+\gamma)+M_{cdymswx1}(\alpha_2+\gamma)+\\
&\quad M_{gx1}(\alpha_2)+M_{gx1}(\alpha_2+\gamma)+M_{gx1}(\alpha_2+\gamma)\\
M_{swy1}(\alpha_2) &= M_{ccmcwswy1}(\alpha_2)+M_{ccmcwswy1}(\alpha_2+\gamma)+M_{ccmcwswy1}(\alpha_2+\gamma)+\\
&\quad M_{cdymswy1}(\alpha_2)+M_{cdymswy1}(\alpha_2+\gamma)+M_{cdymswy1}(\alpha_2+\gamma)+\\
&\quad M_{gy1}(\alpha_2)+M_{gy1}(\alpha_2+\gamma)+M_{gy1}(\alpha_2+\gamma)\\
M_{swz1}(\alpha_2) &= M_{ccymsw}(\alpha_2)+M_{ccymsw}(\alpha_2+\gamma)+M_{ccymsw}(\alpha_2+\gamma)-\\
&\quad M_{ccmczsw}(\alpha_2)-M_{ccmczsw}(\alpha_2+\gamma)-M_{ccmczsw}(\alpha_2+\gamma)-\\
&\quad M_{cdmcsw}(\alpha_2)-M_{cdmcsw}(\alpha_2+\gamma)-M_{cdmcsw}(\alpha_2+\gamma)-\\
&\quad M_{jmz}
\end{aligned}\right. \tag{7-10}$$

使用式(7－9)和(7－10)需要注意的是 α_2 的取值范围为$[-\alpha'',-\alpha''+\gamma]$；星轮齿与螺杆齿槽脱离啮合后，上述相关函数的取值为 0；机械密封的阻力矩需根据机械密封的数量叠加计算。

6. 齿侧液膜作用力的计算

如图 3－8 和图 3－33 所示，单螺杆压缩机啮合副的齿侧间隙从齿根到齿顶不均匀、渐变，齿侧间隙的厚度随转角位置连续变化，齿侧间隙内流场的几何模型复杂。一般单螺杆压缩机喷液中含有压缩气体，喷入压缩腔的液体到达齿侧间隙时也会与压缩气体混合。考虑到目前普遍采用喷液孔向压缩腔喷液的方式，齿侧间隙内的液体分布也是不均匀的，即齿侧间隙部分区域可能是气团而非液膜。因此，单螺杆压缩机齿侧间隙内的流场实际是不均匀几何体内的不均匀两相流流场，难以准确计算其压力、流速分布。

理论与试验研究证明齿侧间隙内存在液膜压力的正压区和常压区，正压区和常压区的分界点在齿侧与齿槽侧面的理论接触点附近；常压区的压力接近压缩机的进气压力；如果忽略旋转过程中齿侧间隙随转角扩大或缩小引起油膜的惯性力的影响，采用纳维-斯托克斯(Navier-Stokes，N-S)方程和三维数值模拟的齿侧间隙内正压区的压力分布与试验结果接近；含气率从0％增加至 60％，其对齿侧间隙内的平均压力稍有下降且下降值不超过 5％。

正压区的压力水平与齿侧间隙尺度、相对速度有关，如齿侧相对速度在 4 m/s 以下，正压区的压力接近压缩腔内压力；高转速下，正压区的压力高于压缩腔内压力，且正压区向常压区扩大。

鉴于上述原因，本章给出两种齿侧液膜作用力的计算方法，均假设液膜为单相液体，一是假设齿侧液膜正压区的压力均为压缩腔压力，常压区压力为进气压力，称为齿侧液膜作用力的工程算法；二是基于 N-S 方程简化的算法。总体上第一种算法较为简单，便于工程使用，但高转速和小间隙条件下准确度下降；第二种算法更接近实际，但计算过程复杂。

需要注意的是本章对液膜作用力的计算均是一种简化的算法，原因在于星轮体(包括螺杆组件)的转动速度在阻力矩和动力矩不平衡时，转速存在波动，即存在后文将会介绍的旋转不

均匀度。本章对所有液膜力的计算中，均假设螺杆与星轮的转速均匀。因此，后文在计算液膜作用力时，均先给定一个星轮或螺杆的转角，改变该转角便获得其他位置的液膜作用力。

1)齿侧液膜作用力的工程算法

此条件下，齿侧液膜分为正压区和常压区，分界点为齿侧理论接触点。在星轮动坐标系 S_2 中，建立如图 7-10 所示的分析模型。

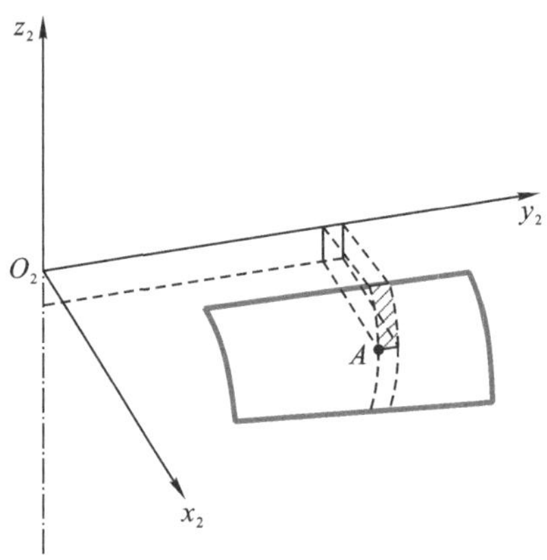

图 7-10　齿侧理论接触点

如图 7-10 所示，当星轮齿转角为 α_2 时，齿高 y_{A2} 处，齿侧与齿槽侧面的理论接触点为 A，可根据型面方程获得 A 点的坐标表达式：

$$\begin{cases} x_{A2} = x_{fA2}(\alpha_2, y_{A2}) \\ z_{A2} = z_{fA2}(\alpha_2, y_{A2}) \end{cases} \tag{7-11}$$

考虑到目前绝大部分单螺杆压缩机产品星轮上表面(面对压缩腔侧)设置在中性面，即图 7-10 所示的 $z_2=0$ 的平面，接触点 A 与星轮上表面之间的区域为正压区，另一侧则为常压区。可在 A 点取一正压区微元，该微元上液膜的压力对 z_2 轴形成的扭矩为

$$\mathrm{d}M_{ym} = \pm [p(\alpha_2) - p_s] z_{fA2}(\alpha_2, y_{A2}) y_{A2} \mathrm{d}y_{A2} \tag{7-12}$$

式中：对齿后侧取“－”号，齿前侧取“＋”号。对于星轮齿上表面不在中性面的情况，只需将 $\pm z_{fA2}$ 用 $(z_0 \pm z_{fA2})$ 代替即可，此处不再推导。其中，z_0 为星轮齿上表面的 z_2 坐标值。

对齿前侧和齿后侧，分别从齿根到齿顶积分，然后相加，便获得了齿侧液膜对星轮形成的旋转力矩：

$$\begin{aligned} M_{ccymsw}(\alpha_2) = & \int_{y_{cgh}(\alpha_2)}^{y_{cdh}(\alpha_2)} -[p(\alpha_2) - p_s] z_{fA2}(\alpha_2, y_{A2}) y_{A2} \mathrm{d}y_{A2} + \\ & \int_{y_{cgq}(\alpha_2)}^{y_{cdq}(\alpha_2)} [p(\alpha_2) - p_s] z_{fA2}(\alpha_2, y_{A2}) y_{A2} \mathrm{d}y_{A2} \end{aligned} \tag{7-13}$$

式中：y_{cgh} 和 y_{cdh} 表示星轮齿转角为 α_2 时，齿后侧啮合区域的 y_2 坐标的最小值和最大值；y_{cgq} 和 y_{cdq} 表示齿前侧啮合区域的 y_2 坐标的最小值和最大值。对于齿宽为 b、包络直线位于 $z_2=h$ 平面的直线包络型面，上述边界值可表示为

$$\begin{cases} y_{cgh}(\alpha_2) = \dfrac{A - R_1'}{\cos\alpha_2} - \dfrac{b}{2}\tan\alpha_2 \\ y_{cdh}(\alpha_2) = R_2\cos\delta \end{cases}, \begin{cases} y_{cgq}(\alpha_2) = \dfrac{A - R_1'}{\cos\alpha_2} + \dfrac{b}{2}\tan\alpha_2 \\ y_{cdq}(\alpha_2) = R_2\cos\delta \end{cases} \tag{7-14}$$

式中：R_2 为星轮外缘半径；R_1 为星轮外缘半径；δ 为半齿宽角；A 为中心距；R_1' 为

$$R_1' = \sqrt{R_1^2 - h^2} \tag{7-15}$$

对于其他类型的型面，可根据型面方程重新推导上述边界值，但采用式(7-14)直接计算的误差很小。

对于直线包络型面，式(7-13)中的 z_{fA2} 为定值 h，式(7-13)可进一步简化，齿侧液膜对星轮形成的旋转力矩的计算较为简单。对其他类型的型面，需首先根据啮合方程建立齿侧啮合点坐标的计算方程，然后利用式(7-13)通过积分求解齿侧液膜对星轮形成的旋转力矩。

齿侧液膜对星轮齿的摩擦力计算模型如图 7-11 所示。

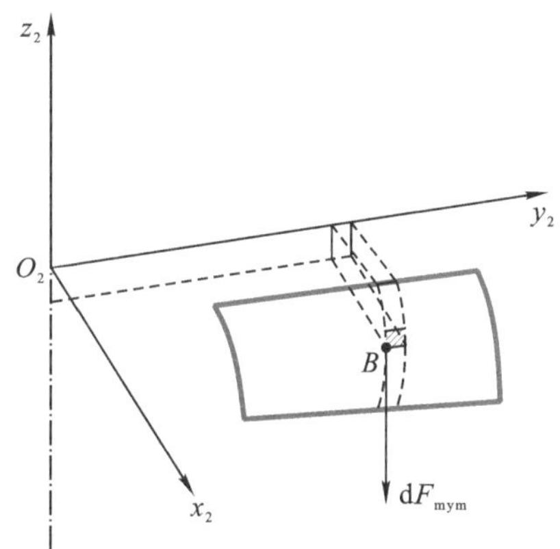

图 7-11　齿侧液膜对星轮齿的摩擦力计算模型

同样，将齿侧分为正压区和常压区，并忽略常压区液膜对星轮齿的摩擦力。考虑到物体表面的摩擦力沿着其切线方向，图中正压区某点 B 所在的微元上液膜对星轮齿形成的摩擦力为 dF_{mym}，其方向沿着 B 点齿侧型面的切线方向，且正方向与星轮齿和螺杆之前的相对速度方向相反。

假设齿侧液膜内的液体为牛顿流体，且齿侧液膜内的流动为层流时，上述微元摩擦力的大小可按下式计算：

$$dF_{mym} = \mu dA_{wy} \frac{\partial u}{\partial z} \tag{7-16}$$

式中：μ 为液体的动力黏度系数，一般可取定值；dA_{wy} 为微元的表面积，其偏导数则为 B 点处表面液膜的速度梯度。

显然，B 点液膜对星轮齿的摩擦力计算与型面方程有关，在垂直于星轮齿(即 y_2 轴)的截面内建立如图 7-12 所示的齿侧间隙的几何模型。

用齿侧理论接触点 A 所对应的齿槽面的切线矢量代替齿槽侧面，建立齿槽间隙几何模型如图 7-12 所示。沿着齿槽侧面 S 坐标系，x 轴沿着齿槽侧面理论接触点的切线方向，垂直于 x 轴方向的为 z 轴，x 轴上螺杆齿槽侧面与星轮齿侧的距离用 $H(x)$ 表示。根据型面方程可以获得 $H(x)$ 的表达式，不再赘述。

设 B 点的坐标表示为$[x_B, H(x_B)]$，可以根据齿侧型面方程建立 B 点在 S 坐标系中的坐标与其在 S_2 坐标系中的坐标之间的关系：

$$\begin{cases} x_{Bx2}(\alpha_2, y_{By2}) = x_{fBx2}[x_B(\alpha_2, y_{By2}, x)] \\ z_{Bx2}(\alpha_2, y_{By2}) = z_{fBx2}[x_B(\alpha_2, y_{By2}, x)] \end{cases} \tag{7-17}$$

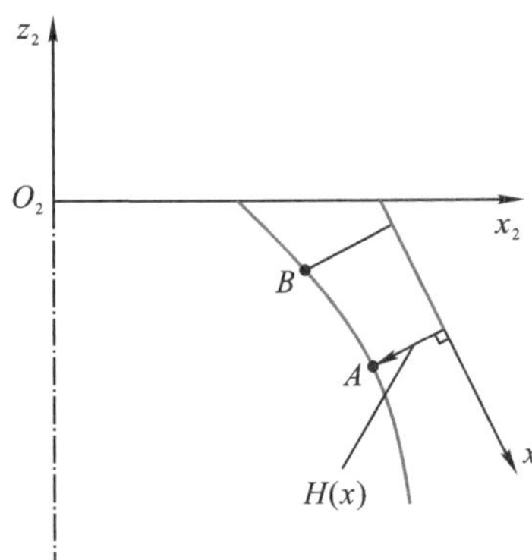

图 7-12　齿侧间隙的几何模型

考虑到齿侧间隙的厚度远比齿厚小，可以近似认为

$$\frac{\partial u}{\partial z}=\frac{\partial u}{\partial H} \tag{7-18}$$

用理论接触点 A 处，星轮齿与螺杆齿槽侧面之间的相对速度作为图 7-12 截面内星轮齿与螺杆齿槽之间的相对速度，表示为 v_{cc}（注意齿前侧与齿后侧该速度值是不同的，该速度可根据 A 点在坐标系的坐标和坐标变换关系获得）。若假设齿侧液膜间隙内的速度沿着 z 轴均匀变化，则式(7-18)可表示为

$$\frac{\partial u}{\partial H}=\frac{v_{cc}(\alpha_2, y_{B2})}{H(x_B)} \tag{7-19}$$

图 7-12 截面内点 B 处齿侧截面线的长度为

$$\mathrm{d}l=\sqrt{1+\frac{\mathrm{d}H}{\mathrm{d}x}}\mathrm{d}x \tag{7-20}$$

可得微元的面积为

$$\mathrm{d}A_{wy}=\sqrt{1+\frac{\mathrm{d}H}{\mathrm{d}x}}\mathrm{d}x\mathrm{d}y_{B2} \tag{7-21}$$

因此，微元 B 处液膜与齿侧面之间的摩擦力大小可表示为

$$\mathrm{d}F_{mym}=\eta\sqrt{1+\frac{\mathrm{d}H}{\mathrm{d}x}}\frac{v_{cc}}{H}\mathrm{d}x\mathrm{d}y_{B2} \tag{7-22}$$

微元处摩擦力的方向如图 7-13 所示，摩擦力沿着 B 点齿槽侧面的切线方向。在星轮齿截面内，B 点的切线与 z_2 轴的夹角 θ 可根据型线方程求得。

该摩擦力在 x_2y_2 平面的分力对星轮形成阻力矩：

$$\mathrm{d}M_{mymz2}=\eta\sqrt{1+\frac{\mathrm{d}H}{\mathrm{d}x}}\frac{v_{cc}}{H}y_{B2}\sin\theta\mathrm{d}x\mathrm{d}y_{B2} \tag{7-23}$$

分别对齿前侧和齿后侧建立上述方程，积分后相加便得齿侧液膜摩擦力对星轮旋转形成的阻力矩 $M_{ccmczsw}(\alpha_2)$。

该摩擦力在 z_2 方向的分量，分别对 y_2 轴和 x_2 轴形成弯矩，分别对齿前侧和齿后侧建立方程积分后获得弯矩 $M_{ccmcwswx2}$ 和 $M_{ccmcwswy2}$，以及轴向摩擦力合力 F_{ccmcsw}。根据坐标变换关系，上述弯矩和受力可转换至定坐标系 S_1 中，不再赘述。

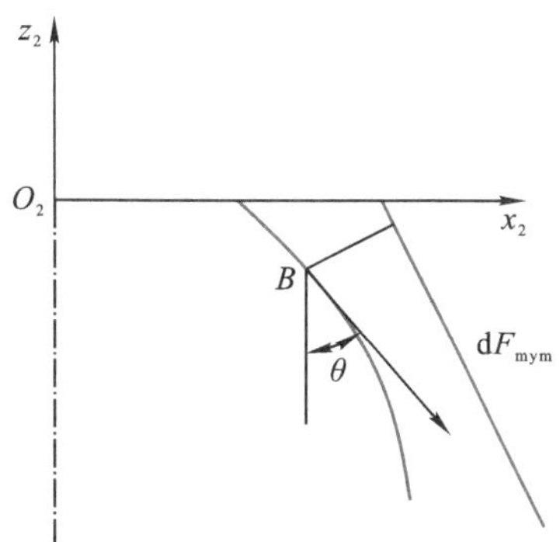

图 7-13　齿侧微元处液膜的摩擦力

2)基于 N-S 方程的齿侧液膜作用力计算

与上一节相同,因螺杆齿槽型面的曲率远小于星轮齿型面曲率,忽略液膜曲率的影响,近似将螺杆齿槽侧面和星轮齿啮合段与星轮齿某一齿长横截面的交线视为直线段,并以此为基础建立坐标系,在保证间隙厚度值不变的前提下将齿侧间隙从扭转的几何模型转化为平直的几何模型,便于方程计算。

理论上,采用 N-S 方程准确分析齿侧液膜作用力时,应当对从齿根到齿顶的齿侧间隙整体进行三维计算分析。考虑到齿长方向的几何尺度远大于齿厚方向的几何尺度,可以近似将齿侧间隙沿着齿长方向分成若干个 dl 长度的微元进行计算,并忽略微元内沿着齿长方向的速度且假定压力相等,如图 7-14 所示。事实上,在微元位置,星轮齿的速度与螺杆齿槽侧面的速度基本垂直,沿着齿长方向的相对速度可以忽略,上述假设也是合理的。

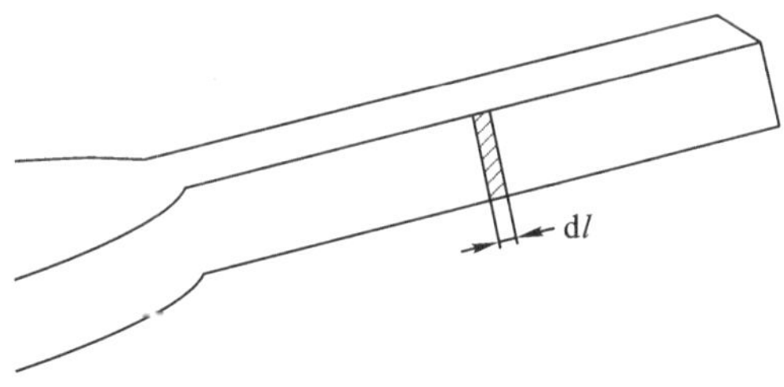

图 7-14　齿侧润滑表面分段示意图

为便于计算,建立星轮齿啮合段某一截面处间隙的坐标系及液膜几何模型如图 7-15 所示。基于上述简化,齿侧某一截面处的润滑可转变为无限宽的滑块模型。

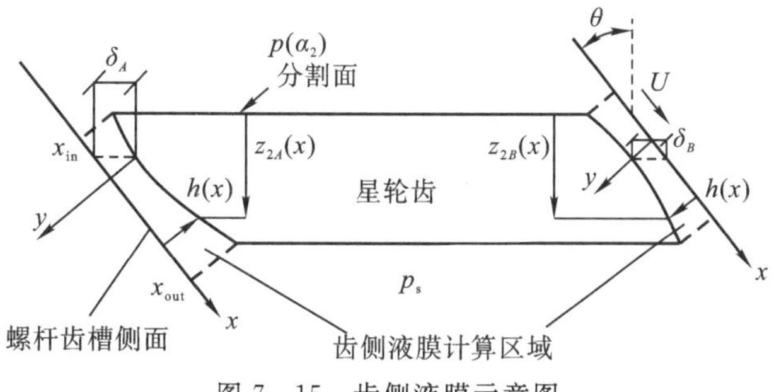

图 7-15　齿侧液膜示意图

分别对齿前侧和齿后侧建立液膜计算的坐标系，其 x 轴沿螺杆齿槽侧面方向，其 y 轴垂直于 x 轴，图中用 $h(x)$ 表示，为齿侧液膜计算区域厚度。δ_A、δ_B 分别是齿前侧和齿后侧在齿宽方向的最小间隙，即啮合点处的间隙。x 和 y 轴的原点，取为通过星轮齿侧面啮合点的直线与螺杆齿槽侧面截面线的垂足位置。对直线包络型线而言，啮合点在包络直线上的位置固定，这一间隙值也为定值，所建立齿前、齿后侧坐标系的原点也是固定的(对于不同的微元而言)。对其他类型的星轮齿型面，包括圆柱包络、多圆柱包络和曲面包络型面，啮合点的位置、大小与啮合原理和啮合副的间隙设计方法有关，即在不同微元，该最小间隙在星轮齿厚度方向(z_2)的位置及所建立的坐标系的原点不同，但都可以根据型面方程计算获得，本节不再赘述。

给定微元位置，即给定星轮齿转角 α_2 和微元所在 y_2 坐标后，根据本书第 2 章和第 3 章内容，可以很容易地求得该微元位置星轮齿侧的啮合点位置，以及在啮合点处星轮齿侧面与螺杆齿槽侧面之间的相对速度，即如图中 U 所示。螺杆齿槽侧面在微元齿截面内的直线段根据该相对速度的方向计算，即如图中 θ 所示。注意，齿前侧与齿后侧的 U 与 θ 值需分别求解，下同。

求得在微元截面内啮合点的位置即(x_2，y_2，z_2)后，代表螺杆齿槽侧面的直线段的倾斜角 θ 可近似表示为

$$\theta=\frac{\pi}{2}-\arctan\left(\frac{P(A-y_2\cos\alpha_2-x_2\sin\alpha_2)}{y_2-Pz_2\sin\alpha_2}\right) \tag{7-24}$$

为与上一节的工程算法区分，本节微元所在截面位置，即其 y_2 坐标用 L 表示，计算区域齿侧液膜厚度用 $h(x)$ 表示，相对速度为 U。

当星轮转角为 α_2 时，可根据型面方程求得齿前侧和齿后侧随设定坐标 x 轴上任意点 x 处计算区域液膜厚度 $h(x)$。$h(x)$ 与型面类型有关，计算过程较为复杂，但原理简单，不再详述。需要注意的是，在展开液膜作用力分析前，还需要分别对齿前侧和齿后侧求得 $z_{2A}(x)$ 和 $z_{2B}(x)$。原因是求液膜对星轮齿的作用力时，需将 x 坐标对应的液膜压力施加到星轮齿侧面。至此，采用 N-S 方程求解齿侧液膜作用力的几何模型已经建立。

齿侧间隙内，描述黏性不可压缩流体动量守恒的 N-S 方程为

$$\frac{\partial \boldsymbol{V}}{\partial t}+(\boldsymbol{V}\cdot\nabla)\boldsymbol{V}=\boldsymbol{f}-\frac{1}{\rho}\nabla p+\frac{\mu}{\rho}\nabla^2\boldsymbol{V} \tag{7-25}$$

式中：ρ 为流体密度；$\boldsymbol{V}$ 为流体在 t 时刻速度矢量；p 为压力；$\boldsymbol{f}$ 为单位体积流体受的外力，若只考虑重力，则 $\boldsymbol{f}=\boldsymbol{g}$，即重力加速度；$\mu$ 为动力黏性系数。方程计算中所使用的物性参数为润滑介质的参数。大部分情况下只考虑单相润滑介质。在一些喷液量少的机型中，可以考虑引入两相流的物性参数，读者需自行推导。

连续性方程为

$$\frac{\partial \rho}{\partial t}+\rho\left(\frac{\partial u}{\partial x}+\frac{\partial v}{\partial y}+\frac{\partial w}{\partial z}\right)=0 \tag{7-26}$$

式中：u、v、w 为空间三个坐标方向的流体流速。直接对 N-S 方程求解涉及复杂的数值计算和高维空间上的流体动力学模拟，目前尚无直接有效的方法进行解析求解，需要对方程进行适当假设简化。荷兰学者波斯特(Post)指出由于单螺杆齿侧间隙的收敛段处膜厚相比于发散段处小得多，因此单螺杆齿侧间隙的液膜润滑计算不同于轴承润滑，在 N-S 方程求解时需要考虑惯性项的影响，即$(\boldsymbol{V}\cdot\nabla)\boldsymbol{V}$ 项不可忽略。一般地，在低相对滑动速度下考虑惯性项与未考虑惯性项计算所得结果相差并不大。图 7-16 以直线包络型面为例，给出了某一齿截面考虑惯性项与未考虑惯性项的齿侧间隙内液膜的压力分布。

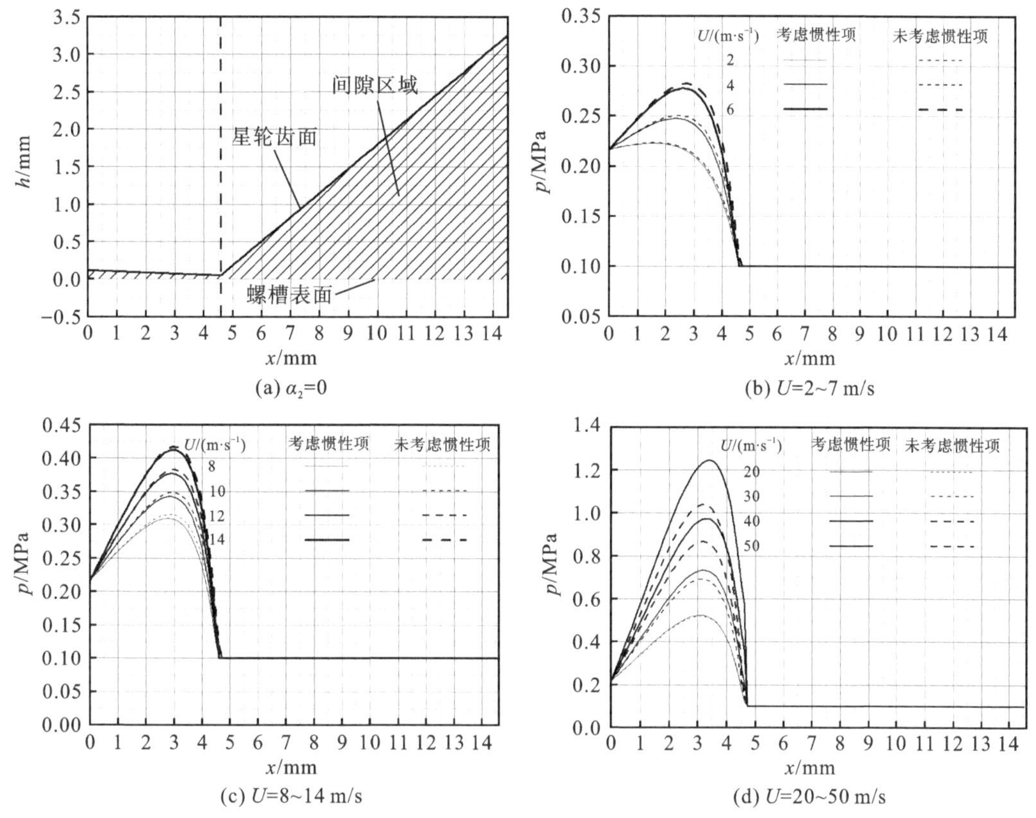

图 7－16　齿顶处截面计算结果

图 7－16(a)是星轮转角α_2＝0 时齿后侧齿顶截面处的齿侧间隙分布。不同相对滑动速度下间隙内液膜压力分布如图 7－16(b)～(d)所示。显然，正压区的压力水平与齿侧相对滑动速度有关。当相对滑动速度在 4 m/s 以下时，收敛段动压效应不明显，收敛段的平均压力与压缩腔内压力最大差距约为 5.8%，可近似认为在此速度范围内收敛段压力为压缩腔压力。在高转速下，齿侧相对滑动速度增大，动压效应增强，收敛段的压力高于压缩腔内压力，且收敛段压力向发散段扩大。随着转速即相对滑动速度增加，惯性项的影响逐渐增加。当齿侧相对速度达到 40 m/s 时，考虑惯性项时收敛段的平均压力与未考虑惯性项时的相差超出 11%。因此，本书推荐考虑惯性项的齿侧液膜作用力分析方法。

由于式(7－25)中存在惯性项和黏性项两个非线性项，无法得到解析解。本书采用 Post 推导的引入平均质量流速的 N-S 方程，并假设：齿侧液膜的流动为稳态层流，不存在涡流和湍流；忽略体积力；由于齿侧液膜厚度仅为数十微米，远远小于齿长与齿厚，忽略膜厚方向的压力变化。基于上述假设简化，得到简化后的一维 N-S 方程与连续性方程：

$$\frac{\mathrm{d}}{\mathrm{d}x}(\varepsilon\rho hu^2+\lambda\rho hu^2)=-h\frac{\mathrm{d}p}{\mathrm{d}x}+\frac{12\mu}{h}\left(\frac{1}{2}U-u\right) \tag{7-27}$$

式中：$\varepsilon=6/5$；$\lambda=2/15$。

$$\frac{\mathrm{d}}{\mathrm{d}x}(\rho hu)=0 \tag{7-28}$$

齿侧间隙润滑液的体积流量方程为

$$Q = hu \tag{7-29}$$

上述方程联立，可得

$$\frac{\mathrm{d}p}{\mathrm{d}x} = \frac{12\mu}{h^2}\left(\frac{U}{2} - \frac{Q}{h}\right) + \frac{\rho}{h}\left(\varepsilon\frac{Q^2}{h^2} - \lambda U^2\right)\frac{\mathrm{d}h}{\mathrm{d}x} \tag{7-30}$$

引入无量纲量：

$$\bar{h} = h/\delta_{A(B)}$$

$$\bar{x} = (x - x_{\text{in}})/(x_{\text{out}} - x_{\text{in}})$$

$$\bar{p} = p\delta_{A(B)}^2/\mu U(x_{\text{out}} - x_{\text{in}})$$

$$\bar{Q} = Q/\delta_{A(B)}U$$

$$Re^* = \rho U\delta_{A(B)}^2/\mu(x_{\text{out}} - x_{\text{in}})$$

式(7－30)转化成无量纲形式为

$$\frac{\mathrm{d}\bar{p}}{\mathrm{d}\bar{x}} = \frac{12}{\bar{h}^2}\left(\frac{1}{2} - \frac{\bar{Q}}{\bar{h}}\right) + \frac{Re^*}{\bar{h}}\left(\varepsilon\frac{\bar{Q}^2}{\bar{h}^2} - \lambda\right)\frac{\mathrm{d}\bar{h}}{\mathrm{d}\bar{x}} \tag{7-31}$$

给定压力的边界条件：

$$\begin{cases} \bar{x} = 0, \bar{p} = \bar{p}_{\text{in}} = p(\alpha_2)\delta^2/\mu U(x_{\text{out}} - x_{\text{in}}) \\ \bar{x} = 1, \bar{p} = \bar{p}_{\text{out}} = p_s\delta^2/\mu U(x_{\text{out}} - x_{\text{in}}) \end{cases} \tag{7-32}$$

将式(7－31)在 $\bar{x}$ 方向上进行积分，并代入边界条件可得

$$\bar{p}(\bar{x}) = \bar{p}(0) + \int_0^{\bar{x}} \frac{6}{\bar{h}^2}\mathrm{d}\bar{x} - \int_0^{\bar{x}} \frac{12\bar{Q}}{\bar{h}^3}\mathrm{d}\bar{x} - \frac{\varepsilon Re^* \bar{Q}^2}{2}\left[\frac{1}{\bar{h}(\bar{x})^2} - \frac{1}{\bar{h}(0)^2}\right] - \lambda Re^* \ln\left[\frac{\bar{h}(\bar{x})}{\bar{h}(0)}\right] \tag{7-33}$$

式中：

$$\bar{Q} = \frac{\displaystyle\int_0^1 \frac{12}{\bar{h}^3}\mathrm{d}\bar{x} - \bar{Q}_1}{\varepsilon Re^* \left[\dfrac{1}{\bar{h}(0)^2} - \dfrac{1}{\bar{h}(1)^2}\right]} \tag{7-34}$$

$$\bar{Q}_1 = \sqrt{\left(\int_0^1 \frac{12}{\bar{h}^3}\mathrm{d}\bar{x}\right)^2 + 2\varepsilon Re^* \left[\frac{1}{\bar{h}(1)^2} - \frac{1}{\bar{h}(0)^2}\right]\left[\int_0^1 \frac{6}{\bar{h}^2}\mathrm{d}\bar{x} - \lambda Re^* \ln\left[\frac{\bar{h}(1)}{\bar{h}(0)}\right] + \bar{p}(0) - \bar{p}(1)\right]} \tag{7-35}$$

在齿侧液膜计算区域的发散段，由于压力的降低，液膜会发生空化现象，在非均匀窄缝内流动问题求解过程中，雷诺边界条件的计算结果更接近实际情况，故采用雷诺边界条件进行压力计算。雷诺边界条件的形式为

$$p\big|_{x=x'}, \frac{\partial p}{\partial n}\bigg|_{x=x'} = p_s \tag{7-36}$$

联立求解上述方程，便获得了给定 α_2 的位置，微元上齿侧液膜计算区域内的液膜压力分布 $p(x)$。根据 x 和 $z_{2A}(x)$、$z_{2B}(x)$的对应关系，对齿前侧和齿后侧分别有

$$\begin{cases} p[z_{2A}(x)] = p(x) & \text{齿前侧} \\ p[z_{2B}(x)] = p(x) & \text{齿后侧} \end{cases} \tag{7-37}$$

与式(7－12)不同的是，此时微元上液膜对星轮形成的扭矩需在星轮齿厚度方向(z_2)积分获得，即

$$
\mathrm{d}M_{\mathrm{ym}}=\begin{cases}\left(\int_{z_{\mathrm{T}}}^{z_0}\{p[z_{2A}(x)]-p_{\mathrm{s}}\}\mathrm{d}L\mathrm{d}z_{2A}(x)\right)L & \text{齿前侧}\\ -\left(\int_{z_{\mathrm{T}}}^{z_0}\{p[z_{2B}(x)]-p_{\mathrm{s}}\}\mathrm{d}L\mathrm{d}z_{2B}(x)\right)L & \text{齿后侧}\end{cases}\tag{7-38}
$$

需要注意，式(7－38)是在给定 α_2、给定微元位置的条件下获得的；L 实际是齿长方向的坐标 y_2，当微元的齿侧液膜计算区域不处于啮合区域(螺杆齿槽内)时，液膜压力为进气压力 p_s。参考式(7－13)，式(7－38)对 L(即 y_2)从齿根到齿顶积分后便获得齿侧液膜对星轮齿的扭矩。其积分的边界可参考式(7－14)和式(7－15)。

由于上述基于 N-S 方程计算液膜压力时，不能得到具体的速度场分布。齿侧液膜对星轮齿的摩擦力计算仍可以采用式(7－18)所定义的方法，需注意其 $H(x)$ 与本节使用的 $h(x)$ 本质上是一致的。

当然，采用雷诺方程是可以获得星轮齿表面的速度分布的，从而获得速度梯度，故式(7－19)可改写为

$$
\frac{\partial u}{\partial H}=\frac{1}{2\mu}h\frac{\partial p}{\partial x}-\frac{1}{h}U\tag{7-39}
$$

上述速度梯度的推导过程可参考《液体静压动静压轴承设计使用手册》(钟洪，张冠坤编著)。将式(7－39)代入式(7－22)和式(7－23)后积分，便获得齿侧液膜对星轮齿的摩擦力。

7. 齿顶液膜作用力的计算

若星轮齿顶型面按照本书第 3 章方法设计，星轮齿顶任意点与螺杆齿槽底面之间的距离接近齿顶设计间隙，其齿顶液膜作用力的计算可以简化。

同样地，分别采用齿侧液膜作用力的工程算法和基于雷诺方程的算法计算星轮齿顶液膜的作用力。

1)齿顶液膜作用力的工程算法

若星轮片厚度为 H_{sw}，星轮齿全齿顶处于啮合状态时，齿顶液膜力可近似为

$$
F_{\mathrm{cdymsw}}(\alpha_2)=[p(\alpha_2)-p_{\mathrm{s}}]bH_{\mathrm{sw}}\tag{7-40}
$$

其方向角 $\alpha_{\mathrm{cdymsw}}=0$。星轮齿转角 α_2 在$(-\alpha'',\alpha_1-\delta)$范围内，上式成立。

当星轮齿转角 α_2 在$(\alpha_1-\delta,\alpha_1+\delta)$范围时，齿顶部分区域已经脱离螺杆齿槽。此范围内，有

$$
\begin{cases}F_{\mathrm{cdymsw}}(\alpha_2)=2[p(\alpha_2)-p_{\mathrm{s}}]H_{\mathrm{sw}}R_2\sin\left(\dfrac{\alpha_1-\alpha_2+\delta}{2}\right)\\ \alpha_{\mathrm{cdymsw}}(\alpha_2)=\dfrac{\alpha_1+\alpha_2-\delta}{2}\end{cases}\tag{7-41}
$$

在其余角度范围内，齿顶不处于啮合状态。

如图 7－17 所示，在齿顶接触点 D，沿着齿顶与槽底相对速度的方向建立微元，该微元受到的摩擦力的方向与相对速度的方向相反。

若齿顶与槽底之间的设计间隙为 ρ_{cd}，则齿顶任意点与槽底之间的距离均可以认为是 ρ_{cd}，与齿侧液膜作用力的工程算法类似，齿顶微元的摩擦力为

$$
\mathrm{d}F_{\mathrm{mcd}}=\eta H_{\mathrm{sw}}R_2\frac{v_{\mathrm{dcd}}}{\rho_{\mathrm{cd}}}\mathrm{d}\alpha_{\mathrm{dcd}}\tag{7-42}
$$

式中：v_{dcd} 为 D 点齿顶与槽底之间的相对速度，计算式如下：

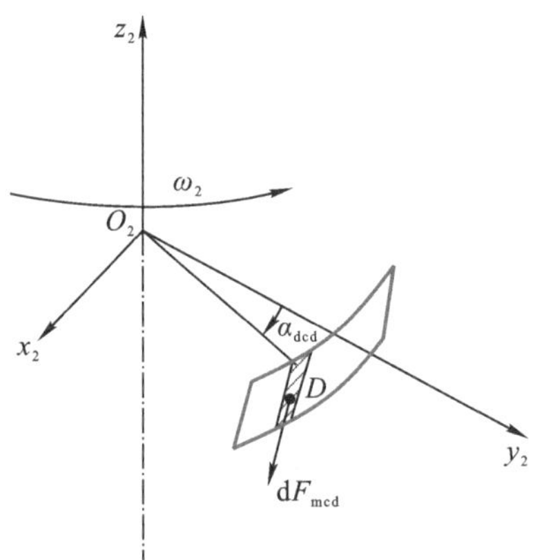

图 7-17　齿顶液膜与齿顶之间的摩擦力计算模型

$$v_{dcd} = \sqrt{(\omega_2 R_2)^2 + \{\omega_1[A - R_2\cos(\alpha_2 + \alpha_{dcd})]\}^2} \tag{7-43}$$

齿顶微元摩擦力在 x_2y_2 平面的分量对 z_2 轴形成的阻力矩为

$$dM_{cdmcsw} = \eta H_{sw} R_2^2 \frac{\omega_2 R_2}{\rho_{cd}} d\alpha_{dcd} \tag{7-44}$$

当星轮齿转角 α_2 在$(-\alpha'', \alpha_1-\delta)$范围内，上式在 $\alpha_{dcd} \in [-\delta, \delta]$范围积分，便得齿顶微元摩擦力对星轮形成的阻力矩；当星轮齿转角 α_2 在$(\alpha_1-\delta, \alpha_1+\delta)$范围时，齿顶部分区域已经脱离螺杆齿槽，上式在 $\alpha_{dcd} \in [-\delta, \alpha_1-\alpha_2]$范围积分，便得齿顶微元摩擦力对星轮形成的阻力矩，即

$$M_{cdmcsw}(\alpha_2) = \begin{cases} 2\eta H_{sw} R_2^2 \dfrac{\omega_2 R_2}{\rho_{cd}} \delta & -\alpha'' < \alpha_2 < \alpha_1 - \delta \\ \eta H_{sw} R_2^2 \dfrac{\omega_2 R_2}{\rho_{cd}} (\alpha_1 - \alpha_2 + \delta) & \alpha_1 - \delta \leqslant \alpha_2 \leqslant \alpha_1 + \delta \\ 0 & \alpha_2 \leqslant -\alpha'' \text{ 或 } \alpha_2 > \alpha_1 + \delta \end{cases} \tag{7-45}$$

齿顶微元摩擦力在 z_2 轴方向分量分别对 y_2 和 x_2 轴形成的弯矩可表示为

$$\begin{cases} dM_{cdmcwswy2} = -\eta H_{sw} R_2^2 \dfrac{\omega_1[A - R_2\cos(\alpha_2 + \alpha_{dcd})]}{\rho_{cd}} \cos\alpha_{dcd} d\alpha_{dcd} \\ dM_{cdmcwswx2} = -\eta H_{sw} R_2^2 \dfrac{\omega_1[A - R_2\cos(\alpha_2 + \alpha_{dcd})]}{\rho_{cd}} \sin\alpha_{dcd} d\alpha_{dcd} \end{cases} \tag{7-46}$$

按照矢量变换的原则，将式(7-46)积分后通过坐标变换至 S_1 坐标系便获得图 7-6 所示各弯矩。需要注意的是，积分的上、下限与式(7-45)相同，即角 $\alpha_2 \in (-\alpha'', \alpha_1-\delta)$时，$\alpha_{dcd} \in [-\delta, \delta]$；$\alpha_2 \in (\alpha_1-\delta, \alpha_1+\delta)$时，$\alpha_{dcd} \in [-\delta, \alpha_1-\alpha_2]$。

齿顶微元摩擦力在 z_2 轴方向分量的合力为

$$F_{cdmcsw}(\alpha_2) = \begin{cases} H_{sw} R_2 \dfrac{\omega_1}{\rho_{cd}} [2A\delta - R_2\sin(\alpha_2+\delta) + R_2\sin(\alpha_2-\delta)] & -\alpha'' < \alpha_2 < \alpha_1 - \delta \\ H_{sw} R_2 \dfrac{\omega_1}{\rho_{cd}} [A(\alpha_1 - \alpha_2 + \delta) - R_2\sin\alpha_1 + R_2\sin(\alpha_2-\delta)] & \alpha_1 - \delta \leqslant \alpha_2 \leqslant \alpha_1 + \delta \\ 0 & \alpha_2 \leqslant -\alpha'' \text{ 或 } \alpha_2 > \alpha_1 + \delta \end{cases} \tag{7-47}$$

2)基于 N-S 方程的齿顶液膜作用力计算

齿顶液膜作用力计算时采用的方程与上一节齿侧液膜作用力的方程相同，区别在于微元的选取。

参考图 7-17，在齿顶沿着星轮与螺杆相对速度的方向建立微元，沿相对速度的方向布置 x 轴，沿着星轮半径方向求得齿顶型面与槽底型面之间的间隙分布 $h(x)$，如图 7-18 所示。代入式(7-33)便可获得齿顶的液膜压力分布。由于齿顶不同位置处星轮和槽底的相对速度有微小变化，上述计算过程中可以用齿顶对称点的相对速度作为齿顶所有位置的相对速度，引起的误差极小。同样，$h(x)$的求解和齿顶与槽底的型面设计有关，不再详述。

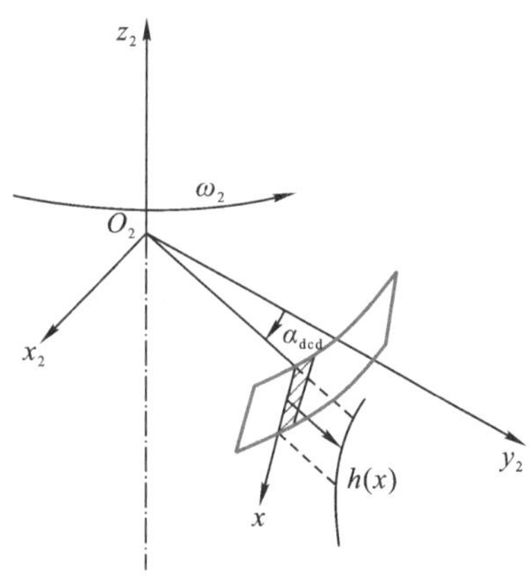

图 7-18　齿顶液膜作用力计算微元

当星轮齿宽 b 与 y_2 轴对称分布时，将求得的压力作用于微元面积上投影至 y_2 轴，沿齿宽方向积分相加便获得了齿顶液膜对星轮轴的作用力 $F_{cdymsw}(\alpha_2)$。若不对称，只需首先确定齿宽 b 的对称位置所在的方向，在沿着该方向投影、积分可得齿顶液膜对星轮轴的作用力，具体计算过程不再赘述。

液膜对齿顶摩擦力的计算模型与式(7-42)所规定的形式相同，但需将其间隙 ρ_{cd} 更换为 $h(x)$，且需在 x 方向选取微元 D，对每一个微元建立摩擦力方程，即

$$dF_{mcd} = \eta \frac{v_{dcd}}{h(x)} dA_D \tag{7-48}$$

其中，dA_D 为沿着 x 方向取的一个计算微元的面积。获得微元摩擦力后，分别在 x 方向和齿宽(星轮圆周)方向积分，便可求得齿顶液膜的摩擦力。当然，参考式(7-39)，同样可以用雷诺方程计算获得的速度梯度代替 $v_{dcd}/h(x)$进行计算，具体过程不再赘述。

8. 轴承受力

根据式(7-9)和式(7-10)计算轴承受力。设星轮轴上、下轴承在轴上的作用位置如图 7-19 所示，上端轴承距离中性面的距离为 L_u，下端轴承距离中性面的距离为 L_d。

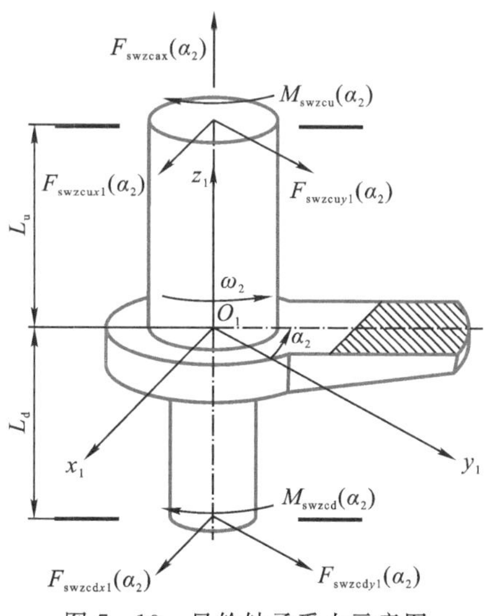

图 7-19　星轮轴承受力示意图

轴承对星轮体的轴向作用力为

$$F_{\mathrm{swzcax}}(\alpha_2)=F_{\mathrm{swz1}}(\alpha_2) \tag{7-49}$$

上端轴承对星轮体的径向作用力为

$$\begin{cases}F_{\mathrm{swzcuy1}}(\alpha_2)=\dfrac{M_{\mathrm{swx1}}(\alpha_2)}{L_{\mathrm{u}}+L_{\mathrm{d}}}+\dfrac{L_{\mathrm{d}}}{L_{\mathrm{u}}+L_{\mathrm{d}}}F_{\mathrm{swy1}}(\alpha_2)\\[2ex] F_{\mathrm{swzcux1}}(\alpha_2)=-\dfrac{M_{\mathrm{swy1}}(\alpha_2)}{L_{\mathrm{u}}+L_{\mathrm{d}}}+\dfrac{L_{\mathrm{d}}}{L_{\mathrm{u}}+L_{\mathrm{d}}}F_{\mathrm{swx1}}(\alpha_2)\\[2ex] F_{\mathrm{swzcu}}(\alpha_2)=\sqrt{[F_{\mathrm{swzcuy1}}(\alpha_2)]^2+[F_{\mathrm{swzcux1}}(\alpha_2)]^2}\\[2ex] \alpha_{\mathrm{swzcu}}(\alpha_2)=\arctan\left[\dfrac{-F_{\mathrm{swzcux1}}(\alpha_2)}{F_{\mathrm{swzcuy1}}(\alpha_2)}\right]\end{cases} \tag{7-50}$$

式中：上端轴承作用力的方向角 α_{swzcu}是力与 y_1 轴的角，与星轮齿转角的方向定义一致。

下端轴承对星轮体的径向作用力为

$$\begin{cases}F_{\mathrm{swzcdy1}}(\alpha_2)=-\dfrac{M_{\mathrm{swx1}}(\alpha_2)}{L_{\mathrm{u}}+L_{\mathrm{d}}}+\dfrac{L_{\mathrm{u}}}{L_{\mathrm{u}}+L_{\mathrm{d}}}F_{\mathrm{swy1}}(\alpha_2)\\[2ex] F_{\mathrm{swzcdx1}}(\alpha_2)=\dfrac{M_{\mathrm{swy1}}(\alpha_2)}{L_{\mathrm{u}}+L_{\mathrm{d}}}+\dfrac{L_{u}}{L_{\mathrm{u}}+L_{\mathrm{d}}}F_{\mathrm{swx1}}(\alpha_2)\\[2ex] F_{\mathrm{swzcd}}(\alpha_2)=\sqrt{[F_{\mathrm{swzcdy1}}(\alpha_2)]^2+[F_{\mathrm{swzcdx1}}(\alpha_2)]^2}\\[2ex] \alpha_{\mathrm{swzcd}}(\alpha_2)=\arctan\left[\dfrac{-F_{\mathrm{swzcdx1}}(\alpha_2)}{F_{\mathrm{swzcdy1}}(\alpha_2)}\right]\end{cases} \tag{7-51}$$

根据轴承受到的径向力和轴向力，计算轴承的摩擦阻力矩。轴承的摩擦阻力矩与轴承的类型、润滑介质、安装方式及工作条件等因素有关，较为复杂，很难精确计算。本书尝试总结轴承摩擦阻力矩的基本计算方法，并期待未来有工程技术人员能继续完善这方面的工作。

单螺杆压缩机星轮的轴承可分为滑动轴承和滚动轴承两类。

1)滑动轴承摩擦阻力矩

滑动轴承可分为动压润滑轴承和静压润滑轴承。

对于动压润滑轴承，假设润滑介质为牛顿流体，且轴承间隙内的流动为层流时，根据流体动压润滑微分方程计算摩擦阻力矩。

径向轴承轴颈上的摩擦阻力矩为

$$M_{\mathrm{swjzcm}}=\int_{-B/2}^{B/2}\int_{\varphi_{\mathrm{a}}}^{\varphi_{\mathrm{b}}}\left(\eta\frac{r\omega}{h}+\frac{h}{2r}\frac{\partial p}{\partial\varphi}\right)r^2\mathrm{d}\varphi\mathrm{d}z \tag{7-52}$$

式中：B 为轴承宽度；φ_{a} 和 φ_{b} 分别为轴瓦的起始及终止处的角度；h 为液膜厚度；r 为轴颈半径；ω 为轴颈角速度；η 为润滑流体动力黏度。

推力轴承推力盘上的摩擦力矩可表示为

$$M_{\mathrm{swtzcm}}=N\int_{r_{\mathrm{in}}}^{r_{\mathrm{out}}}\int_{\varphi_{\mathrm{a}}}^{\varphi_{\mathrm{b}}}\left(\eta\frac{r\omega}{h}+\frac{h}{2r}\frac{\partial p}{\partial\varphi}\right)r^2\mathrm{d}\varphi\mathrm{d}r \tag{7-53}$$

式中：N 为推力轴承的瓦块数；r_{in}和 r_{out}分别为推力瓦块的内半径和外半径；φ_{a} 和 φ_{b} 分别为推力瓦块的起始、终止处的角度。

对于无限宽径向轴承(宽径比 $B/D>2$，D 为轴承内径)，有

$$M_{\mathrm{swjzcm}}=(F_{\mu}+F')r \tag{7-54}$$

式中：F_{μ} 为承载区的摩擦力；F'为非承载区的摩擦力，即

$$\begin{cases} F_{\mu} = \dfrac{\eta\omega}{\psi} \dfrac{BD}{2(1-\varepsilon^{2})^{1/2}[1+\varepsilon\cos(\beta_2-\pi)]}[\beta_2 - 4\varepsilon\beta_2\cos(\beta_2-\pi) - 3\varepsilon\sin(\beta_2-\pi)] \\ F' = \xi\pi\eta r\omega B/\psi \end{cases} \tag{7-55}$$

式中：ψ 为间隙比，$\psi=c/r$，其中 c 为轴承半径间隙，即轴颈不偏心时的间隙，$c=R-r$，其中 R 为轴承半径；ε 为偏心率，$\varepsilon=e/c$，其中 e 为轴颈的偏心距；β_2 参考图 7-20 取值。

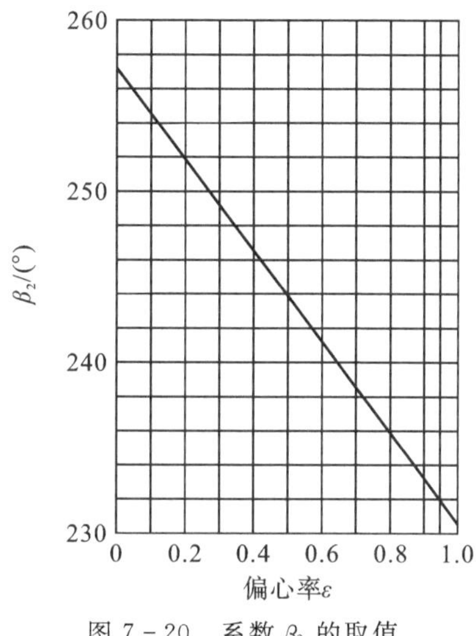

图 7-20　系数 β_2 的取值

系数 ξ 的取值与轴瓦包角 α 有关，当 $\alpha=120°$时，$\xi=4/3$；当 $\alpha=180°$时，$\xi=1$；当 $\alpha=360°$时，ξ 见图 7-21。

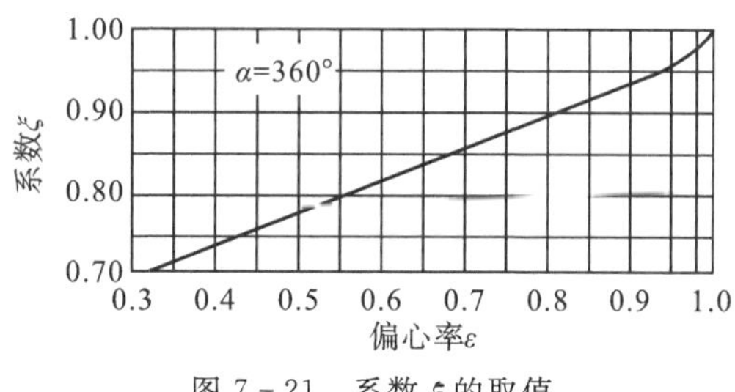

图 7-21　系数 ξ 的取值

若 $B/D<0.4$，则近似将径向轴承看作无限窄轴承，式(7-55)可转变为

$$\begin{cases} F_{\mu} = \dfrac{\eta\omega}{\psi} \dfrac{\pi BD}{2(1-\varepsilon^{2})^{1/2}} \\ F' = \dfrac{1}{1+\varepsilon}F_{\mu} \end{cases} \tag{7-56}$$

推力轴承则有平面瓦、斜-平面瓦、阶梯瓦和可倾瓦等形式。以斜-平面瓦推力轴承为例，其摩擦阻力矩可用如下经验公式计算：

$$M_{\mathrm{swtzcm}} = \frac{4.55\beta D_{\mathrm{m}} F}{\pi B} \tag{7-57}$$

式中：F 为轴向载荷；B 为推力瓦的径向宽度；D_{m} 为推力瓦的径向平均直径；β 为瓦块坡高，即进出口的落差。

工程中也可以考虑采用摩擦因数计算摩擦阻力矩，即

$$M_{\mathrm{swdzcm}} = \mu F r_{\mathrm{m}} \tag{7-58}$$

式中：F 为由式(7－49)～式(7－51)计算获得的轴向力或轴承径向力。对径向轴承 r_{m} 为轴颈半径，对推力轴承可取 $r_{\mathrm{m}}=(r_{\mathrm{in}}+r_{\mathrm{out}})/2$。上式摩擦因数 μ 与轴承类型、轴承间隙、润滑介质和工作温度等条件有关，可查阅相关文献、实验测试或通过轴承供应商获得。

以上计算均为固定瓦轴承，其他情况需查阅机械设计手册或相关文献。

对静压润滑轴承，摩擦阻力矩可用下式计算：

$$M_{\mathrm{swjzcm}} = \frac{\eta v A_{\mu} r_{\mathrm{c}}}{c} \tag{7-59}$$

式中：v 为润滑面平均线速度；A_{μ} 为摩擦面积，低速取封液面积，高速可取封液面积再加 20%～25%的液腔面积。当然也可以通过流场计算获得摩擦阻力矩，较为复杂，此处不再叙述。

2)滚动轴承摩擦阻力矩

滚动轴承的摩擦包括轴承部件之间的滚动摩擦和滑动摩擦，与轴承的类型、尺寸、载荷、转速、润滑介质和密封等因素有关。SKF(斯凯孚)建议的轴承摩擦力矩计算模型包括了滚动摩擦、滑动摩擦、密封的摩擦和其他损失四部分。较为简单的计算模型可表示为

$$M_{\mathrm{gzcm}} = \mu F d/2 \tag{7-60}$$

式中：F 为轴承载荷；d 为轴承内径；μ 为轴承摩擦因数。当轴承当量动载荷 $P\approx 0.1C$(C 为基本额定动载荷)、转速 $n\approx 0.5n_1$(n_1 为极限转速)、润滑充足、运转正常的情况下，摩擦因数 μ 的取值见表 7－1。对于主要承受径向载荷的向心轴承，μ 取较小值；对主要承受轴向载荷的向心轴承，μ 取较大值；对推力轴承，μ 值变化范围大。一般轴承载荷大，转速高，润滑油量多，μ 值大。

表 7－1 滚动轴承的摩擦因数 μ

轴承类型	μ	轴承类型	μ	轴承类型	μ
深沟球轴承	0.0015～0.0022	滚针轴承(满针)	0.0025～0.0040	单列圆锥滚子轴承	0.0018～0.0028
调心球轴承	0.0010～0.0018	滚针轴承(有保持架)	0.0020～0.0040	单向推力球轴承	0.0013～0.0020
单列圆柱滚子轴承	0.0011～0.0022	角接触球轴承	0.0018～0.0025	单向推力调心滚子轴承	0.0018～0.0030
调心滚子轴承	0.0018～0.0025				

本节滑动轴承和滚动轴承阻力矩的计算主要参考了《机械设计手册 2》(第五版)和《机械设计手册·第 2 卷》(新版)，有需要的读者可查阅相关文献进一步了解。

一些轴承供应商也公布了轴承的摩擦阻力矩计算方法，特别是采用润滑脂滚动轴承，建议采用相应品牌商公布的计算模型进行计算，或通过轴承供应商获得，不再赘述。

9. 星轮体旋转不均匀度评价

若工作过程中星轮齿与螺杆齿槽面不发生直接接触，星轮的旋转运动由下述作用力决定，

即星轮齿侧液膜对星轮形成的旋转力矩(动力矩)、星轮齿侧和齿顶液膜对星轮的摩擦阻力矩、轴承与机械密封等部件的摩擦阻力矩。星轮体旋转不均匀度评价的目标是避免星轮齿与螺杆齿槽的直接接触,从而提高星轮的寿命。

显然,因气体力和星轮齿与螺杆齿槽之间的相对速度随星轮转角变化,上述力矩均随星轮转角周期性变化。

为避免星轮齿与螺杆齿槽直接接触,理想状态下星轮的旋转按照固定的转速比(齿槽数比)跟随螺杆旋转。实际螺杆的转速与压缩气体所需电机的驱动力矩有关,显然是波动的。因此,理想的星轮转速跟随螺杆转速同步波动。

若转子的转动惯量为 J,动力矩为 M_d,阻力矩为 M_d',有

$$M_d - M_d' = J\varepsilon \tag{7-61}$$

式中:ε 为转子的瞬时角加速度。根据上式可计算星轮和螺杆的转速及转速波动。

星轮转速的波动(与螺杆转速的相对波动),会引起星轮齿前、后侧液膜厚度波动,即使星轮准确地进行转速波动还需要考虑齿侧液膜的拉伸和挤压对星轮的阻尼。本章动力计算尚未考虑液膜的阻尼作用,也较为复杂。

但从气体力的角度看,气体力处于最大的位置时,螺杆旋转阻力矩和星轮阻力矩都处于最大的位置,理论上两者本身就具有一定的跟随性。因此,本节给出了近似的星轮体旋转不均匀度分析方法,通过控制星轮体的旋转不均匀度实现型面优化。所定义的旋转不均匀度 δ 表示瞬时角速度偏离平均角速度值,即

$$\delta(\alpha) = \frac{\omega(\alpha) - \omega_m}{\omega_m} \tag{7-62}$$

式中:α 表示螺杆或星轮转角;ω 表示角速度;ω_m 为平均角速度。

考虑到螺杆组件的转动惯量比星轮体的转动惯量大得多,且两者的转速比为 P(齿数比),可以近似认为星轮体的旋转不均匀度与齿数比等比例小于螺杆的转速不均匀度时,星轮齿直接与螺杆齿槽发生接触的概率较低,从而避免星轮齿磨损,即

$$\delta_{sw} < \frac{\delta_{sr}}{P} \tag{7-63}$$

式中:δ_{sw} 为星轮体的旋转不均匀度;δ_{sr} 为螺杆组件的旋转不均匀度。

假设螺杆和星轮转速均匀,星轮齿前、后侧油膜厚度相等且维持不变,在此条件下可根据式(7-10)计算星轮旋转的动力矩和阻力矩的合力矩。若星轮起始转角为 $-\alpha_1$,并假设起始位置星轮体的角速度为平均角速度(这一假设并不影响速度的波动值),考虑到星轮体和螺杆组件的转动惯量不变,可对式(7-61)积分,在获得任意星轮转角 α_2 的情况下,星轮体的瞬时旋转不均匀度可近似表示为

$$\delta_{sw}(\alpha) = \frac{\int_{-\alpha_1}^{\alpha} M_{swz1}(\alpha)\mathrm{d}\alpha}{J_{sw}\omega_m^2} \tag{7-64}$$

型面优化的目标即在满足式(7-63)的基础上,寻找使式(7-64)的绝对值的平均值达最小的型面参数。

7.2　螺杆受力

螺杆受力包括螺杆齿槽与星轮齿侧之间的作用力,螺杆外缘与机壳之间的作用力,轴承与

螺杆轴之间的作用力，螺杆进排气端压差对螺杆产生的轴向作用力，压缩气体对螺杆的作用力，以及螺杆组件的重力。轴承和机械密封组件对螺杆轴的作用力计算原理与上节相同，不再详述分析计算过程。星轮齿侧与螺杆齿槽之间的作用力，引用上一节的计算结果即可，本节不再细述分析计算过程。接下来按照螺杆槽数为偶数和奇数分别介绍螺杆受力。

本节螺杆受力分析的主要目的是计算螺杆轴承的受力和螺杆的转动阻力矩，从而合理选择轴承及开展螺杆组件转动不均匀度评价。在小型压缩机或中高压工况下，还可以作为受力条件分析螺杆组件的刚度和强度是否满足设计要求。

1. 偶数齿槽螺杆的受力

因螺杆齿槽数为偶数，压缩腔的位置对于螺杆轴呈轴对称分布，如第1章所述，螺杆上的两侧压缩腔的径向气体力相互抵消，自动平衡。

螺杆外缘与机壳(即气缸内表面)之间的作用力比较复杂。因存在气体泄漏，螺杆外缘与机壳之间的间隙内是两相流体，目前还没有准确的结论描述其两相流的分布，也很难计算其对螺杆的作用力。对偶数齿槽螺杆，可以近似认为螺杆外缘与机壳之间的作用力也是对称分布的，其径向作用力相互抵消平衡。因此，螺杆外缘与机壳之间只考虑周向的摩擦阻力 $M_{wymcsr}(\alpha_2)$，假设螺杆外缘与机壳之间的润滑液为牛顿流体，则可按照速度差参考齿顶和齿侧液膜摩擦力的计算方法计算该摩擦阻力，如式(7-16)所示。相比较而言，此处摩擦阻力的计算更为简单，不再赘述具体计算过程。

不计入自动平衡的受力，偶数齿槽螺杆的受力如图7-22所示。为方便对星轮体和螺杆进行同步受力分析，螺杆受力计算的参考角度仍然采用星轮齿转角。考虑到受力情况复杂，图中各项受力和力矩标记均在下文逐一介绍。

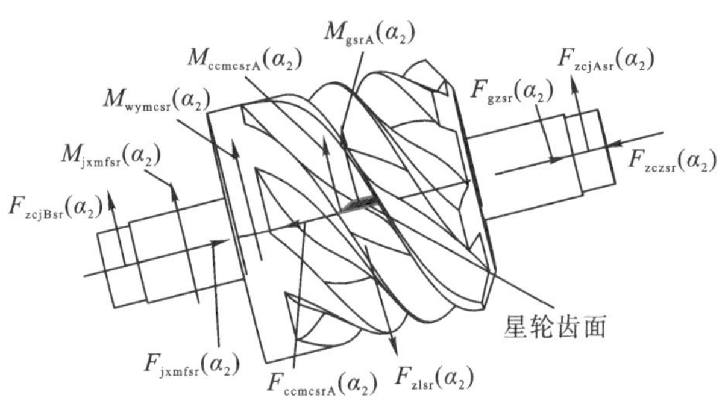

图7-22　偶数齿槽螺杆受力简图

1)星轮齿对螺杆齿槽的作用力

由于一对星轮齿与螺杆呈对称分布，且同步进入压缩、排气工作过程，星轮齿对螺杆齿槽的作用力是成对产生的，用A、B予以区分。图7-22中只表示了其中一个星轮A的星轮齿对齿槽的作用力。对螺杆进行总受力分析时，只需将这部分作用力翻倍即可。

考虑到星轮齿侧与螺杆齿槽之间的摩擦力是一对作用力与反作用力，只需在计算星轮齿侧受到的摩擦力时计算其反作用力即可，即齿侧与齿槽侧面之间摩擦力的周向力矩 $M_{ccmcsrA}(\alpha_2)$ 和轴向分力 $F_{ccmcsrA}(\alpha_2)$。

齿侧与齿槽之间还存在液膜的压力，考虑到齿顶、齿侧与齿槽之间的作用面积在螺杆轴向投影是前后重叠的，可认为这部分作用力也是相互抵消平衡的。

这样星轮齿对螺杆齿槽侧面的总摩擦力矩可表示为

$$M_{\mathrm{ccmcsr}}(\alpha_2) = 2[M_{\mathrm{ccmcsrA}}(\alpha_2) + M_{\mathrm{ccmcsr}}(\alpha_2 + \gamma) + M_{\mathrm{ccmcsr}}(\alpha_2 + 2\gamma)] \tag{7-65}$$

式中：γ 为螺杆齿槽的分度角。星轮齿对螺杆齿槽侧面的总轴向摩擦力可表示为

$$F_{\mathrm{ccmcsr}}(\alpha_2) = 2[F_{\mathrm{ccmcsrA}}(\alpha_2) + F_{\mathrm{ccmcsr}}(\alpha_2 + \gamma) + F_{\mathrm{ccmcsr}}(\alpha_2 + 2\gamma)] \tag{7-66}$$

因两个星轮同步进入工作过程，作用在星轮齿面的气体力对螺杆形成气体力力矩 $M_{\mathrm{gsrA}}(\alpha_2)$，螺杆受到的总气体力力矩可表示为

$$M_{\mathrm{gsr}}(\alpha_2) = 2[M_{\mathrm{gsrA}}(\alpha_2) + M_{\mathrm{gsrA}}(\alpha_2 + \gamma) + M_{\mathrm{gsrA}}(\alpha_2 + 2\gamma)] \tag{7-67}$$

2）星轮齿顶对螺杆齿槽的作用力

如式(7-42)所示，星轮齿顶与螺杆齿槽底部之间存在摩擦力，按照作用力与反作用力的原理，可将对星轮齿顶的摩擦力转换为对螺杆的轴向作用力和轴向摩擦力矩（考虑两个对称的星轮存在作用力的抵消），如图 7-23 所示（未在图 7-22 中标记）。

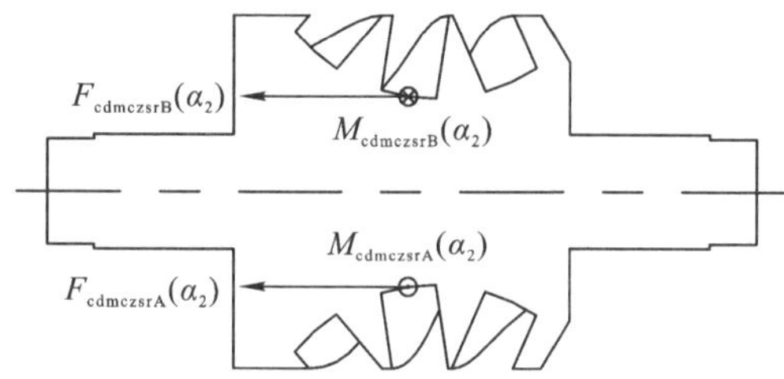

图 7-23　偶数齿槽螺杆与星轮齿顶之间的作用力

根据星轮齿顶受力分析，按照作用力与反作用力的原理，计算获得齿顶对螺杆齿槽底摩擦力的轴向作用力 $F_{\mathrm{cdmczsrA}}(\alpha_2)$ 和摩擦力矩 $M_{\mathrm{cdmczsrA}}(\alpha_2)$，齿顶对螺杆齿槽的总轴向作用力和总摩擦力矩可表示为

$$M_{\mathrm{cdmcsr}}(\alpha_2) = 2[M_{\mathrm{cdmcsrA}}(\alpha_2) + M_{\mathrm{cdmcsr}}(\alpha_2 + \gamma) + M_{\mathrm{cdmcsr}}(\alpha_2 + 2\gamma)] \tag{7-68}$$

$$F_{\mathrm{cdmcsr}}(\alpha_2) = 2[F_{\mathrm{cdmcsrA}}(\alpha_2) + F_{\mathrm{cdmcsr}}(\alpha_2 + \gamma) + F_{\mathrm{cdmcsr}}(\alpha_2 + 2\gamma)] \tag{7-69}$$

3）偶数齿槽螺杆的受力和力矩平衡

单螺杆压缩机中通常在螺杆排气端的壳体上设置气流通道，将从排气端泄漏的介质引流至星轮室，从而使螺杆排气端面和进气端面的气体压力相同，从而消除螺杆的轴向气体力。但在高压比和小气量场景中，适当保持排气端面的压力，有助于减少泄漏量。此时，需要考虑螺杆受到的轴向气体力，即

$$F_{\mathrm{gzsr}} = \Delta p(A_{\mathrm{sr}} - A_{\mathrm{shaft}}) \tag{7-70}$$

式中：Δp 为排气端和进气端的压差，排气压力在 600～800 kPa 时，该压差一般在 50～100 kPa；A_{sr} 为螺杆截面积；A_{shaft} 为轴的截面积，进排气端轴径不同时，需要单独计算 A_{shaft}。

按照上一节的机械密封受力的计算方法获得螺杆轴机械密封部件的阻力矩 $M_{\mathrm{jxmfsr}}(\alpha_2)$ 和轴向力 $F_{\mathrm{jxmfsr}}(\alpha_2)$ 后，螺杆受到轴向力的合力（不包括轴承受力）为

$$F_{\mathrm{zsr}}(\alpha_2) = F_{\mathrm{gzsr}} + F_{\mathrm{cdmcsr}}(\alpha_2) + F_{\mathrm{ccmcsr}}(\alpha_2) + F_{\mathrm{jxmfsr}}(\alpha_2) \tag{7-71}$$

当螺杆轴竖直布置时，上式还需要增加螺杆组件的重力。一般螺杆采用水平布置的方式，此时螺杆的径向合力为螺杆的重力 F_{zlsr}。径向力的作用点在螺杆组件的质心，在计算轴承支反力时，需要将该径向力按照力矩平衡的原理转移至进、排气端轴承。根据上述结果，便可计算螺杆轴承的径向力 $F_{\mathrm{zcjBsr}}(\alpha_2)$，$F_{\mathrm{zcjAsr}}(\alpha_2)$ 和轴向力 $F_{\mathrm{zczsr}}(\alpha_2)$，以及轴承阻力矩 $M_{\mathrm{zcAsr}}(\alpha_2)$ 和

$M_{zcBsr}(\alpha_2)$（图 7 - 22 中未标记）。轴承阻力矩的具体计算方法参考上一节，不再赘述。

这样，不包括轴承阻力的总阻力矩为

$$M_{sr}(\alpha_2) = M_{gsr}(\alpha_2) + M_{ccmcsr}(\alpha_2) + M_{cdmcsr}(\alpha_2) + M_{wymcsr}(\alpha_2) + M_{jxmfsr}(\alpha_2) \quad (7-72)$$

将该阻力矩与轴承阻力矩合成后，就是式（7 - 61）中的螺杆转动总阻力矩 M'_d。根据电机的输出扭矩特征可以根据式（7 - 61）和式（7 - 62）评价螺杆组件的旋转不均匀度。

2. 奇数齿槽螺杆的受力

当螺杆齿槽数为奇数时，螺杆两侧压缩腔的位置不对称，压缩腔内的工作过程不同步。此时，螺杆上的两侧压缩腔的径向气体力相互不能抵消，螺杆外缘上的液膜压力自然也不能自动抵消。这是奇数齿槽螺杆与偶数齿槽螺杆受力分析最大的区别。

对星轮齿及齿顶对齿槽的作用力而言，需要分别计算两侧齿槽的受力后合成，不再是偶数齿槽中的双倍关系，但其作用力的计算方法是相同的。

考虑到其余受力分析的方法基本相同，本节仅对奇数齿槽螺杆的径向气体力和螺杆外缘液膜对螺杆的径向作用力分析作介绍。

以 5∶10 的齿数比为例，奇数齿槽螺杆径向受力的计算区域分布如图 7 - 24 所示。

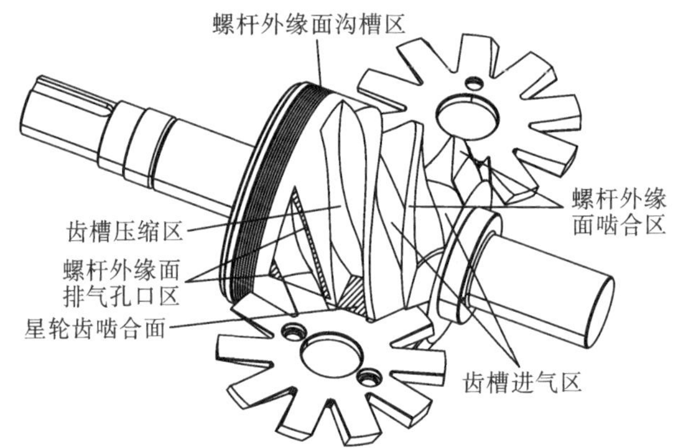

图 7 - 24　奇数齿槽螺杆径向受力计算区域分布

螺杆径向受力的计算区域需要分为螺杆齿槽区域、螺杆外缘面、星轮齿啮合面三类。其中，螺杆齿槽区域应分为齿槽压缩区和齿槽进气区，齿槽压缩区内的气体压力为压缩腔压力，进气区内的气体压力为进气压力。螺杆外缘面分为啮合区（见图 7 - 25）、沟槽区和排气孔口区。如前文所述，考虑离心力的作用，一般假设啮合区螺杆外缘面与机壳内壁面之间充满润滑液，液膜的压力作用到螺杆外缘面啮合区表面对螺杆形成径向力；在螺杆外缘面的沟槽区，圆周方向的压力分布应该是相同的，对螺杆的作用力相互抵消平衡；在螺杆外缘面的排气孔口区，外缘面上的液膜或气体压力应当是排气压力。因星轮齿啮合面在螺杆空间内不是成对对称出现的，星轮齿啮合面上的气体压力对螺杆形成周向阻力矩和径向气体力。

需要说明的是，从封闭螺旋线向排气端方向，是螺杆外缘与机壳内壁面的啮合区，如图 7 - 25 所示。在啮合区外，无论是螺杆齿槽内还是螺杆外缘均为进气压力。若两侧的封闭螺旋线是对称的，这个区域的螺杆径向力是两侧相互抵消的。但在封闭螺旋线不对称时（包括上一节偶数齿槽螺杆和本节奇数齿槽螺杆，两侧星轮的压缩腔的压力不同时，如单个螺杆的两个星轮对应的压缩腔分为两级压缩），就需要考虑啮合区外的螺杆径向受力计算了。本书推荐径向力

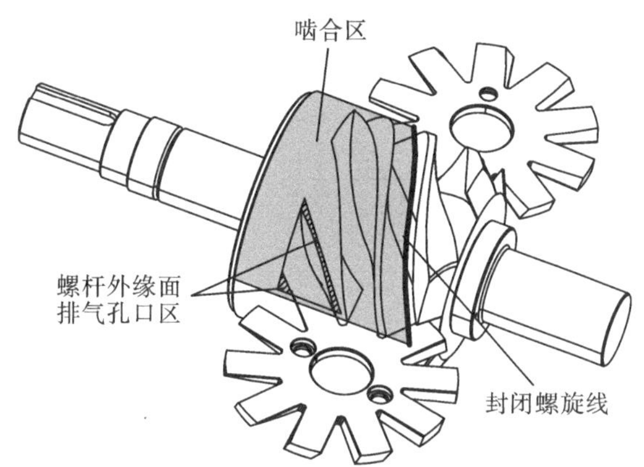

图 7－25　螺杆外缘的啮合区

计算过程不区分啮合区内外，但采用不同的边界条件，即啮合区外齿槽内的压力和螺杆外缘面的液膜压力均设定为进气压力。这样，本书的算法不受封闭螺旋线是否对称的限制，均适用。

接下来，按照上述三类区域计算螺杆的径向受力。

1）螺杆齿槽区域的径向气体力

对单个齿槽区域，进气区域和压缩区域的径向气体力计算方式是相同的，只是腔内气体压力不同，可采用同一算式计算。

径向气体力受力只需考虑气体压力作用的投影面积上的受力即可，即螺杆齿槽外缘圆柱面上的气体受力即为径向气体力。如图 7－26 所示，将齿槽外缘沿着圆柱面展开，圆周方向标记为 s 轴（零点在一侧星轮的分割面上），螺杆轴向标记为 z 轴（零点在螺杆轴和星轮轴的垂线上），在齿槽区域选取一计算微元计算径向受力后，积分获得径向受力。

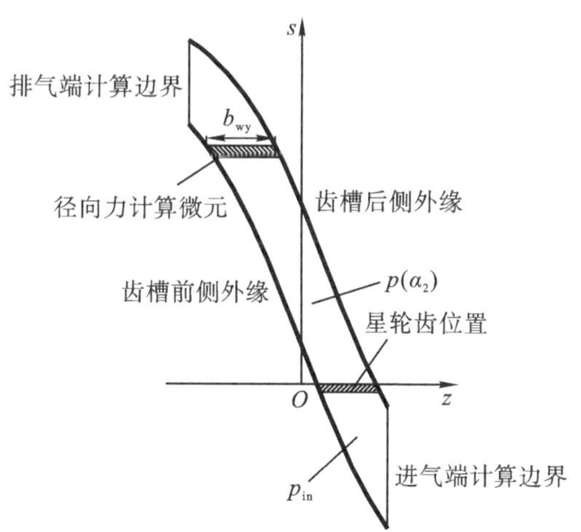

图 7－26　齿槽区域径向气体力计算微元

因齿槽数为奇数，螺杆两侧的压缩腔工作过程不对称，须先确定一个基准齿槽，然后以此为基准确定所有齿槽的位置和腔内压力，便可对每个齿槽外缘区域受到的径向气体力进行计算。

如图 7－26 所示，若基准齿槽对应的星轮齿转角为 α_2，此时压缩腔内的气体压力为 $p(\alpha_2)$，齿槽进气腔内的压力为进气压力 p_{in}。齿槽外缘在圆柱面上投影的方程与啮合型面类型有关，可根据啮合原理求得。以直线包络型面为例，设与基准齿槽啮合的星轮齿转角为 α_2，基准齿槽的后侧外缘在圆柱面的展开线方程为

$$\begin{cases} z = (R_1' - A)\arctan(\alpha_2 + \alpha) + \dfrac{b}{2\cos(\alpha_2 + \alpha)} \\ s = R_1 \arcsin\left(\dfrac{h}{R_1}\right) + P\alpha R_1 \end{cases} \quad -\alpha'' - \alpha_2 \leqslant \alpha \leqslant \alpha_1 + \delta - \alpha_2 \tag{7-73}$$

其中

$$R_1' = \sqrt{R_1^2 - h^2}$$

式中：A 为中心距；R_1 为螺杆外缘半径；h 为包络直线所在平面高度；P 为齿数比；δ 为半齿宽角；α''为封闭角。在式(7－73)的基础上，将 α_2 用 $\alpha_2+\gamma_1$ 代替，就是前方齿槽后侧外缘在圆柱面的展开线方程，依次类推获得所有齿槽后侧外缘在圆柱面的展开线方程，γ_1 为螺杆齿槽的分度角，即 $\gamma_1 = 2\pi/z_1$。

基准齿槽的前侧外缘在圆柱面的展开线方程为

$$\begin{cases} z = (R_1' - A)\arctan(\alpha_2 + \alpha) - \dfrac{b}{2\cos(\alpha_2 + \alpha)} \\ s = R_1 \arcsin\left(\dfrac{h}{R_1}\right) + P\alpha R_1 \end{cases} \quad -\alpha'' - \alpha_2 - 2\delta \leqslant \alpha \leqslant \alpha_1 - \delta - \alpha_2 \tag{7-74}$$

以图 7－26 所示的基准齿槽为例，径向力计算微元的左侧边界为齿槽前侧外缘和排气端计算边界，右侧边界为齿槽后侧外缘和进气侧计算边界。以直线包络型面为例，微元的螺杆轴向宽度 b_{wy}为

$$b_{wy}(\alpha) = \begin{cases} (R_1' - A)\arctan(\alpha_2 + \alpha) + \dfrac{b}{2\cos(\alpha_2 + \alpha)} - (R_1' - A)\arctan(\alpha_1) & \alpha_1 - \delta - \alpha_2 < \alpha \leqslant \alpha_1 + \delta - \alpha_2 \\ \dfrac{b}{\cos(\alpha_2 + \alpha)} & -\alpha'' - \alpha_2 \leqslant \alpha \leqslant \alpha_1 - \delta - \alpha_2 \\ (A - R_1')\arctan(\alpha'') - (R_1' - A)\arctan(\alpha_2 + \alpha) + \dfrac{b}{2\cos(\alpha_2 + \alpha)} & -\alpha'' - \alpha_2 - 2\delta \leqslant \alpha < -\alpha'' - \alpha_2 \end{cases} \tag{7-75}$$

故微元轴向宽度中心的 z_{wy}坐标为

$$z_{wy}(\alpha) = \begin{cases} \dfrac{(R_1' - A)\arctan(\alpha_2 + \alpha) + \dfrac{b}{2\cos(\alpha_2 + \alpha)} + (R_1' - A)\arctan(\alpha_1)}{2} & \alpha_1 - \delta - \alpha_2 < \alpha \leqslant \alpha_1 + \delta - \alpha_2 \\ (R_1' - A)\arctan(\alpha_2 + \alpha) & -\alpha'' - \alpha_2 \leqslant \alpha \leqslant \alpha_1 - \delta - \alpha_2 \\ \dfrac{(A - R_1')\arctan(\alpha'') + (R_1' - A)\arctan(\alpha_2 + \alpha) - \dfrac{b}{2\cos(\alpha_2 + \alpha)}}{2} & -\alpha'' - \alpha_2 - 2\delta \leqslant \alpha < -\alpha'' - \alpha_2 \end{cases} \tag{7-76}$$

在微元的轴向宽度中心位置作螺杆轴的截面，该截面内微元上的径向气体力 $\mathrm{d}F_{ccgr}(\alpha)$如图 7－27 所示。

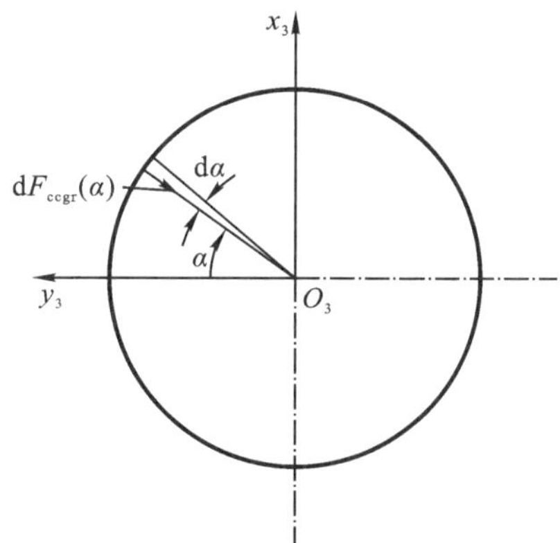

图 7 - 27　齿槽区域微元上径向气体力的方向

可知，微元上的径向气体力为

$$\mathrm{d}F_{\mathrm{ccgr}}(\alpha) = p_{\mathrm{cc}}(\alpha) R_1 b_{\mathrm{wy}}(\alpha) \mathrm{d}\alpha \tag{7-77}$$

其中，$p_{\mathrm{cc}}(\alpha)$为齿槽内的压力，即

$$p_{\mathrm{cc}}(\alpha) = \begin{cases} p(\alpha_2) \\ s = R_1 \arcsin\left(\dfrac{h}{R_1}\right) + P\alpha R_1 \end{cases} \quad -\alpha'' - \alpha_2 - 2\delta \leqslant \alpha \leqslant \alpha_1 - \delta - \alpha_2$$

将微元上的径向气体力分解到螺杆坐标系的 x_3 和 y_3 轴方向，有

$$\begin{cases} \mathrm{d}F_{\mathrm{ccgr}x3}(\alpha) = -\sin(\alpha) \mathrm{d}F_{\mathrm{ccgr}}(\alpha) \\ \mathrm{d}F_{\mathrm{ccgr}y3}(\alpha) = -\cos(\alpha) \mathrm{d}F_{\mathrm{ccgr}}(\alpha) \end{cases} \tag{7-78}$$

齿槽区域计算微元在螺杆上的位置如图 7 - 28 所示。若以 s 轴所在位置为基准，螺杆进气端轴承中心与基准的距离为 L_{B}，排气端轴承中心与基准的距离为 L_{A}，可进一步将微元上的径向气体力转移到两端轴承，即

$$\begin{cases} \mathrm{d}F_{\mathrm{ccgr}x3\mathrm{A}}(\alpha) = \mathrm{d}F_{\mathrm{ccgr}x3}(\alpha) \dfrac{L_{\mathrm{B}} - z_{\mathrm{wy}}(\alpha)}{L_{\mathrm{A}} + L_{\mathrm{B}}} \\ \mathrm{d}F_{\mathrm{ccgr}x3\mathrm{B}}(\alpha) = \mathrm{d}F_{\mathrm{ccgr}x3}(\alpha) \dfrac{L_{\mathrm{A}} + z_{\mathrm{wy}}(\alpha)}{L_{\mathrm{A}} + L_{\mathrm{B}}} \end{cases} \tag{7-79}$$

和

$$\begin{cases} \mathrm{d}F_{\mathrm{ccgr}y3\mathrm{A}}(\alpha) = \mathrm{d}F_{\mathrm{ccgr}y3}(\alpha) \dfrac{L_{\mathrm{B}} - z_{\mathrm{wy}}(\alpha)}{L_{\mathrm{A}} + L_{\mathrm{B}}} \\ \mathrm{d}F_{\mathrm{ccgr}y3\mathrm{B}}(\alpha) = \mathrm{d}F_{\mathrm{ccgr}y3}(\alpha) \dfrac{L_{\mathrm{A}} + z_{\mathrm{wy}}(\alpha)}{L_{\mathrm{A}} + L_{\mathrm{B}}} \end{cases} \tag{7-80}$$

对式(7 - 79)和式(7 - 80)按照下式积分便获得进排气端轴承上受到的齿槽区域的径向气体力：

$$F = \int_{-\alpha'' - \alpha_2 - 2\delta}^{\alpha_1 + \delta - \alpha_2} \mathrm{d}F(\alpha) \tag{7-81}$$

上述计算以基准齿槽为例，对前方齿槽只需将 α_2 用 $\alpha_2 + \gamma$ 代替，重复相同的计算过程便获得了进排气端轴承受到的该齿槽区域的径向气体力在 x_3 和 y_3 方向的分力。依此类推获得所有齿槽的齿槽区域径向气体力在轴承上 x_3 和 y_3 方向的分力。合成后便获得轴承受到的齿槽区域的径向气体力合力。

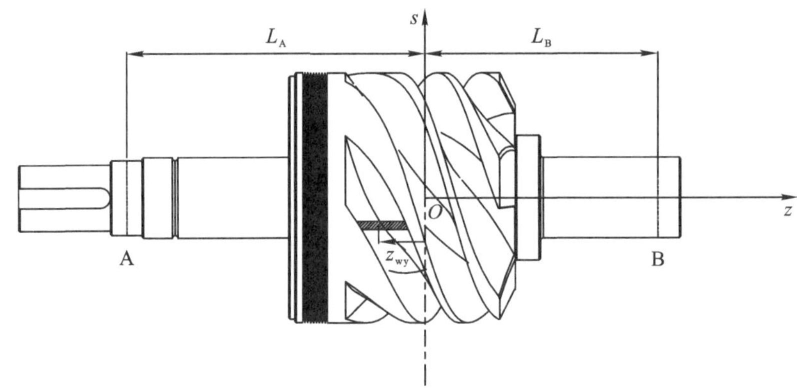

图 7-28　齿槽区域计算微元在螺杆上的位置

2)螺杆外缘面上的径向力

如图 7-23 所示,螺杆外缘面的沟槽区前后的圆柱段,可近似认为径向力前后抵消平衡。螺杆齿外缘面与气缸内壁面之间的压力分为三个区域的边界条件:啮合区从螺杆齿槽进入封闭螺旋线区域后,螺杆外缘面上的压力采用液膜压力;进入排气孔口区域后,可认为螺杆外缘面上的气体压力均为排气压力;在其余非啮合区,螺杆齿外缘面上的压力均为进气压力。

螺杆外缘面上的径向力的计算过程与齿槽区域的径向气体力相同,本节不再详述具体计算过程。但径向力计算的微元选取、液膜压力和边界条件的设置不同,在此作一介绍。

首先考虑槽螺杆做旋转运动,螺杆外缘面径向力计算的微元沿着螺杆的圆周方向选取,同样需要在螺杆外缘的圆柱展开面上进行计算,微元的步长方向为螺杆轴向(z 方向),微元的宽度方向为圆周方向(s 方向),如图 7-29 所示。

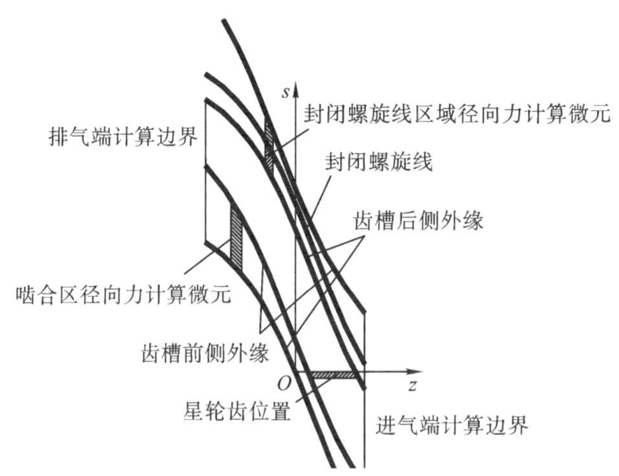

图 7-29　螺杆外缘径向力计算微元

在啮合区域内,微元的宽度可以按照式(7-73)和式(7-74)螺杆齿槽前侧和后侧外缘的方程,在给定微元位置求取。螺杆齿外缘经过封闭螺旋线时,螺杆外缘径向力计算的微元需要分为两部分,一部分位于啮合区内,微元内的压力是液膜压力;另一部分位于啮合区外,微元内的压力为进气压力。此时微元的两部分的宽度可结合式(7-73)和式(7-74),根据封闭螺旋线的方程求取。当螺杆外缘进入排气孔口区时，采用类似的方法处理。

微元内液膜的压力计算比齿侧液膜的压力计算更为简单，可以设定微元的厚度是不变的，均为螺杆外缘与气缸内壁之间的间隙。若采用简化的 N-S 方程，即式(7－31)计算，只需将其中的液膜厚度 h 值设为前述间隙的定值即可。

其液膜压力计算的边界条件可以参考式(7－32)的形式，出口和入口为前侧和后侧齿槽腔内的气体压力，只需区分是否处于啮合区内，从而采用压缩腔内压力 $p(\alpha_2)$ 或进气压力 p_{in}。

考虑到其计算过程与齿槽区域内径向力计算过程相同，液膜压力则与齿侧液膜压力的计算方法相同，此处不再详细介绍具体计算过程。

3)星轮齿啮合面上的气体力

因为两侧压缩腔工作过程不对称，星轮齿啮合面(啮入齿槽区域的面)上的气体力对螺杆形成阻力矩的同时，产生径向力。

以直线包络型面、基准齿槽的星轮齿啮合面为例，星轮齿啮合面上气体力计算的微元选取如图 7－30 所示。微元的选取与齿槽容积计算和星轮体气体力计算中微元的选取方式相同。

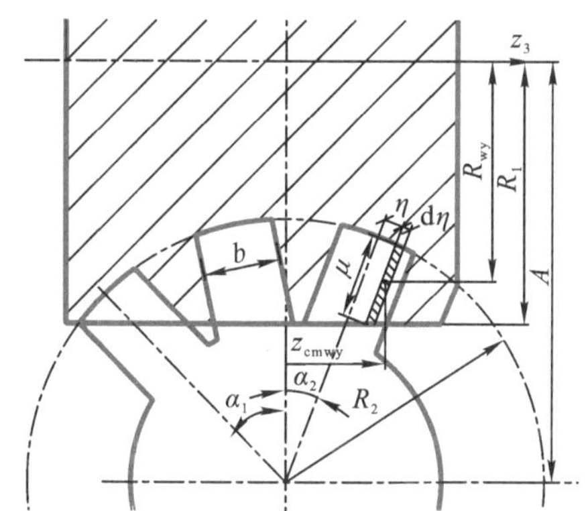

图 7－30　星轮齿啮合面上的气体力计算微元

如本书第 4 章所述，设齿宽为 b，当星轮齿转角为 α_2 时，在其齿面取一平行于星轮齿的长方形微元面积，设微元的宽度为 $\mathrm{d}\eta$，且微元距离星轮齿对称线的距离为 η，可根据几何关系求得此时微元的长度 μ 为

$$\mu = \sqrt{R_2^2 - \eta^2} - \eta\tan\alpha_2 - \frac{A - R_1}{\cos\alpha_2} \tag{7-82}$$

该微元受到的气体力的大小为

$$\mathrm{d}F_{cm} = [p(\alpha_2) - p_{in}]\mu\mathrm{d}\eta \tag{7-83}$$

与容积流量计算方法相同，按照星轮齿前侧是否开始脱离齿槽，分为两阶段计算星轮齿啮合面上的合气体力：

$$F_{cm} = \begin{cases} \int_{-\frac{b}{2}}^{\frac{b}{2}} [p(\alpha_2) - p_{in}]\mu\mathrm{d}\eta & -\alpha'' \leqslant \alpha_2 < \alpha_1 - \delta \\ \int_{-\frac{b}{2}}^{R_2\sin(\alpha_1-\alpha_2)} [p(\alpha_2) - p_{in}]\mu\mathrm{d}\eta & \alpha_1 - \delta \leqslant \alpha_2 \leqslant \alpha_1 + \delta \end{cases} \tag{7-84}$$

在该微元区域内，气体力的作用点在微元的中心，其位置可用 z_3 方向的坐标和螺杆上的半径值表示，即

$$
\begin{cases}
z_{\mathrm{cmwy}} = -\dfrac{(A-R_1)}{2}\tan\alpha_2 - \dfrac{\eta}{2\cos\alpha_2} - \dfrac{\eta}{2}\cos\alpha_2 - \dfrac{\sqrt{R_2^2-\eta^2}}{2}\sin\alpha_2 \\
R_{\mathrm{wy}} = R_1 - \dfrac{\sqrt{R_2^2-\eta^2}\cos\alpha_2 - \eta\sin\alpha_2 - (A-R_1)}{2}
\end{cases}
\tag{7-85}
$$

结合图 7-27,若基准齿槽的星轮齿啮合面的气体力的方向为 x_3 轴的正方向,另一侧星轮齿啮合面的气体力方向为 x_3 轴的负方向。根据图 7-28,将式(7-83)所示的微元力转移至进排气端轴承:

$$
\begin{cases}
\mathrm{d}F_{\mathrm{cm}x3\mathrm{A}}(\eta) = \mathrm{d}F_{\mathrm{cm}}\dfrac{L_{\mathrm{B}} - z_{\mathrm{cmwy}}}{L_{\mathrm{A}} + L_{\mathrm{B}}} \\
\mathrm{d}F_{\mathrm{cm}y3\mathrm{B}}(\eta) = \mathrm{d}F_{\mathrm{cm}}\dfrac{L_{\mathrm{A}} + z_{\mathrm{cmwy}}}{L_{\mathrm{A}} + L_{\mathrm{B}}}
\end{cases}
\tag{7-86}
$$

按照式(7-84)规定的角度范围对上式积分,便可获得给定 α_2 角度下,基元齿槽中星轮齿啮合面上在进、排气端轴承的径向气体分力;α_2 增减一个分度角便可获得前后齿啮合面上的气体力;需要注意,另一侧的气体力方向为 $-x_3$ 方向。

基准齿槽的星轮齿啮合面上气体力对螺杆形成的阻力矩为

$$
\mathrm{d}M_{\mathrm{cm}}(\eta) = R_{\mathrm{wy}}\mathrm{d}F_{\mathrm{cm}} \tag{7-87}
$$

对上式积分便求得该星轮齿啮合面上对螺杆形成的阻力矩。注意两侧星轮齿形成的阻力矩方向是相同的,总阻力矩是所有处于啮合状态下星轮齿啮合面上气体力对螺杆阻力矩的合力矩。

结合前文内容,将所有径向受力转移到进排气端轴承后获得轴承上的总径向力和轴向力。

以 5∶9 的奇数齿槽螺杆径向受力分析为例(容积流量 0.4 $\mathrm{m^3/min}$,排气压力 1 MPa),其进气端轴承上的受力特征如图 7-31 所示。

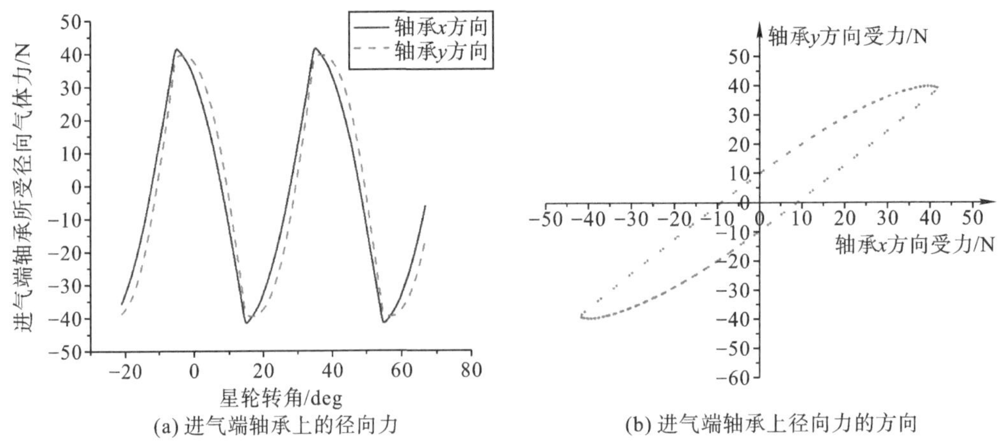

(a) 进气端轴承上的径向力　　(b) 进气端轴承上径向力的方向

图 7-31　奇数齿槽螺杆的径向受力特征

对于奇数齿槽螺杆,因两侧压缩腔工作不同步,两侧星轮的阻力矩不叠加,螺杆总阻力矩的波动幅度变小。如图 2-1 所示,将齿数比从 6∶11 调整为 5∶9 后,阻力矩的波动幅度降低 51%左右。

第 8 章　主要零部件的设计与选型

单螺杆压缩机主机的主要零部件包括机壳、螺杆组件、星轮组件、轴承、轴封与机械密封及滑阀等。滑阀已在第 4 章介绍，本章不再赘述。

8.1　机壳

机壳是单螺杆压缩机的基础零件，为螺杆、星轮的安装提供了定位基准，决定了它们相互位置的精度。机壳承受内外压差，其内腔起着气缸的作用，故与螺杆配合的圆柱端也称为气缸。

机壳与螺杆外缘、星轮承压面之间存在间隙，靠喷入液体进行密封，液体不断向低压区流动形成泄漏，这是单螺杆压缩机主要泄漏通道之一。

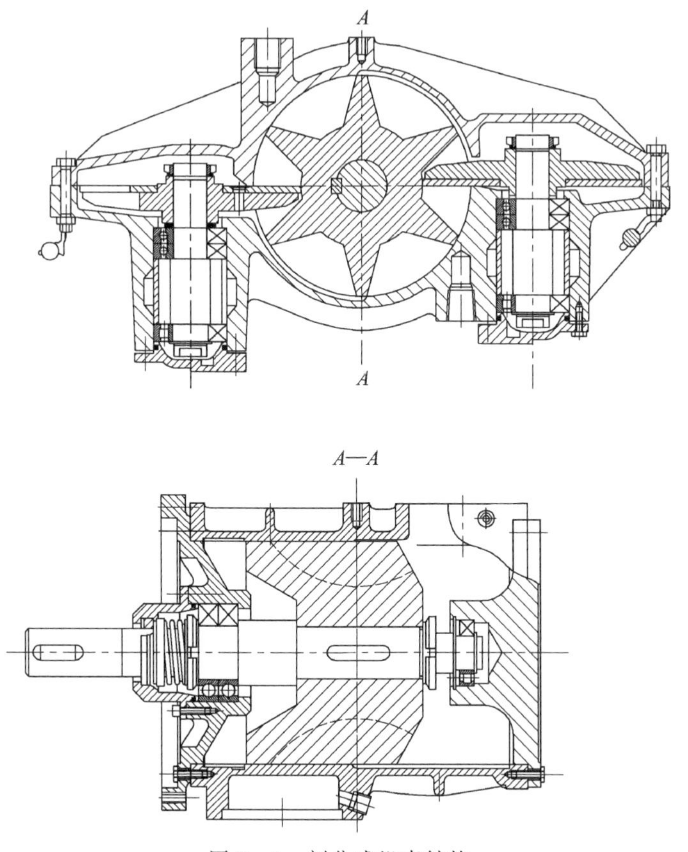

图 8－1　剖分式机壳结构

机壳的结构可分为剖分式和整体式两类。剖分式机壳见图 8－1，以通过螺杆轴线的水平面作为剖分面(也即分割面),将机壳分为上、下两半。这类机壳的优点是铸造、清砂、内部工作表面的加工及啮合副的装入均较方便,主要缺点是剖分面有一部分处于高压区域内,密封要求高,特别对于工艺压缩机和制冷压缩机,为了防止内部工质泄漏,往往需要采取特殊的密封措施。此外,调整好的啮合副之间及啮合副与气缸之间的间隙,由于每次拧紧剖分紧固螺钉的松紧程度不同而发生变化。因此,在每次打开机壳后,均需重新调整。目前剖分式的结构已不常见。

整体式机壳见图 8-2,它的前后侧开有圆形轴承座安装孔,后侧圆孔较大,装配好的螺杆组件由此装入;它的左右侧开有方形窗口,装配好的星轮组件由此斜向装入。安装星轮时,已装入机壳的螺杆要作适当转动,使星轮与之转入啮合状态。整体式机壳的排气通道通畅布置在气缸与机壳的外壁面之间,两侧压缩腔的排气汇合后排出机壳。啮合副、机械密封及轴承等部件所需的喷液通道可直接布置在机壳上,这样壳体上只需布置一个喷液入口即可。

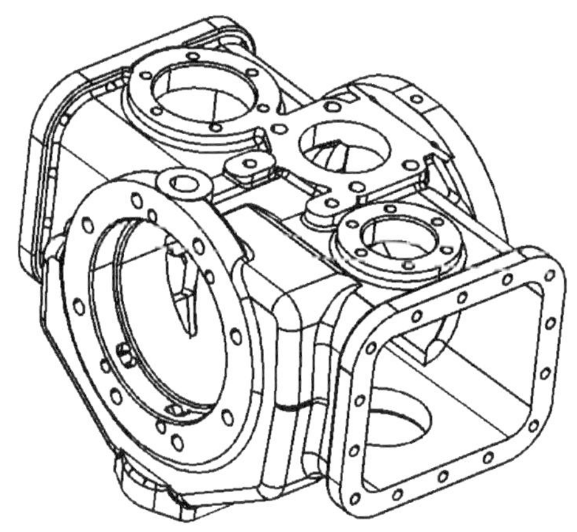

图 8-2　单螺杆空气压缩机的整体式机壳

整体式机壳的铸造难度较剖分式机壳高,特别是采用不锈钢为机壳材料时。但整体式机壳的优点也很明显:

(1)机壳构成一高压容器,整体强度高。

(2)所有连接都为端面连接,特别是由处于低压区的方形窗口代替了剖分面,密封性好。

(3)所有定位尺寸都在一个整体壳体上,加工精度容易得到保证,装配后间隙稳定。

(4)取下侧面方形端盖后,能清楚地观察到啮合副的工作情况,更换星轮或轴承时无需拆卸螺杆,不影响啮合副、主机及管路系统的安装定位,因而维修方便。

机壳材料通常采用灰铸铁,喷水压缩机的机壳因工质和工况不同,可采用铸造青铜、灰铸铁镀镍磷或不锈钢。目前市场上大部分的单螺杆压缩机都采用整体式机壳。

8.2　螺杆组件

螺杆的进气端设置一倒角,可以增大进气的流通面积,主要与封闭角(参见第 2 章)有关。在星轮齿与螺杆齿槽形成封闭容积之前,螺杆的齿槽段对压缩机的气量是没有贡献的,并可能增加摩擦、产生无效气体压缩、提高装配难度。将无效的齿槽段切除,就形成螺杆进气端的倒角。

排气端通常设置一圆柱段，以提高密封性，允许将机壳内螺杆排气端的轴向端面区域设计为进气压力区，减小螺杆的轴向力，如图 8-3 所示。考虑到在重力、装配精度的影响下，螺杆轴线会偏离机壳气缸的中心线，使螺杆外缘与气缸内壁面之间的间隙不均匀。当螺杆外缘与气缸内壁面之间充满润滑液体时，可能因为较高的相对速度产生较大的动压力；不均匀的间隙会给螺杆增加不平衡的径向力。因此，常在圆柱段上开设多个环形齿槽，以使圆柱段螺杆沿圆周方向的液膜压力分布均匀，并可以产生一定的节流效应减少泄漏。

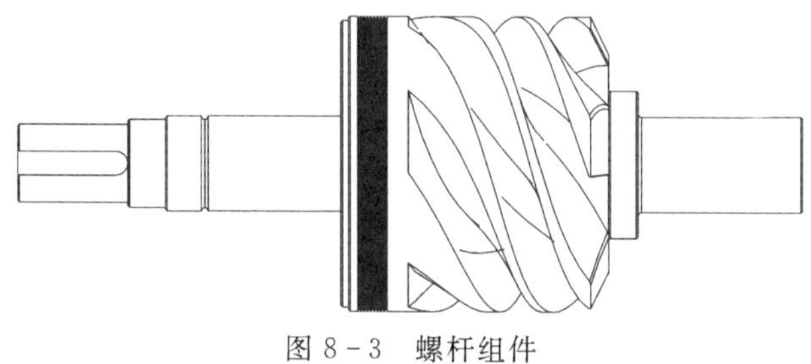

图 8-3　螺杆组件

螺杆与轴分为键连接和过盈连接两种方式。采用键连接的方式允许拆卸，但存在一定的装配误差。螺杆与轴过盈连接也有两种方式，一种是螺杆和轴分体加工，过盈配合装配，通常在制冷压缩机中采用；另一种是过盈装配后对轴和螺杆整体精加工，尺寸精度容易保证，但对机床要求高。

喷油压缩机的螺杆材料通常选用球墨铸铁，水润滑压缩机的螺杆则采用磷青铜或不锈钢。

8.3　星轮组件

星轮的根据结构主要分为整体式星轮、浮动式星轮和弹性星轮。

整体式星轮的星轮片和支架制成一体，它们可以是同一材料，也可以在金属支架上模压一层塑料，或在星轮支架上设置燕尾槽，星轮片材料则直接通过“铸造”的方式与支架嵌为一体。近年来，一些厂家普遍采用分体制造、整体安装的方式，星轮片与支架之间采用多个螺钉紧固。整体式星轮结构简单，但星轮片与支架之间没有弹性，星轮片与螺杆齿槽发生接触时，星轮整体的惯性大，容易引起星轮片磨损。

浮动式星轮的结构如图 8-4 所示，星轮片 2 和支架 4 由一个带有 O 形橡胶圈 1 的销钉 3 连接。因浮动星轮的星轮片与支架之间的 O 形橡胶圈有弹性，星轮片可相对于支架有微小的转动。由于制造误差和装配误差的存在，星轮会在啮合过程中受到加速或减速。采用浮动星轮后，仅星轮片产生加速或减速，由于它的质量小，惯性小，使星轮齿与螺杆齿槽之间的作用力减小，从而减少磨损。特别是在压缩机启动阶段，星轮齿与螺杆齿槽之间的润滑油膜尚未建立，星轮受到螺杆的冲击而获得速度，采用浮动式星轮可缓解这种冲击而提高星轮寿命。

研究指出，螺杆、星轮啮合处(即图 5-3 中泄漏通道 2、通道 4)产生的泄漏，约占总泄漏量的 40%。螺杆和星轮几何形状复杂、材料不同，制造和装配误差，以及不均匀的热膨胀将使啮合副之间的间隙偏离设计值，使通过其间的泄漏量难以控制。弹性星轮设计试图解决这个问题。如图 8-5 所示，弹性星轮的每一个齿都做成单独的弹性镶嵌齿，每个镶嵌齿包括固定块 2、活动块 1 和固定块尾部的弹簧 3。固定块底部有两个销子，其中大销 4 将固定块固定在金属

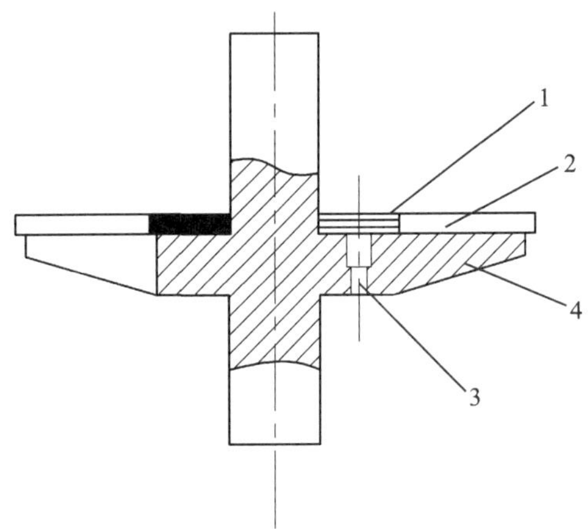

1—橡胶圈;2—星轮片;3—销钉;4—支架。

图 8-4　浮动星轮

支架 6 上,小销 5 用于固定块对中。活动块有一部分被固定块盖住(见图 8-6),防止它抬起来,固定块和活动块装在支架上,构成星轮的前、后侧工作面。

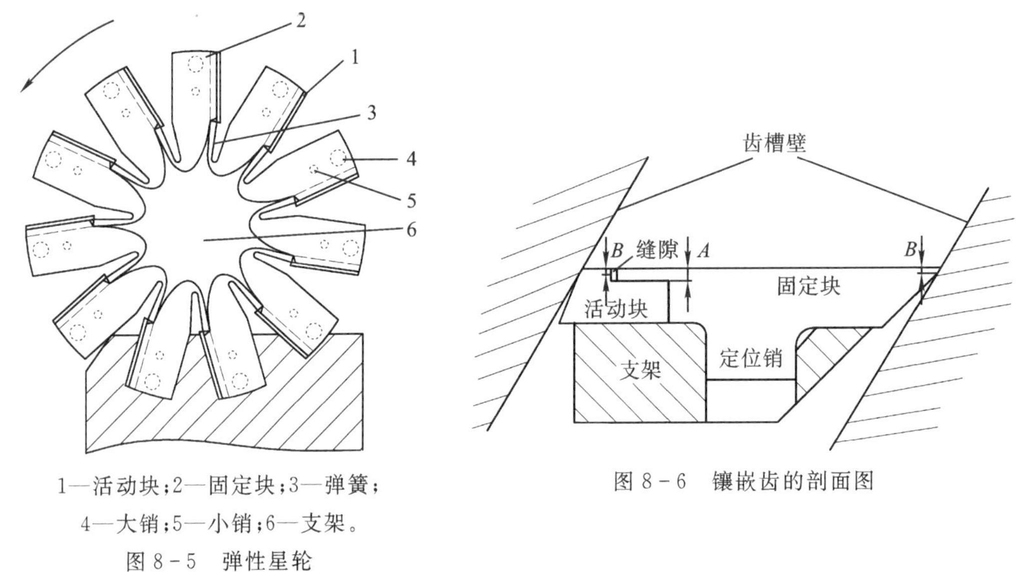

1—活动块;2—固定块;3—弹簧;
4—大销;5—小销;6—支架。

图 8-5　弹性星轮

图 8-6　镶嵌齿的剖面图

镶嵌齿的密封作用与活塞环相似。起密封作用的力有三个:弹簧力、离心力和气体压力。固定块尾部的弹簧与活动块衔接,并以一定的推力将活动块推向齿槽壁。离心力不一定起密封作用。若活动块的重心通过弹簧中心线及星轮回转中心,则离心力被平衡掉;若重心在弹簧中心线前面,则离心力将活动块压向齿槽壁。如图 8-6 所示,活动块与固定块间有一缝隙,当缝隙深度 A 大于密封线(接触线)深度 B 时,齿槽内的气体力对活动块产生的推力,大于气体通过齿槽壁泄漏所产生的反力,因而获得可靠的密封推力,并随着齿槽内气体压力的变化而自动调整,但缝隙 A 将增加啮合副的泄漏。弹性星轮的主要缺点是结构复杂,制造困难。

星轮片常用工程塑料或纤维玻璃/环氧层压材料,也可在铸钢件外表面模压一层尼龙或酚醛树脂。这些材料与铸铁配对时摩擦系数小,在短时间内不喷液的情况下也不会被损坏,其热导率要比金属小得多，且还有利于降低噪声。目前，市场上大部分的星轮片都采用 PEEK（聚醚醚酮）作为材料，它具有耐高温和耐磨自润滑特性。星轮支架的材料主要是球墨铸铁或不锈钢。

8.4　轴承

目前单螺杆压缩机螺杆和星轮的轴承主要采用滚动轴承，喷油润滑的压缩机采用油润滑滚动轴承，水润滑及特殊介质压缩机则可采用油脂润滑轴承。轴承的型号依据第 7 章载荷计算结果和设计寿命选取。一般地，偶数齿槽螺杆的轴承径向力载荷和轴向力载荷都很小；奇数齿槽螺杆轴承的径向力载荷稍大。但与双螺杆压缩机比较，单螺杆压缩机螺杆轴承的载荷较小，轴承寿命更长。一般地，星轮轴承的轴向力载荷是径向力载荷的 2～3 倍。

在喷油润滑的单螺杆压缩机中，常用一对角接触球轴承和深沟球轴承配合作为螺杆轴承使用，也可以采用圆柱滚子轴承代替深沟球轴承或采用调心球轴承代替角接触球轴承；星轮轴承可选用圆柱滚子轴承或深沟球轴承和一对角接触球轴承，有时亦选用一对圆锥滚子轴承代替角接触球轴承。轴承选取时，应结合啮合副的设计间隙考虑轴承的径向、轴向游隙。

对于不喷油的单螺杆压缩机，各轴承用油脂或专用油泵供油，并用磁性密封盖防护或采用轴封将其隔离。喷水的单螺杆空气压缩机，需采用轴封或机械密封将螺杆轴承与机壳内腔隔离。星轮轴承则可采用喷水滑动轴承，也可采用陶瓷轴承。图 8－7 所示为星轮轴的喷水轴承，它由镀铬动圈和碳/石墨静圈组成。经过冷却、过滤的循环水，由轴承进水口进入上、下两个轴承，从轴承流出的水一般进入机壳内腔体，进入压缩过程。这种轴承不需要密封，但应注意水的冷却和喷水量，以免轴承温度过高。

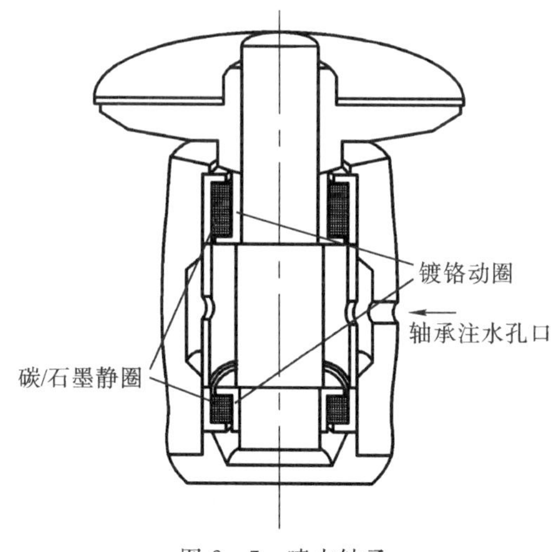

图 8－7　喷水轴承

在水润滑单螺杆空压机中，为减少机械密封，降低成本且保证一定的稳定性，可以采用一对油脂润滑的角接触球轴承和一个径向水润滑轴承的组合作为星轮轴承。

布置轴承时还应当考虑润滑油中的杂质、磨削不会在轴承中堆积减短轴承寿命。

8.5 轴封与机械密封

大部分喷水单螺杆空气压缩机因采用油润滑滚动轴承，在轴承与机壳内腔之间布置机械密封，通常采用单端面机械密封。星轮轴常用金属波纹管或橡胶波纹管机械密封(见图 7-8、8-10)，螺杆轴则还常采用其他多弹簧式机械密封，如图 8-8 所示。

开启式单螺杆压缩机螺杆轴的动力输入端，与机壳或端盖间的间隙，是压缩机外泄漏的主要部位。对于空气压缩机，一般采用带钢丝的密封环；对于密封要求高的制冷机，通常采用如图 8-9(a)、(b)所示的推进式和橡胶波纹管式机械密封。

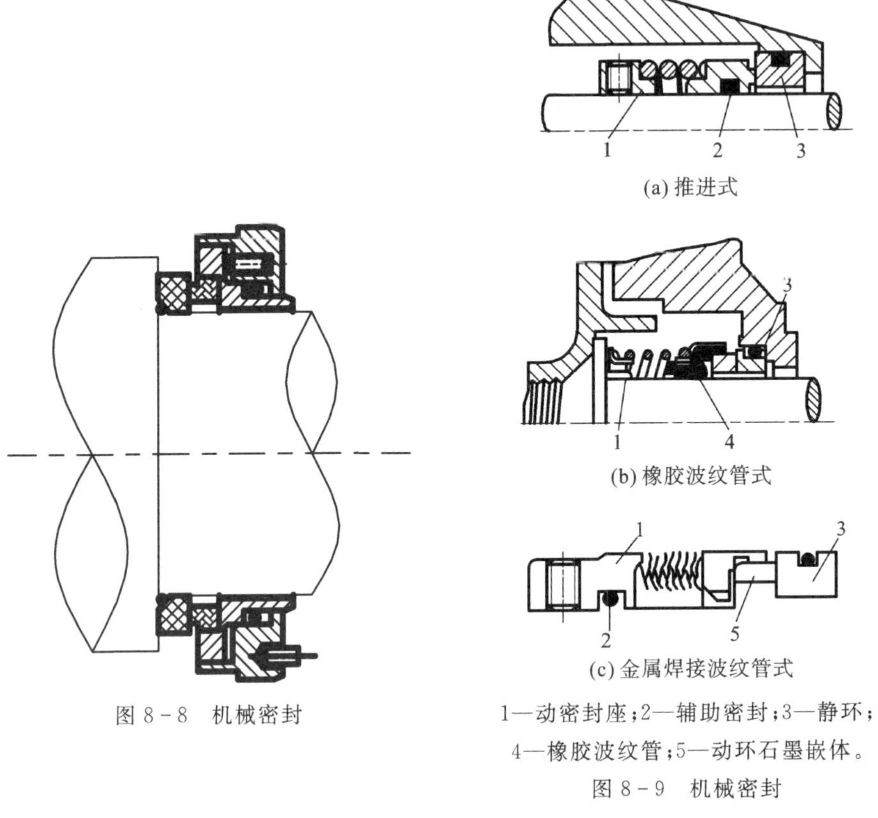

图 8-8 机械密封

(a) 推进式

(b) 橡胶波纹管式

(c) 金属焊接波纹管式

1—动密封座；2—辅助密封；3—静环；4—橡胶波纹管；5—动环石墨嵌体。

图 8-9 机械密封

它们在受到实际载荷、力和热的作用后，动环和静环端面产生微观变形，使密封恶化而失效。图 8-9(c)所示的金属焊接波纹管式机械密封，自用作制冷压缩机的轴封后，上述问题得以解决。这种密封靠波纹管的弹性给密封施加推力。其特点：①消除了动环下 O 形密封圈所产生的迟滞作用，使密封端面受力小而均匀，液力平衡性好；②波纹管的隔离作用，使轴免受侵蚀或微磨损，即使在边界润滑条件下，密封端面的磨损也很轻微，因而使用寿命长；③径向尺寸小，适用于现有的各种压缩机。图 8-10 为三种机械密封泄漏量与工作时间的关系曲线，说明金属波纹管具有很大优越性。

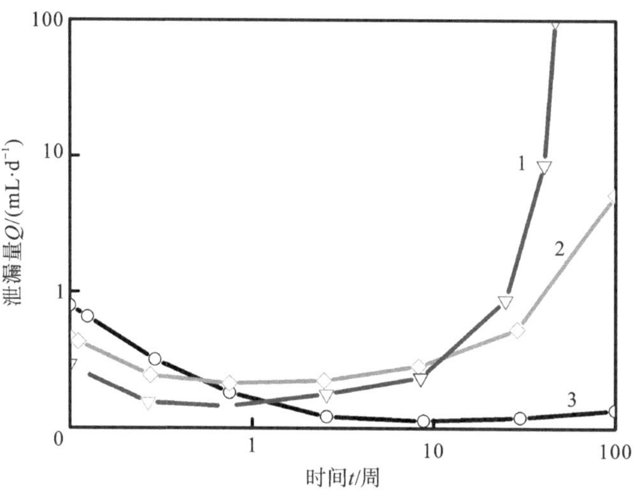

1—推进式；2—橡胶波纹管式；3—金属波纹管式。

图 8-10　三种机械密封的性能比较

第 9 章　主机结构与系统设计

单螺杆压缩机的主机通常有开启式和半封闭式两种结构，目前空气压缩机常设计为开启式，工艺压缩机和制冷压缩机有开启式和半封闭式两种。单螺杆压缩机因采用喷液润滑的方式，其系统与双螺杆压缩机类似。因此，本节不再详细介绍单螺杆压缩机的系统，仅介绍与双螺杆压缩机系统有区别及之前的资料少见之处。

9.1　单螺杆空气压缩机

早期单螺杆空气压缩机曾采用剖分式主机结构，如图 8－1 所示，目前普遍采用如图 8－2 所示的整体式结构。喷油润滑单螺杆空气压缩机主机的典型结构如图 9－1 所示，其螺杆星轮轴承均采用油润滑滚动轴承，在轴承与机壳内部腔体之间无须设置密封。这种压缩机两侧星轮组件及轴承座的结构对称，同名零件可互换。

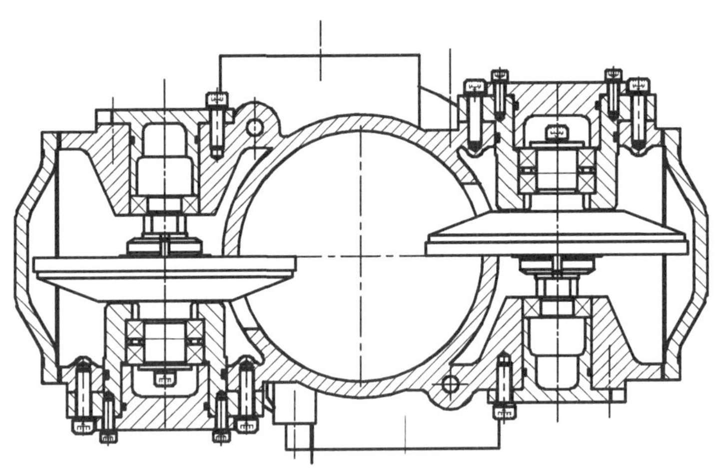

图 9－1　喷油润滑单螺杆空气压缩机主机

日本三井公司(Mitsui Seiki)生产的 ZW 系列水润滑单螺杆空气压缩机的主机结构如图 9－2 所示。机壳内零件必须做防腐处理，其机壳采用铸造青铜制造，螺杆采用铜作为材料，星轮片则使用聚醚醚酮。水润滑系统对主机的要求是必须将油(或油脂)润滑系统或部件与水、空气循环隔离开来。其螺杆轴承采用油润滑滚动轴承，轴承内侧设置有机械密封将轴承室隔离，避免循环水腐蚀轴承或润滑油污染循环水和空气。星轮轴承均采用防腐蚀的陶瓷滑动轴承，采用水润滑方式。因此，其星轮轴上无须布置机械密封。但为确保水润滑轴承的稳定性，需要向水润滑轴承供水。星轮轴两端轴承均采用水润滑轴承的优点在于避免了过多机械密封的使用，且两侧星轮组件及轴承座的结构对称，同名零件可互换。

水润滑单螺杆空气压缩机的星轮轴承也可采用油润滑的滚动轴承可以提高轴承的稳定

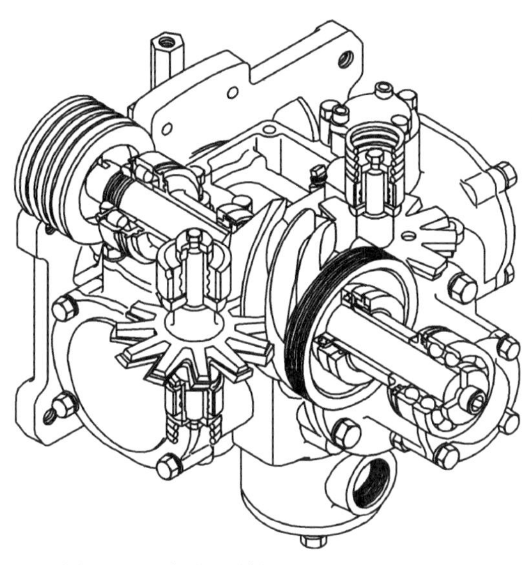

图 9-2　水润滑单螺杆空气压缩机主机

性，但会增加机械密封的使用，提高成本和结构的复杂性。目前国内已有厂家采用水润滑轴承和滚动轴承配合的方式，即螺杆和星轮轴的一端采用滚动轴承，实现轴向定位，并承受轴向和径向载荷；另一端采用水润滑轴承，仅起径向定位作用并只承受径向载荷，产品的稳定性良好。

在水润滑单螺杆空气压缩机中，若采用油润滑滚动轴承，在机械密封和轴承之间必须设置排水通道，将机械密封的泄漏水排出主机，一般依靠重力自动排水。因螺杆轴水平布置，螺杆轴机械密封的排水方案较容易实现。但是采用整体式机壳对星轮轴机械密封排水通道的设计提出了更高的要求。为使机械密封泄漏水能顺利排出主机，且不影响轴承，需要将星轮轴加长，将轴承布置在机壳外部。但星轮轴加长会使星轮的安装变得困难。目前普遍采用的解决方案是螺杆两侧星轮轴采用不对称设计（即两侧星轮轴不能互换），将向上一侧的星轮轴加长，确保上侧轴承位置较高，能采用依靠重力将机械密封泄漏水自动排出机壳；下侧星轮轴则更短，轴承位置向机壳内部移动，只需竖直向下开设排水通道即可实现自重排水。因此，这种主机星轮的四个轴承座尺寸也不同，不可互换。

单螺杆空气压缩机主机的另一个显著特点是可以将两侧压缩腔等的喷液通道设计到机壳壁厚内，整机只需一个喷液入口，通过机壳上的喷液通道分配至喷液孔口。

单螺杆空气压缩机主机一般不设置滑阀，通常采用进气节流或变频的方式调节气量。

9.2　单螺杆天然气压缩机

如图 9-3 所示为开启式喷油润滑单螺杆天然气压缩机的结构图。与空气压缩机相比，天然气压缩机的排气压力较高，一般减小星轮直径（稍小于螺杆直径）或星轮齿的啮入深度，以减小作用于星轮的气体力。这种压缩机采用滑阀进行容量调节，在韦尔特（Vilter）公司推出的单螺杆压缩机中已用双滑阀取代滑阀以提高压缩机的效率。

在（中）高压单螺杆压缩机中，星轮轴两端轴承间的距离一般较小，以减小气体力力矩在星轮轴承上形成的支反力。Vilter 公司采用了如图 9-4 的结构，即增大星轮轴受压端直径，将

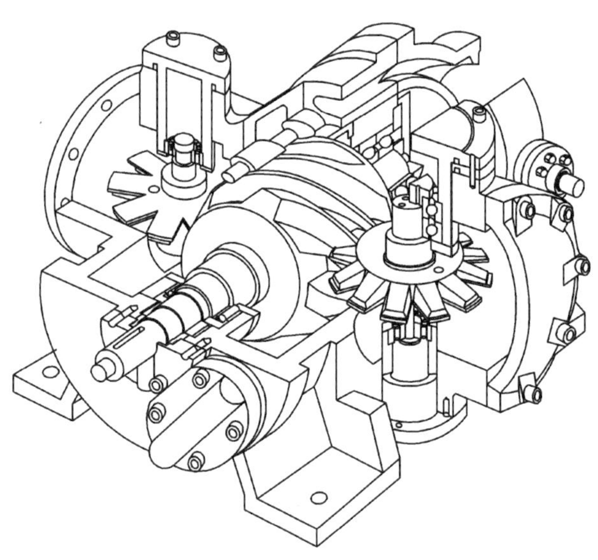

图 9-3　开启式喷油润滑单螺杆天然气压缩机主机

轴承外圈布置在星轮轴孔，轴承内圈布置在固定轴上，星轮承压端的大轴径可使星轮运动时的稳定性更好。这种布置方式亦可避免泄漏至星轮室的润滑油直接冲刷轴承，将磨削带入轴承间隙。

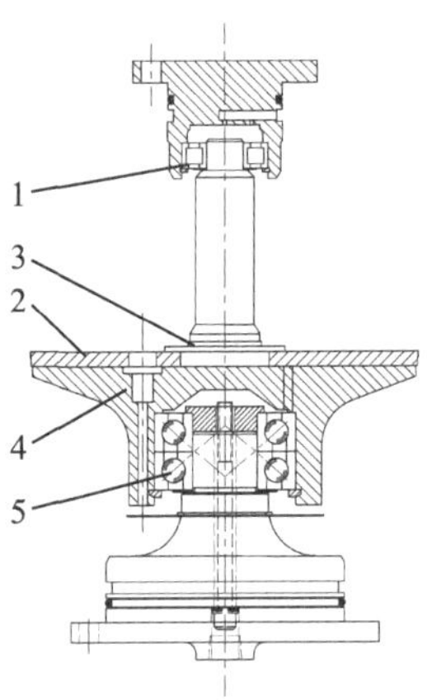

1—圆柱滚子轴承；2—垫片、挡圈；3—星轮片；4—支架；5—角接触球轴承。

图 9-4　星轮轴受压端采用大轴的轴承布置

单螺杆工艺气体压缩机也可以采用水润滑方式，主机结构与水润滑空气压缩机相似，但对机械密封的要求更高。根据压缩介质的易燃性和毒性，确定是否采用封闭式轴承座，即将机械密封的泄漏气或水封闭引出至专门的漏气回收口。

9.3　半封闭式单螺杆制冷压缩机

如图 9-5 所示，其主机结构与开启式制冷压缩机的结构相似，但主机一侧布置有电动机 10。电动机轴与螺杆轴为一体，主机左侧为油回收器 14，三部件由螺栓连接成一个整体。

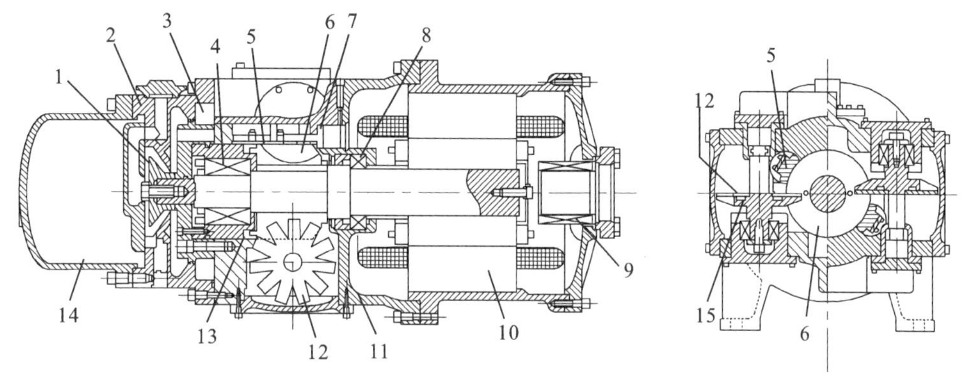

1—离心式经济器；2—经济器组件；3—排气腔；4—推力调心滚子轴承；5—滑阀；
6—螺杆；7—滑阀活塞；8—滚柱轴承；9—进气过滤器；10—电动机；11—主机机壳；
12—星轮；13—密封；14—油回收器；15—星轮支架。

图 9-5　半封闭单螺杆制冷机

来自蒸发器的制冷剂气体，通过进气过滤器 9、电动机 10 进入压缩机。被压缩气体经经济器组件 2 上的排气腔 3 排出。液体制冷剂由滑阀 5 上的小孔喷入压缩机工作容积内，另一部分液体制冷剂经制冷系统内的膨胀阀减压后成为气、液两相制冷剂，进入离心式经济器 1，分离出来的气体由补气口进入压缩腔，液体则经膨胀阀进入系统中的蒸发器。制冷液中含有少量润滑油，进入油回收器后，闪发成气体，溶解在油中的制冷剂在油回收器中加热而蒸发，积存在回收器中的油用来润滑各处轴承。

与单螺杆空气压缩机不同的是，单螺杆制冷压缩机一般都采用滑阀调节内容积比和容积流量。

9.4　单螺杆压缩机系统

单螺杆压缩机一般都采用喷液润滑，空气压缩机和工艺压缩机可分为油润滑和水润滑式两种，制冷压缩机则通常采用油润滑方式。采用不同润滑方式时，系统流程是不同的。图 9-6 为油润滑单螺杆空气压缩机系统的流程图。空气经吸气容量调节阀后进入压缩机主机。高压油气混合物经压缩机排气孔口排出后进入一级油气分离器粗分，粗分气体经二级油分离器去除残余润滑油，然后压缩机气体经最小压力阀与止回阀后，在后冷却器内冷却，再经干燥器干燥，供给用户。一般在压缩机排气口与一级油气分离器（储油桶）之间装有止回阀，防止回流。一级油气分离器的润滑油经冷却器冷却后进入油过滤器，去除杂质，通过电磁阀喷入主机。在油冷却器入口与出口间装有旁通管路和温度调节阀，当油温较低时，温度调节阀打开，润滑油不经过油冷却器，温度较高时，温度调节阀关闭，旁通管关闭。经二级油分离器分离出的润滑油经单相止回阀汇入润滑油循环。

在工艺压缩机中往往还需要设置从油分离器（储气罐）到压缩机入口的旁通回路，流量范围超过压缩机气量调节范围后通过旁通回路调节；设置漏气回收支路，将泄漏的介质引至漏气回收口或排放口。

水润滑单螺杆空气压缩机系统的流程比油系统简单，如图 9-7 所示。与油系统流程的区

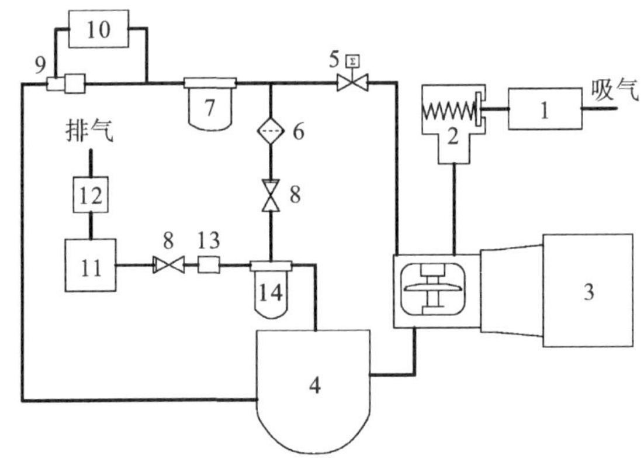

1—进气过滤器;2—吸气容量调节阀;3—压缩机;4—一级油气分离器;5—电磁阀;
6—过滤器;7—油过滤器;8—止回阀;9—温度调节器;10—油冷却器;
11—排气冷却器;12—干燥器;13—最小压力阀;14—二级油分离器。

图 9-6 油润滑单螺杆空气压缩机系统流程图

别在于,在水润滑系统中,压缩空气在一级水汽分离器后直接经过最小压力阀与止回阀,进入干燥器后供给用户;润滑水则在一级水汽分离器后经过冷却器、过滤器与电磁阀喷入主机;考虑到水的消耗与污染,需要定期换水,设置专门的排水、补水管路系统,并有水位传感器检测一级分离器内的水位,及时补水。

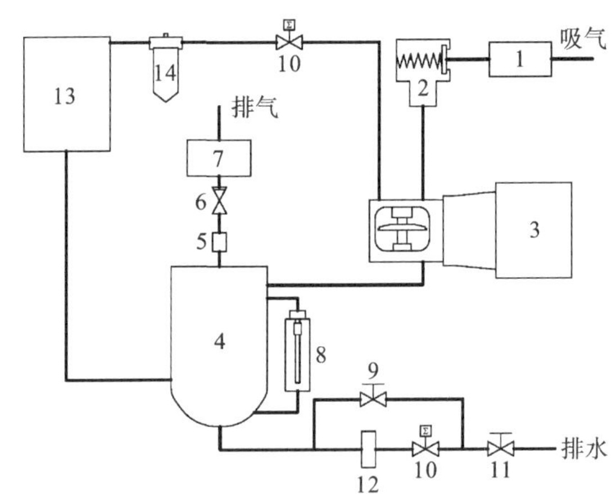

1—过滤器;2—吸气容量调节阀;3—压缩机;4—一级水气分离器;
5—最小压力阀;6—止回阀;7—排气干燥器;8—水位传感器;9—污水排放阀;
10—电磁阀;11—污水阀;12—滤网;13—油冷却器;14—油过滤器。

图 9-7 水润滑单螺杆空气压缩机系统流程图

对于两级压缩系统,可以采用一级和二级螺杆串联的方式。其优势是只需采用一个电机,成本降低;缺点是一级和二级螺杆串联的结构设计不当会增加主轴振动,一级和二级气量不匹配难以调节,需要在二级主机设置滑阀解决这一问题。目前常用的方案是一级、二级主机独立。其优点在于一级、二级可以通过变频调节实现流量匹配。但二级系统的复杂度比单机压缩系统高,需要解决运行状态下二级高压补水、启动阶段级间压力控制问题。

9.5 喷液润滑与冷却

单螺杆压缩机各泄漏通道均靠间隙节流密封，通常需在工作容积内喷液来加强密封，并起润滑和冷却作用。喷液孔的位置、尺寸和喷液量、喷液温度等参数，对喷液效果有直接影响。以往喷嘴轴线与螺杆轴线平行，喷射方向由吸气侧指向排气侧，喷射速度等于星轮的圆周速度。这种喷液方式效果较差，在压缩机排气压力较高时气体泄漏增加。目前大都采用垂直喷液方式，即喷嘴轴线垂直于星轮上表面(高压侧)，并在星轮齿切入螺杆最深处喷入，喷射速度等于螺杆的圆周速度。对于采用滑阀调节能量的制冷机，则与双螺杆压缩机一样，由滑阀的喷油孔喷入工作容积内。另外一种喷液方式为沿螺杆齿槽旋向喷入基元容积，这种方式能使喷液与气体接触面积增大，冷却效果好。

喷入液滴的雾化程度对强化喷液效果有很大影响。雾化程度越好，液滴平均直径越小，在工作容积内自由运动的时间也越长。这样就增大了气液换热面积，延长了换热时间，从而提高了冷却效果。显然，液滴雾化程度与喷液孔直径有密切关系，表 9－1 和表 9－2 列出了喷油压力为 1.2 MPa 时，喷油口直径 d_0、油滴平均直径 d_m 和排气温度 t_0 之间关系的实验结果。值得注意的是，目前按喷油量和喷油速度来确定的喷油孔直径往往偏大，适当减小后效果较好。

表 9－1　喷油口直径 d_0 与油滴直径 d_m 的关系

参数	喷口直径 d_0/mm			
	1.5	2.0	2.5	3.0
油滴平均直径 d_m/mm	108	139	196	270

表 9－2　喷油口直径 d_m 与排气温度 t_0 的关系

转速 n/(r·min^{-1})	排气温度 t_0/℃		
	无雾化	d_m＝196 mm	d_m＝270 mm
2000	56.0	49.7	46.6
2500	62.0	55.1	51.7
3000	70.0	61.2	55.0

喷液量可根据进、排气温度和喷液温度由热平衡方程求得。对喷油单螺杆压缩机，油、气质量比以 2～6 为宜，水润滑系统的喷水量可适当增加。试验研究表明，工作容积内的喷油量增加，容积效率增加，但与此同时，输送这一喷油量所消耗的能量和油在工作容积内的搅动损失也增加，因而喷油量过多，对压缩机效率的提高无益。有试验表明，用来润滑和冷却轴承和轴封的油所消耗的能量，约占压缩机总功耗的 7%，故应在保证良好工作状态的前提下，尽量减少喷入这些部位的润滑油。

9.6 气液分离器

目前单螺杆压缩机均采用喷液润滑，故需在压缩机出口设置气液分离器。喷油润滑的压缩机，通常采用旋风分离、重力分离和过滤方式的结合，与双螺杆压缩机系统中使用的油分桶相同。油分桶结构可分为立式和卧式两种，目前空气压缩机系统中常用立式油分桶，其典型结构如图 9-8 所示。

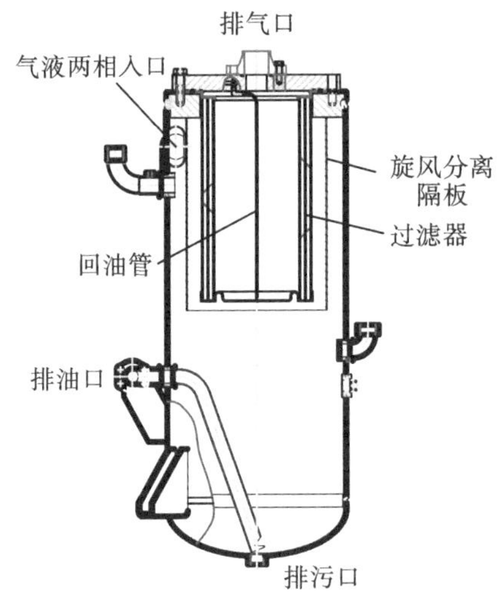

图 9-8　典型的立式油分桶结构

气液两相从油分桶的上侧切向进入，在旋风分离隔板和桶壁之间的通道向下旋流实现第一次分离，气相在桶内上升期间通过重力分离较粗的液滴，最后通过过滤器将较细的液滴分离。过滤器分离的润滑油需设置回油管返回压缩机进气口。为提高旋风分离的效果，切向进气时可将进气口向下斜切 5°左右，旋风分离通道的流速需提高到 15～22 m/s。

立式重力油分桶的高度取直径的 4 倍左右。油分桶的直径则根据极限液滴直径，按照重力分离的液滴沉降速度计算。气流速度低，液滴沉降快，但分离桶直径增大。气流速度高，则分离效果降低，分离桶直径减小。分离桶的设计可参考《油气分离器设计制造规范》(Q/HS 3006—2003)。

水润滑系统中的水分离器则无须采用过滤的方式，一般情况下将同排量油分桶的二级精滤取消便可使用。在两级压缩的水润滑空压机系统中，一级水分离器的直径和高度应适当增加，以避免一级、二级之间串水，减少二级补水的次数。

需要说明的是，压缩机排气管路管径的选取需按照气液分离效果所需的流速选取，尽管增大管径可减小阻力损失，但会降低分离效果。其余管路则在考虑综合成本的基础上可适当增加管径，减小管路损失。

封闭式系统和开放式系统的气液分离器稍有不同，如制冷压缩机系统为封闭式系统，制冷剂会携带润滑油回流；开放式系统，则可能出现分离器内液面降低或者增加(如水润滑空气压缩机系统中进气湿度高，形成冷凝水滞留在分离器内)的情况，需要补液或排液。

9.7　进气容量调节阀

进气容量调节阀主要用于空气压缩机系统，通过进气节流实现气量调节。同时容量调节阀又需要确保压缩机启动和运行过程的安全，也叫卸荷阀、进气阀。

节流元件按照启闭方式常见的有旋转式和板簧自闭式，前者通过旋转阀板实现启闭，后者通过升、落实现启闭，工程中以板簧自闭式最为常见。阀门的开启和关闭一般依靠气液分离器内的供气，分为常闭式和常开式两种类型，通常小气量压缩机常用常开式，大气量则选用常闭式。无论是哪种类型，压缩机启动时，阀板都是处于关闭状态的。

通常阀板上会设置一小孔，在启动阶段，压缩机通过小孔小流量进气。当分离器内的压力达到一定的开启压力（如常压空气压缩机的开启压力一般在 250 kPa 左右）时，阀板打开，压缩机开始进入满负荷状态。在关机阶段，通过电磁阀控制气路，将阀板关闭。

为满足气量调节需求，进气容量调节阀需设置阀板的开度。排气压力偏高，则开度降低；排气压力下降，则开度提高。容量调节阀的调节范围不大，进气节流造成的功率损失高，一般调节范围在 60%～100%。随着变频技术的普及，目前空压缩机系统中使用的大部分为卸荷阀，即只有开启和关闭两种状态，这使进气阀的结构更为简单、性能更为可靠。目前已有企业开发电动进气容量调节阀可以实现更为精准的容量调节，但未普遍使用。

第 10 章　啮合副加工与制造

单螺杆压缩机啮合副即星轮与螺杆的加工与啮合副型面类型有关，主要是指星轮齿前、后侧面及螺杆齿槽面的加工。

考虑到常规的精度检测包括三坐标检测不足以为螺杆和星轮曲面型面的加工精度提供准确的参考，本章还介绍了啮合副啮合精度的检测方法，可在生产实践中用于检测啮合副的加工精度和啮合副选配，提高单螺杆压缩机螺杆、星轮的装配精度。

10.1　星轮加工

目前星轮的加工方式有滚削加工、圆柱铣刀加工、砂轮磨削和数控加工几种方式。

早期星轮齿侧面的加工曾采用滚削加工，其加工原理如图 3－13 和图 3－14 所示，但这种方式加工的星轮齿侧型面误差较大，如图 3－20 所示，目前已被淘汰。

采用圆柱铣刀加工星轮齿侧型面的原理如图 10－1(a)、(b)所示，通过圆柱铣刀的外缘加工成型，可加工出星轮齿侧的 8a、9a 和 8b、9b 型面(见图 3－5)。

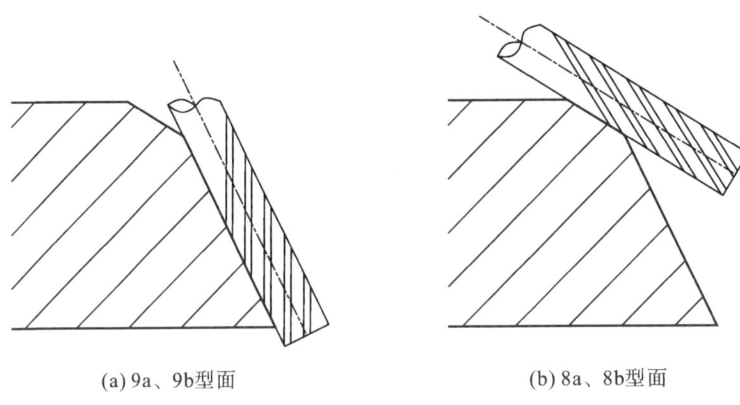

图 10－1　圆柱铣刀加工齿侧型面的方式

圆柱铣刀加工星轮齿侧型面的专机原理如图 10－2 所示。圆柱铣刀Ⅰ和Ⅱ分别用于加工星轮齿的齿前侧型面和齿后侧型面。铣刀的进刀轴 A 和 B 分别与星轮齿侧型面上的包络直线的位置重合；加工过程中铣刀整体可绕 A 或 B 轴偏摆，摆动的中心在 A 或 B 轴上(不在铣刀轴)；其偏摆的角度根据铣刀所加工的包络直线上的点至星轮工件中心的距离 R_A 和 R_B 确定。通常在进刀过程完成 8a 或 8b 型面的加工，退刀过程完成 9a 或 9b 型面(见图 3－5)的加工，或者调换加工型面的顺序完成加工。采用这种加工方式的优点是星轮齿侧两侧型面同步加工，加工效率高。但一般采用专用机床的设计方案，即改变星轮齿数需更换机床。

因为铣刀加工星轮齿侧面时始终绕包络直线(进刀轴)偏摆，进刀轴与铣刀轴的距离始终为铣刀半径。如图 10－3(a)所示，铣刀偏摆中心 O 点在铣刀的外缘面上，O 点是包络直线(进

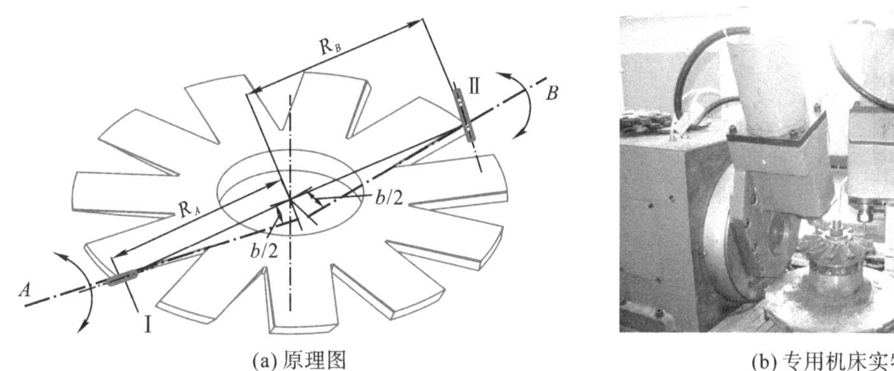

(a) 原理图　　(b) 专用机床实物

图 10-2　圆柱铣刀加工专机

刀轴)在截平面的投影。如果改变铣刀半径,铣刀轴与进刀轴的距离需要调整,意味着机床铣刀轴与进刀轴的偏心距需要调整。为提高机床的稳定性和加工精度,一般工程中专机的铣刀半径固定。

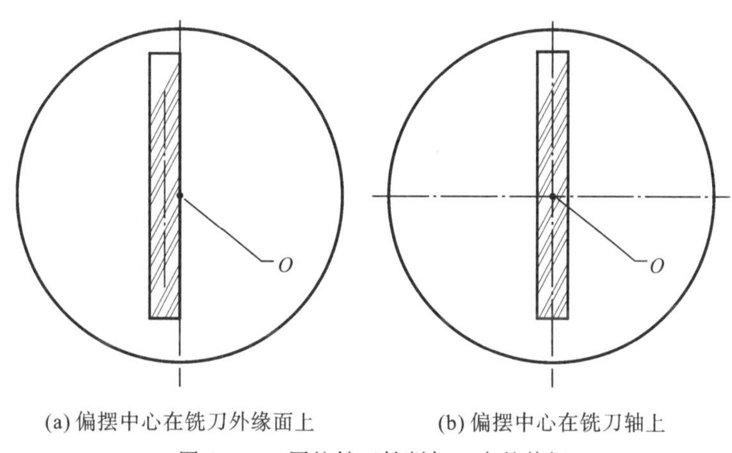

(a) 偏摆中心在铣刀外缘面上　　(b) 偏摆中心在铣刀轴上

图 10-3　圆柱铣刀铣削加工中的偏摆

工程中存在一个误区是将铣刀的偏摆中心设置在铣刀轴上,即如图 10-3(b)所示。此时,铣刀偏摆后会造成星轮齿加工更大的误差,如图 10-4 所示。此时,加工成型的星轮齿侧面看不到完整规则的包络直线(棱角)。从齿根到齿顶,齿宽存在 δ_2 的误差、包络直线所在的高度存在 δ_1 的误差。铣刀直径越大,这种误差越大。

工程中存在的另一个问题是,铣刀偏摆角度计算依据的加工点(包络直线上的点)至星轮工件中心的距离 R_A 和 R_B 往往采用铣刀中心至工件中心的距离,这进一步增加了加工制造误差。

理论上,只要设定合理的铣刀偏摆角度,可加工出接近理论型面的齿侧型面。即首先计算第 3 章的理论型面,将理论型面截面的曲线用最接近的直线代替(图 3-19 所示的截面线),求得对应 R_A 和 R_B 位置的 $\alpha_{\min}$ 和 $\alpha_{\max}$(如图 3-10 所示),再据此设定铣刀的偏摆角度。但是,目前铣刀偏摆角度仍然普遍按照第 3 章的简单型面设定,齿侧型面的误差较大。这往往逼迫工程师在装配阶段对星轮齿进行修型,进一步增加了星轮螺杆的啮合误差。工程中也可以根据修型的规律,总结新的偏摆角度,但这种经验的方法可能造成更大的误差,因为修型只能修正

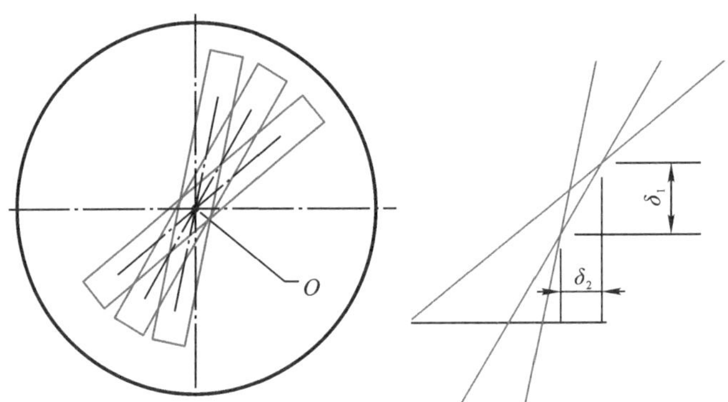

图 10-4　铣刀偏摆中心设置在铣刀轴上的情况

干涉部分。

早期，专机上铣刀偏摆角度的设定采用“靠模”的方式，即铣刀动力头进刀时靠着设定的模具块偏摆，模具块的外形按照偏摆角度规律设计。这种方式加工误差较大，目前已普遍采用数控的方式。

砂轮磨削加工的基本原理与圆柱铣刀加工类似，由砂轮的外缘面在空间扫掠成型，形成齿侧型面。砂轮的外形尺寸设计需要防止砂轮在加工过程中与星轮齿另一侧的非加工面干涉，如图 10-5 所示。采用砂轮磨削提高了加工效率和加工精度，目前存在问题仍然是砂轮偏摆角度的设定。

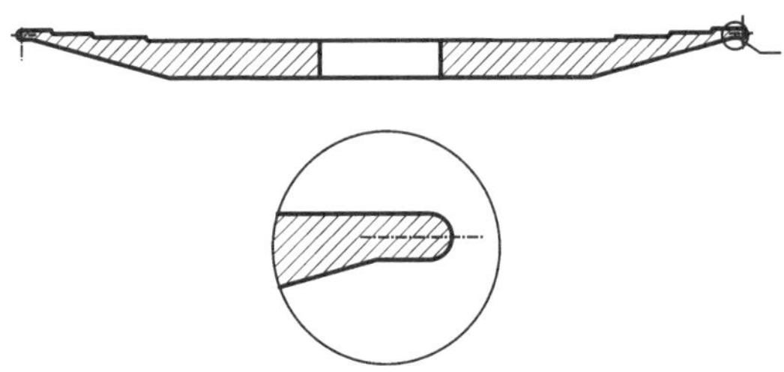
图 10-5　加工星轮齿侧面的砂轮

在加工直线包络星轮齿侧型面时，砂轮的偏摆中心设置在砂轮的外缘(加工点)上。如果将砂轮的偏摆中心设置在砂轮之外可加工圆柱或多圆柱包络齿侧型面，其专机如图 10-6 所示。如距离外缘为 r 时，可加工半径为 r 的圆柱包络或多圆柱包络星轮齿侧型面。与直线包络型面一次进刀、一次退刀可完成齿侧型面加工有所区别，圆柱包络型面的加工中，在一个进刀位置，砂轮需在给定的偏摆角度范围做一次往返摆动。对于多圆柱包络型面，则需要分多次依据包络圆柱的轴线位置进刀完成齿侧型面的加工。其偏摆角度的范围需要根据型面原理进行计算。

目前单螺杆压缩机星轮齿侧型面加工技术发展的趋势是数控化，即采用通用数控铣床用球头铣刀完成齿侧型面的加工。如果减小齿宽，避免铣刀在加工齿侧根部时与另一侧型面干涉，可以采用三坐标铣床完成星轮齿一侧型面后，将工件翻面完成另一侧型面的加工。与前述专机的区别是，采用数控加工要求建立星轮齿型面准确的三维模型。其优势是无论是直线包络型面(可采用理论型面)，还是更为复杂的多圆柱包络型面和曲面包络型面，均可在同一机床上完成，且不受星轮齿数的限制。过去曾认为采用通用数控铣床加工无法保证星轮齿的分度

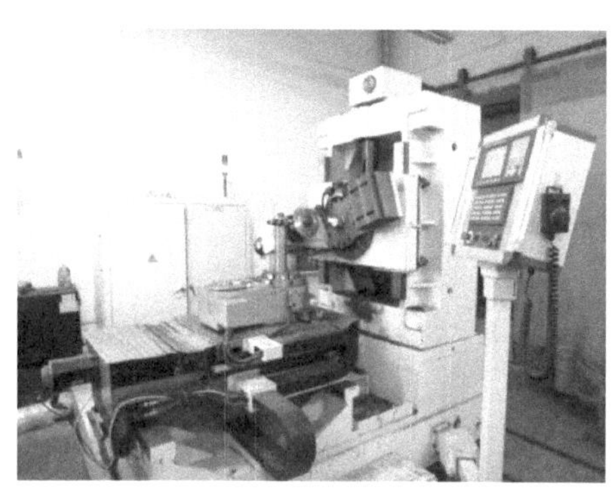

图 10-6　圆柱或多圆柱包络齿侧型面加工专机

精度，但工程实践表明，随着数控加工技术的进步，星轮齿型面的加工精度更高、成本更低。因数控铣削不受星轮齿数的限制，新产品开发的周期更短，产品的技术更新与换代将更快。

10.2　单螺杆转子铸造

单螺杆转子的加工效率与螺杆齿槽的切削量密切相关。采用铸造的方式将单螺杆转子齿槽初步成型，可大幅提高加工效率。但是因为单螺杆齿槽随螺杆轴扭转，且不存在固定的“节距”（或称为螺距），螺杆齿从进气端到排气端的厚度发生变化，铸造过程拔模困难。其难点在于模具的设计。

一种可行的方法是将螺杆转子的肾形轴心部分切除，留下螺杆齿，将螺杆齿上、下切断，并将切断的螺杆齿重新组装并安装到肾形模具上，如图 10-7 所示。当然，螺杆转子齿也可以采用数控的方式加工。

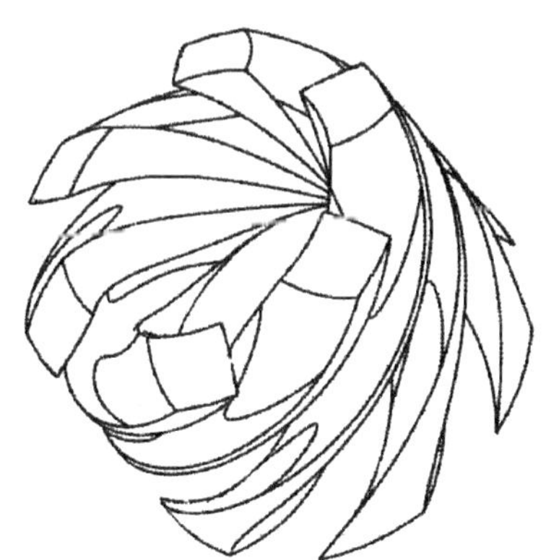
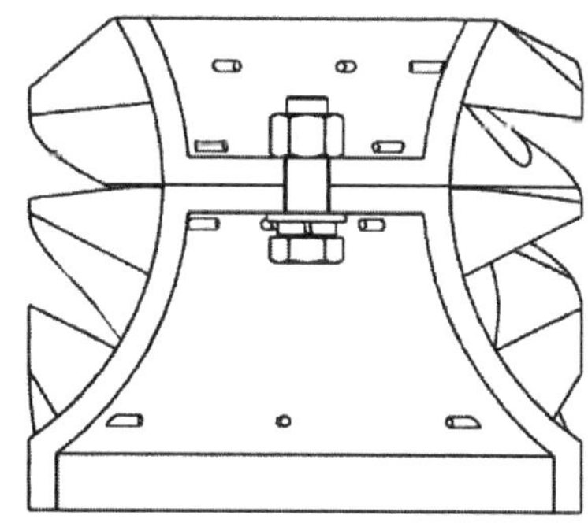

图 10-7　单螺杆转子的铸造模具

采用 3D 打印或者用铸造的方式先制造消失模，再用消失模浇铸螺杆转子毛坯也是可行的一种方式。采用消失模的成本稍高，但铸造消失模过程中从螺杆齿槽内向齿槽外拔模，较为容易实现，毛坯的尺寸精度更高、预留加工余量更小。

10.3 单螺杆转子加工

单螺杆转子的齿槽通常采用专用机床加工。直线包络螺杆齿槽型面加工的专用机床的原理如图 10-8 所示。

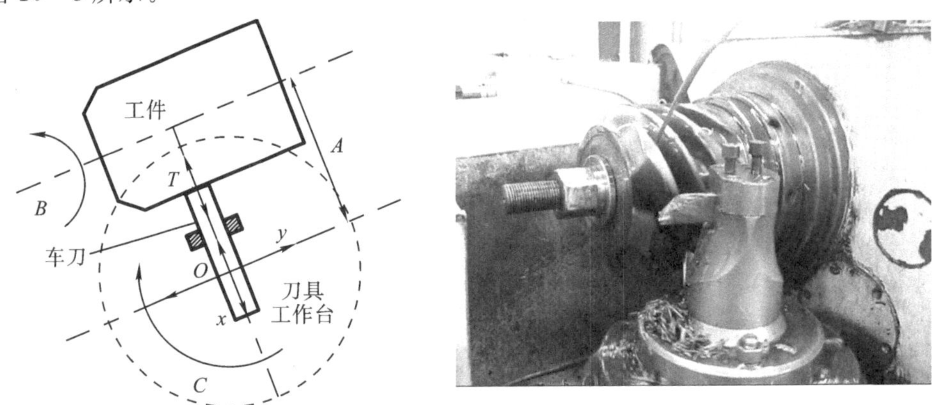

图 10-8 直线包络啮合副螺杆转子的车削加工

这种专机的加工是模仿螺杆星轮和螺杆的运动规律设计的，机床的工件轴(B)与刀具工作台旋转轴(C)的距离在加工过程中始终保持为螺杆和星轮的中心距(A)，这种加工方法被称为成型车削。刀具工作台可以在 x 轴和 y 轴方向移动调整转轴 C 和 B 之间的位置关系，以设定不同型号螺杆转子加工时的工作台位置。成型车刀安装在刀具工作台上，可以沿着径向 T 进刀和退刀(加工过程中，x 轴和 y 轴锁死)。当进刀量逐步增加时，从螺杆外缘开始车削成型螺杆齿槽。B 轴和 C 轴的相对转速按照齿数比设定。目前大部分螺杆转子专机的转速比为 11∶6 的固定值，由机床的齿轮传动或蜗轮蜗杆传动保证，因此转速比不可调。

成型车刀的外形如图 10-9 所示，其刀刃的前后侧有一段“直线刀刃”，进刀过程中加工成型，形成齿槽侧面；其顶部刀刃为与星轮外径相同的圆弧，通过加工成型形成齿槽底面。加工时，刀刃布置在啮合副包络直线所在的空间位置。

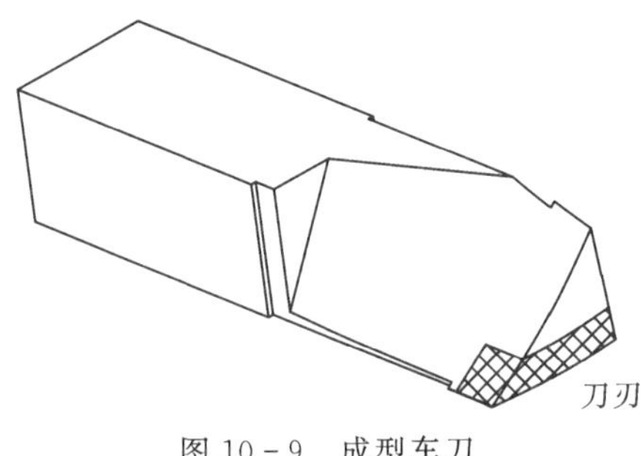

图 10-9 成型车刀

螺杆转子的精加工与粗加工都可以采用上述加工方案，精加工对机床的刚度、加工精度和稳定性要求更高。

采用这种方式加工的缺点是主轴转速不宜过高，加工效率低。一方面，加工余量增大或主轴转速提高后切削力大，加工精度降低，特别是成型车刀因受齿槽尺寸限制，刚度有限，容易产生“弹刀”，造成齿槽表面的“突跳纹”。另一方面，因主轴 C 连续旋转，刀具进刀轴 T 的供电需要采用电刷，容易因丢电产生进刀误差。

为能进一步提高主轴转速，提高加工效率，可采用图 10－10 所示的数控车削加工方案。其工件转轴 A、刀具转轴 B 和刀具工作台移动轴 x、y 均为联动。与成型车削的区别在于，数控车削中刀具的进刀由上述四轴联动配合完成。这样，刀具工作台的转动轴 B 的供电无须采用电刷。

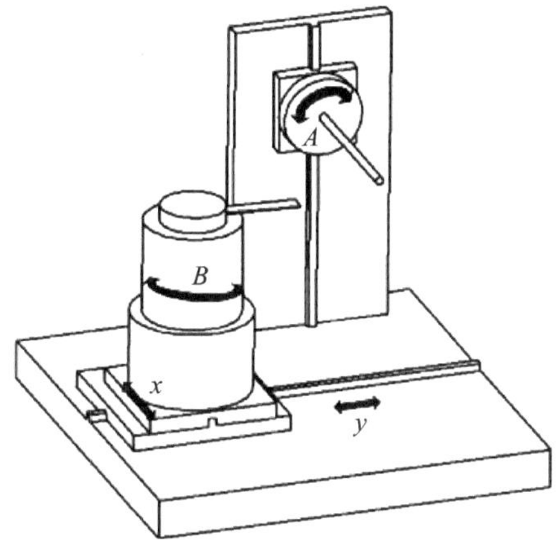

A—工件旋转轴；B—刀具旋转轴；x—刀具平动轴；y—进给轴。

图 10－10　螺杆齿槽的数控车削加工方案

采用数控车削的方式不要求刀具的转轴固定在啮合副的星轮轴位置，即不追求刀具工作台的运动规律与星轮的运动规律一致，但需确保车刀（或刀刃）与星轮齿和螺杆齿槽之间的运动关系吻合。因各轴数控，其螺杆齿槽的前、后侧面可同步加工，或依次分步加工。若螺杆齿槽前、后侧面同步加工，可继续采用图 10－9 所示的成型车刀刀刃，且螺杆齿槽的同步车削方法如图 10－11 所示。

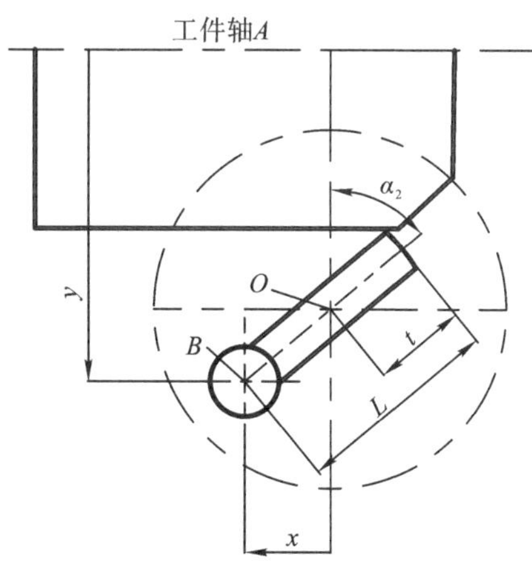

图 10－11　直线包络啮合副螺杆齿槽前、后侧同步车削方法

图中，A 为工件转轴，B 为刀具工作台转轴，O 为与工件位置对应的星轮轴的位置。加工过程中，刀具工作台 $B(x,y)$ 与工件转轴 A 的旋转联动变化，且 A 轴和 B 轴的转速比为齿数

比 P 并维持不变。在同步车削过程中，为确保车刀的运动轨迹吻合星轮齿的运动规律，车刀中心线（相当于星轮齿宽的中间对称位置）始终通过 O。假设车刀中心线设定在经过刀具工作台旋转中心 B 的位置（若不经过该中心，仍然可以完成螺杆齿槽的加工，读者可自行推导），若车刀刀刃顶与旋转中心 B 的距离为 L，从 O 开始计算的车刀进刀量为 t，当 B 轴转角（车刀转角）为 α_2 时，B 轴的位置可表示为

$$\begin{cases} x = -(L-t)\sin\alpha_2 \\ y = A + (L-t)\cos\alpha_2 \end{cases} \tag{10-1}$$

以上式根据转轴 B 的位置（车刀位置），给定进刀量从 $A-R_1$ 逐步增加到 R_2，计算出转轴 A 的位置和 x、y 轴的位置，完成螺杆齿槽的加工。

若缩小铣刀刀刃的宽度，则可分步依次完成螺杆齿槽前、后侧面的加工，各轴联动的坐标方程推导方式基本相同。

特别需要说明的是，如果将图 10－9 成型车刀两侧的直刀刃更换为圆弧刀刃（圆弧半径小于星轮半径），则可以用于所有类型啮合副螺杆齿槽的加工。此时，无须保持 B 轴转速与 A 轴转速的齿数比，但需确保加工过程中车刀刀身与螺杆齿槽侧面不干涉。其基本原理与前述直线包络啮合副螺杆齿槽侧面的加工原理相同，不再赘述。

随着数控加工技术的进步，可以采用铣削的方式加工螺杆齿槽进一步提高齿槽侧面和底面的表面精度和加工精度。最新研制的（多）圆柱包络啮合副螺杆加工专用铣床如图 10－12 所示，铣刀可由多个方位进刀，对齿槽重复铣削加工，形成多圆柱包络齿槽面。其螺杆工件、铣刀均水平布置，刀架台在 x 方向可平移；刀架台的旋转轴 C_1 和工件台的旋转轴 C_4 联动；刀架台上 y_1 方向的平移、C_2 方向的转动，以及刀架台（或工件台）在 z 竖直方向平移对铣刀的进刀初始位置进行调整；铣刀在 y_2 方向的平移和 C_3 方向的转动实现铣刀进刀和自转。经数控改造后，铣刀可在 x、y_1、y_2 和 z 方向实现数控进刀。

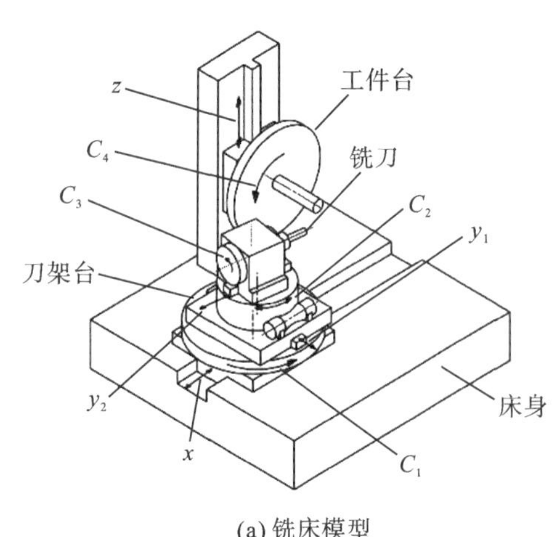

(a) 铣床模型

(b) 专用铣床加工螺杆的情景

图 10－12 （多）圆柱包络螺杆加工专用铣床

螺杆齿槽的铣削加工中需要注意的一个问题是齿槽槽底及齿槽根部的型面设计。在车削加工中，车刀侧面刀刃和顶部刀刃的夹角可接近 90°，如图 10－9 所示。但在铣削加工中，因铣刀刀头上的刀刃为空间曲线，螺杆齿槽的槽底与齿槽侧面存在“圆弧”过渡区域。此时不改变星轮齿角的型面，星轮与螺杆将发生干涉。这一问题已在第 3 章“星轮齿角与齿槽根部耦合型

面"中专门论述。解决这一问题的最佳方案是采用通用数控铣床完成螺杆齿槽的加工，铣刀采用较小直径的球头铣刀，球头直径小于齿槽根部过渡圆弧直径即可。目前已有通用车铣复合中心和五轴数控铣床产品，实现高精度的螺杆齿槽加工。另外一种技术方案是采用专用的车铣复合中心，用铣削的方式完成槽底和齿槽侧面的加工，最后用车削的方式完成齿槽根部的加工。但这种方式会在齿槽根部留下接刀区域。

从提高新产品开发的速度、提高产品设计的灵活度（变齿数比、采用不同类型的啮合副型面）和提高产品加工效率的角度看，采用车铣复合中心或通用五轴数控铣床完成单螺杆齿槽的精加工是未来的发展趋势。

10.4　啮合副检测

单螺杆压缩机的螺杆与星轮垂直，螺杆的形状复杂，对螺杆和星轮的尺寸精度，特别是啮合精度的要求高。工程实践表明，采用三坐标测量仪不足以准确反馈螺杆和星轮的加工精度，特别是啮合精度水平，而且在产品的批量制造中，三坐标测量的速度慢、成本高。

目前对啮合副的检测总体上可分为星轮齿宽的检测、螺杆齿槽宽的检测及啮合副啮合精度的检测。对星轮齿宽和螺杆齿槽宽的检测不足以反映啮合精度（如螺杆或星轮的分度精度），但在工程中的使用较为方便。

星轮齿宽的检测台通常设置星轮（星轮齿）的标准安装位置和齿宽测量块，如图 10－13 所示。测量时首先安装星轮片到标准位置，需要确保星轮齿与齿宽测量块的检测斜面平直。否则，测得的齿宽比实际齿宽大。采用这种方式可使星轮齿宽的检测精度提高，但对星轮及星轮齿的安装定位要求高。一般齿宽测量块需校准，且布置有千分尺等齿宽测量或显示尺。满足不同型号的星轮齿齿宽测量要求时，检测台需设置多个星轮片安装的标准位置。

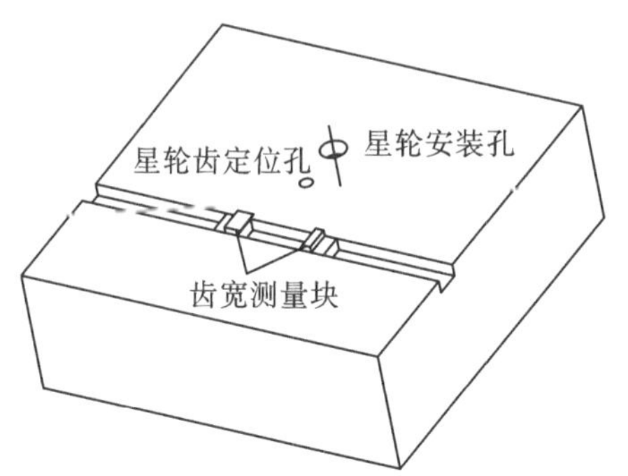

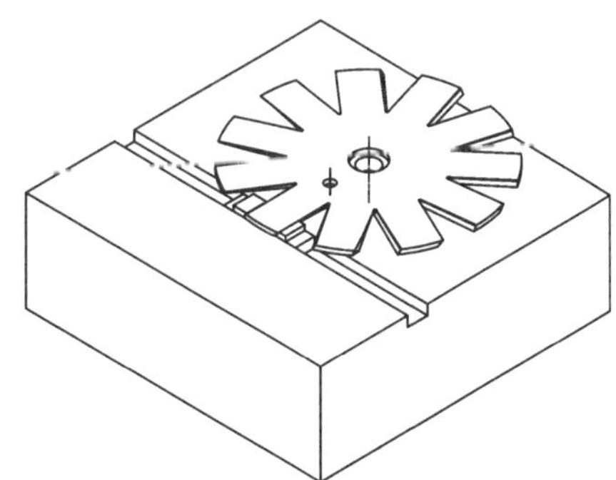

图 10－13　星轮齿宽的检测台

工程中可采用如图 10－14 所示的测量卡尺。卡尺上同样需要设置斜面，以便与星轮齿侧贴合，测量齿宽。工程中采用这种方式测量齿宽较为方便，特别是增加数显装置后，但这种测量方式容易导致误差较大，对测量人员的要求高。

上述两种方法主要用于直线包络啮合副星轮齿宽的检测。需要特别说明的是，如果啮合副型线设计不合理，采用上述方式测量的结果可能不是真实的齿宽，往往引起对产品质量的误判。

螺杆齿槽宽度的检测比星轮齿宽的检测复杂，需要有标准星轮片（至少带有 3 个齿），且按

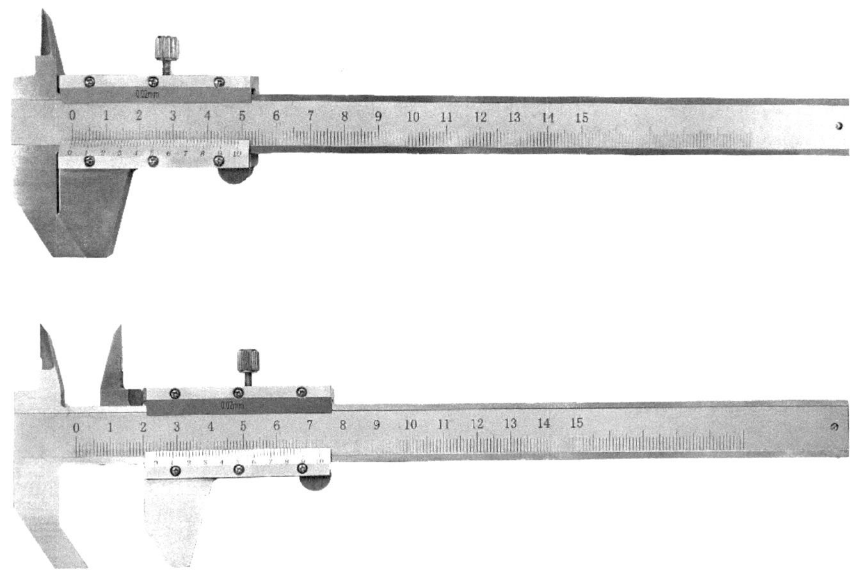

图 10-14　星轮齿宽的测量卡尺

照啮合副的位置关系布置和安装待检螺杆与标准星轮片，如图 10-15 所示。

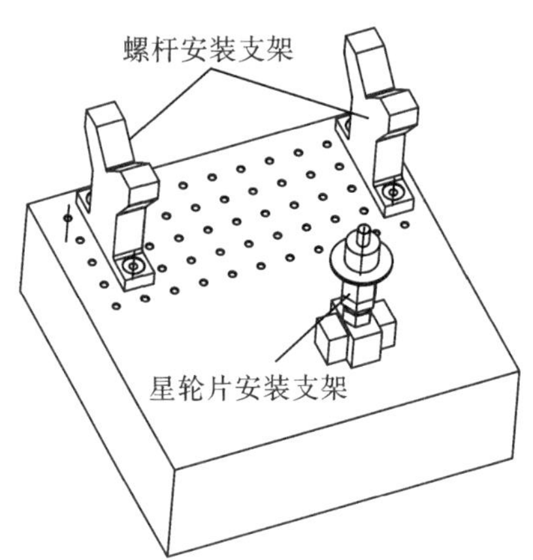

图 10-15　螺杆齿槽宽度及啮合副啮合精度检测台

采用这种方法检测螺杆齿槽宽度时，准确布置螺杆位置和星轮片位置是保证检测结果准确度的关键。槽宽的检测通常是通过在标准星轮齿和螺杆齿槽之间塞入塞尺确定的。通常为适应多个型号的螺杆齿槽检测，在检测台上预先布置装配位置。这种方法不仅适用于直线包络啮合副螺杆齿槽宽度的检测，也适用于其他型面啮合副齿槽宽度的检测。

近年来，三维激光扫描测量的技术逐步成熟，可用于螺杆和星轮型面加工精度的测量，如图 10-16 所示。三维激光扫描测量仪的成本较高，但操作方便、检测速度快、检测结果的信息量大。随着其测量精度的提高，三维激光扫描测量显示出了代替前述测量方法的趋势。

上述测量方法对单个螺杆或星轮部件，甚至单个星轮齿宽的测量并不足以反映星轮与螺杆实际的啮合精度。在图 10-15 检测台上的标准星轮片更换为星轮片产品与螺杆产品啮合，则可以测量在不同转角下螺杆齿槽与星轮齿的啮合精度。在螺杆轴和星轮轴上安装角度测量

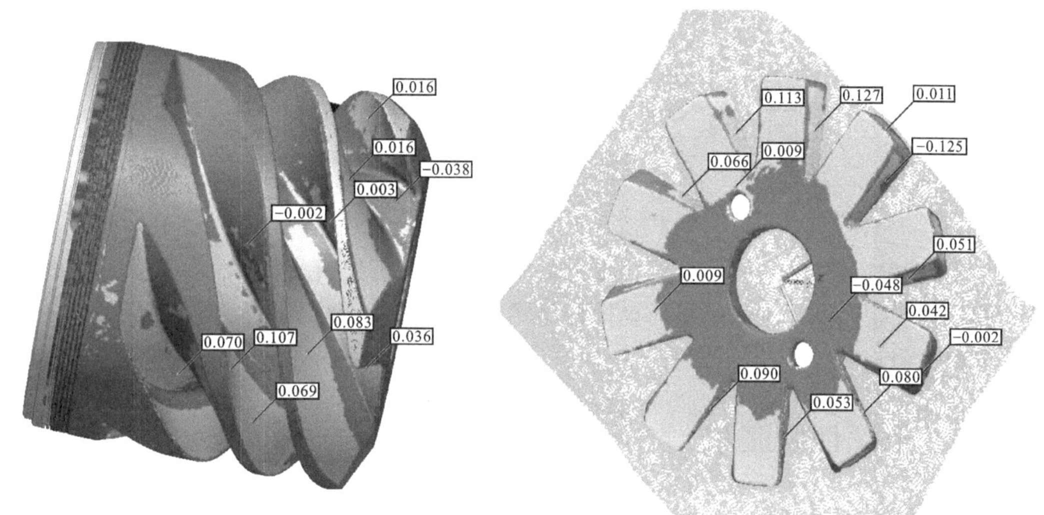

图 10-16　螺杆与星轮型面加工精度的三维激光扫描测量结果

装置，则可以测得螺杆和星轮啮合状态下的分度精度。但这种检测台调整中心距和星轮与螺杆轴向尺寸不方便，影响测量精度。

图 10-17 所示为一种带数显和数控导轨的单螺杆压缩机啮合仪，采用这种方式测量螺杆和星轮的啮合精度时，还可以调整螺杆和星轮的中心距、轴向尺寸，使啮合副处于最佳啮合精度。这样不仅可以获得啮合精度，还可以根据测量结果对螺杆和星轮部件进行选配，并根据测量结果加工壳体，提高产品质量。

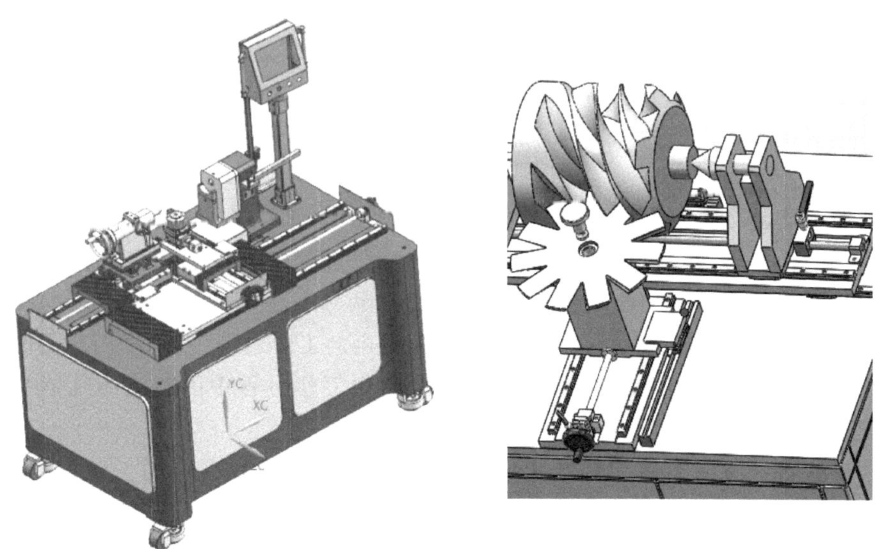

图 10-17　带数显和数控导轨的单螺杆压缩机啮合仪

这种啮合仪操作方便，测量结果的信息量大，是未来单螺杆压缩机螺杆、星轮产品检测的趋势。当星轮齿超宽或螺杆齿槽过窄，会导致星轮片无法装入螺杆齿槽或发生啮合困难。因此，啮合副型面设计存在理论错误的情况下，这种啮合仪难以发挥作用。

第 11 章　其他单螺杆机械

近年来，随着市场需求的产生，已开发出水蒸气单螺杆压缩机、低温热泵单螺杆压缩机及单螺杆膨胀机等新产品。这些领域的单螺杆压缩机对水(液体)润滑轴承及喷液等方面的新技术需求更加迫切。

11.1　单螺杆膨胀机

单螺杆膨胀机属于一种新型容积式膨胀机，其工作过程与压缩机的工作过程相反，高压气体在膨胀过程中推动转子转动，输出轴功率。目前，单螺杆膨胀机的结构与压缩机结构基本一致，即从原压缩机排气口进气，向原压缩机的进气通道排气。但喷液孔的位置向原压缩机的排气孔口移动，以减少高压气体的泄漏，提高膨胀机效率。

单螺杆膨胀机主要适用于中、小流量(输出功率为 5～1000 kW)，具有效率高、体积小、噪声低、振动小和可靠性高的特点。

按照膨胀过程是否有液相闪蒸，可将单螺杆膨胀机分为气体膨胀机和两相膨胀机。气体膨胀机进气的含气率为 100%，且喷入液体在膨胀过程中不闪蒸，如有机朗肯循环余热回收系统、气体减压工程中动力回收及压缩空气储能系统中的气体膨胀机。若进气带液且液相在膨胀过程中不蒸发也可归类为气体膨胀机。两相膨胀机指进气处于两相区或液相饱和状态，且部分液相在膨胀过程中闪蒸为气体的膨胀机，如地热能全流发电系统中的两相水蒸气膨胀机、制冷剂液体膨胀机。若进气为单相气体，但喷入液体在膨胀过程中发生闪蒸，也应归类为两相膨胀机。

采用上述分类的依据是膨胀机内工作过程膨胀功的来源不同，即膨胀机的热力过程不同。气体膨胀机的工作过程较为简单，进气中的带液或膨胀过程中的喷液主要起润滑、密封作用，除非液相直接喷射冲击转子回收动力，液相不直接贡献膨胀功。两相膨胀机的本质仍然是回收气体的膨胀功率，因为液相不膨胀。但在两相膨胀机的工作过程中，液相闪蒸出的气体贡献了膨胀功。若膨胀机入口为饱和液体，则膨胀功全部由工作过程中闪蒸出的气体贡献。这类膨胀机的工作过程计算中必须要考虑液相的闪蒸率。

当然在一些特殊应用领域和特定工况下，上述两类工作过程会在同一台膨胀机中发生。例如，当地热能全流发电系统中的两相水蒸气膨胀机的入口为单相水蒸气且喷入液体不闪蒸时，膨胀机处于气体膨胀机的工作过程。对于膨胀机入口为饱和液体的情况，其进气结束状态往往因进口阻力的作用存在一部分闪蒸气体，相当于进气处于两相区。

参考压缩机的性能参数，可以定义膨胀机的性能参数。定义性能参数的目的是评价或者表征膨胀机某一方面的性能，如定义功率的目的是表征膨胀机输出功率的大小，定义效率的目的是用于评价能量的利用率或某一方面的损失的大小。

1. 容积流量

目前压缩机的容积流量定义为排出压缩机的气体转换至进口状态下的容积流量。参考这一定义，可以将单螺杆膨胀机的容积流量定义为排出膨胀机的工质转换至进口状态下的流量。但这样定义的问题是，同一台单螺杆膨胀机在不同压比工况下，容积流量可能不同。容积流量不仅可以用于评价一台膨胀机处理多少工质的能力，还应当可以反映膨胀机单位几何尺寸处理多少工质的能力。从这个角度看，将单螺杆膨胀机的容积流量定义为出口状态下的实测容积流量更为合适。但是从热源或压力源提供的工质的量的角度看，以实测出口流量为基准存在的问题是忽略了机组外泄漏(如轴封处的外泄漏)的影响。另外，膨胀机出口的状态往往与系统设计方案相关，其入口状态是由热源或压力源确定的。从这个角度看，以入口状态为基准定义容积流量能直接反映对热源或压力源的利用能力。

根据上述分析，膨胀机的容积流量定义应当按照入口和出口状态分类定义，其入口状态的容积流量更能反映膨胀机处理工质的量大小的能力；出口状态大容积流量则更侧重于反映膨胀机几何尺寸的大小。

需要注意的问题是，如果膨胀机入口带液，特别是含气率发生变化的时候，容积流量与质量流量不一一对应。无论入口是否带液，就反映膨胀机的几何尺寸而言，其容积流量仍然是具有物理意义的。

1)入口容积流量

单螺杆膨胀机的入口容积流量定义为入口状态下进入膨胀机的工质的实测容积流量。

对于中间补气(液)的气体膨胀机，需要根据补气(液)参数是否与入口参数相同，将实测补气容积流量计入入口容积流量或单独以补气容积流量计入。

2)入口理论容积流量

定义理论容积流量的目的是表征在理想状态下膨胀机的容积流量，此时假设没有压力损失、没有泄漏，且不存在传热损失。对膨胀机而言，理论容积流量应该是实际工程中的最小流量，即最少的工质消耗量。因此，入口理论容积流量则定义为以单螺杆膨胀机入口封闭时的基元容积为基准计算的容积流量。若单螺杆的齿槽数为 z_1，入口封闭时单个基元容积的体积为 $V_{\mathrm{th\_in}}$，则其入口理论容积流量为

$$q_{\mathrm{th\_in}} = 2nz_1V_{\mathrm{th\_in}} \tag{11-1}$$

式中：n 为膨胀机转速。

对于中间补气(液)的膨胀机，可以定义补充理论容积流量，则按照补气(液)参数与入口参数相同或不同分别计入入口理论容积流量或单独考虑。定义补充理论容积流量的目的是评价补充工质的能力。一种简单的方法是假设膨胀过程绝热，计算补气(液)结束位置基元容积内压力达到平衡状态下的补气(液)容积流量。首先在无补气条件下计算理想状态下(无泄漏、无阻力损失)补气结束位置的基元容积内工质参数，然后假设补气完善(即补气结束基元容积内压力与补气压力平衡)时基元容积内工质的参数，根据两者差值计算补充理论容积流量，并表示在补气(液)状态参数下。可以将其定义为绝热补充理论容积流量。

需要注意的问题是以绝热补充理论容积流量为基准对实际的补气(液)过程的评价并不公平，因为开始补气(液)时基元容积内工质的状态并不是由补气(液)决定的。若要真实评价补气(液)是否达到完善状态，应当采用补气(液)开始时基元容积内工质的真实状态计算补气(液)的量。但是工程中要准确获得工质在基元容积内的真实状态很难，特别是带液情况下。

3)出口容积流量

单螺杆膨胀机的出口容积流量为在膨胀机出口状态下工质的实测容积流量。入口容积流量(转换至出口状态下)与出口容积流量的差值代表了机组的外泄漏量。

4)出口理论容积流量

出口理论容积流量可以采用最大基元容积,用式(11-1)计算。这一出口理论容积流量是由几何尺寸决定的,应当是在无欠膨胀、过膨胀条件下,实际入口工质受阻力损失、泄漏和传热影响后表示在出口状态下的容积流量。

需要注意的问题是,将入口理论容积流量转换至出口状态的容积流量会比上述出口理论容积流量小得多,因为它是在不考虑任何损失条件下的出口状态容积流量。

2. 质量流量

在入口和出口实测的工质的质量流量分别为入口质量流量和出口质量流量。若有中间补气(液),则可根据补气参数是否与入口参数相同作为补气质量流量单独计入或并入入口质量流量考虑。

在实际工程中经常忽略的一个参数是理论质量流量,即用理论容积流量换算获得的质量流量。若维持入口含气率等参数不变,入口质量流量与理论质量流量的差异主要由进气阻力损失、进气阶段的泄漏及传热引起。

3. 功率

膨胀机的功率可分为输出发电功率、输出轴功率和指示功率。

4. 容积效率

定义容积效率的目的是反映膨胀机几何尺寸利用的完善程度。将单螺杆膨胀机的入口容积效率 η_v 定义为

$$\eta_v = \frac{q_{\mathrm{thin}}}{q_{v\mathrm{in}}} \tag{11-2}$$

式中:$q_{v\mathrm{in}}$为膨胀机的入口容积流量;q_{thin}为膨胀机的入口理论容积流量。

理论上,从高压向低压的泄漏使单螺杆膨胀机的实际容积流量大于理论容积流量;而入口阻力损失的作用则相反。因此,单纯以入口容积效率评判膨胀机进气阶段的泄漏或入口阻力损失并不准确。若入口阻力损失导致的容积流量的减小值大于进气阶段的泄漏导致的容积流量的增加值,膨胀机的入口容积效率可能高于100%。

为避免这一问题,将实际的入口容积流量表示为

$$q_{v\mathrm{in}} = q_{\mathrm{thin}} - \Delta q_{v\mathrm{p}} + \Delta q_{v\mathrm{l}} \tag{11-3}$$

式中:$\Delta q_{v\mathrm{p}}$为入口阻力损失导致的入口容积流量减小值;$\Delta q_{v\mathrm{l}}$为进气阶段的泄漏引起的入口容积流量的增加值,因此可以将入口容积效率表示为

$$\eta_v = 1 + \lambda_{v\mathrm{p}} - \lambda_{v\mathrm{l}} \tag{11-4}$$

式中:

$$\begin{cases} \lambda_{v\mathrm{p}} = \dfrac{\Delta q_{v\mathrm{p}}}{q_{v\mathrm{in}}} \\ \lambda_{v\mathrm{l}} = \dfrac{\Delta q_{v\mathrm{l}}}{q_{v\mathrm{in}}} \end{cases} \tag{11-5}$$

λ_{vp}和λ_{vl}为入口阻力损失系数和入口泄漏系数，分别表示入口阻力损失和进气泄漏引起的容积流量的变化。根据热力学过程改变式(11－5)的系数定义方法，可以将式(11－4)改写为乘式，不再赘述。

上述效率和系数仅能反映基元容积封闭前的入口阻力损失和泄漏对膨胀机几何尺寸的影响。

特别需要说明的问题是膨胀过程的泄漏对膨胀机几何尺寸也有影响。如果采用压缩机中的内泄漏、外泄漏的概念，膨胀过程外泄漏量增大，会导致膨胀终了时所要求的基元容积值减小，从而减小膨胀机的尺寸；膨胀过程的内泄漏量增大，会导致膨胀终了时所要求的基元容积值增大，从而增大膨胀机尺寸。对于一台完成制造的单螺杆膨胀机，用前文定义的出口理论容积流量除以出口容积流量，无法反映膨胀过程的泄漏；即便将入口理论容积流量转换到出口状态下除以出口容积流量仍然无法反映膨胀过程的泄漏，原因是出口容积流量的大小在进气阶段已经被决定，若入口阻力损失系数和进气泄漏系数不变，膨胀过程的泄漏增加，不影响前述两个比值的大小。

考虑到膨胀机可能存在机组外泄漏(如轴封处的泄漏，区别于基元容积的外泄漏)，其机组外泄漏率可表示为

$$\lambda_{wl} = 1 - \frac{q_{vout}}{q_{vin\_out}} \tag{11-6}$$

式中：q_{vout}为实测的出口容积流量；q_{vin_out}为入口容积流量转换至出口状态下的容积流量。

5. 等熵效率

在空气压缩机与工艺气体压缩机中常使用绝热效率反映压缩机能量利用的程度，在制冷压缩机中还经常采用等熵效率的概念。理论上，等熵过程是可逆绝热过程，等熵效率与绝热效率有所区别。实际上，绝热效率的计算中使用的绝热过程功率均为等熵过程功率，数值上两者并无差异。因此，严格讲，采用等熵效率更为严谨。

单螺杆膨胀机的等熵效率为实际轴功率与膨胀机的等熵功率的比值，可表示为

$$\eta_s = \frac{h_i - h_o}{h_i - h_{os}} \tag{11-7}$$

式中：h_i 为入口状态的实际焓值；h_o为出口状态的实际焓值；h_{os}为等熵膨胀条件下出口的理想焓值。$h_i - h_o$ 也可以用单位质量流量的实测轴功率代替；若工质为理想气体，则可以用理想气体方程计算 $h_i - h_{os}$。

等熵效率综合了阻力损失、泄漏、动力损失及摩擦损失的影响。

如果以基元容积封闭时的实际焓值代替入口焓值，代入式(11－7)，结合入口泄漏系数，此时的等熵效率主要考虑的是膨胀过程的泄漏、动力损失、摩擦损失和膨胀是否完全引起的损失，称为膨胀过程等熵效率。

11.2　单螺杆水蒸气压缩机

在余热回收、蒸馏及水蒸气系统中，单螺杆水蒸气压缩机具有轴承受力小、可靠性高、流量调节与适应压比范围宽的特点，是中、小流量范围的理想机型之一，是当前热点技术和产品。

与其他单螺杆压缩机比较，润滑和热变形控制是单螺杆水蒸气压缩机的关键技术问题。

水蒸气单螺杆压缩机啮合副的润滑问题主要来自于对出口蒸汽参数的要求。为提高出口蒸汽参数，可喷入高温液态水。但水的汽化潜热较大，若喷入的液态水全部汽化，会大幅降低出口蒸汽参数。假设喷入的液态水全部汽化，当入口蒸汽和出口蒸汽均在饱和状态、压比小于5时，按照热平衡计算允许的喷液量不足同等容积流量空气压缩机的2%。采用更为精准的喷液技术，在大幅降低喷液量的前提下确保啮合副的有效润滑，在蒸汽压缩完成后实施汽水快速分离是单螺杆水蒸气压缩机需要解决的技术问题。

由于星轮与螺杆轴垂直，壳体、螺杆组件和星轮组件的热变形使啮合副螺杆与星轮轴偏离原点，造成啮合副“错位”，引起啮合副硬干涉、压缩机失效。

某气量螺杆组件的热变形规律如图11-1所示，图11-1(a)是螺杆组件的总变形云图，图11-1(b)是螺杆组件变形前后的轮廓对比图。螺杆转子同时存在轴向和径向变形。受定位端约束的影响，螺杆总体表现为向远离定位位置的方向膨胀和向周向扭转变形。

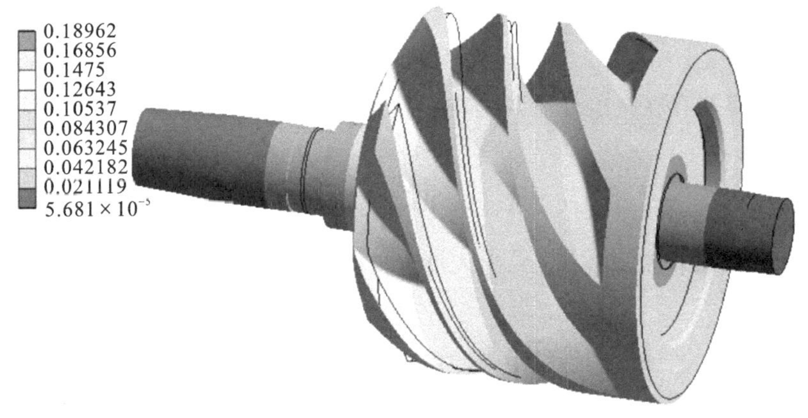

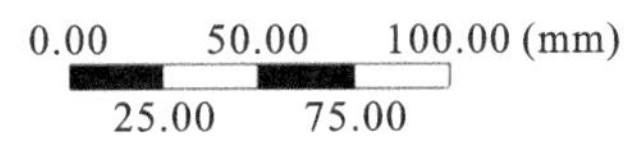

(a) 螺杆组件的总变形量

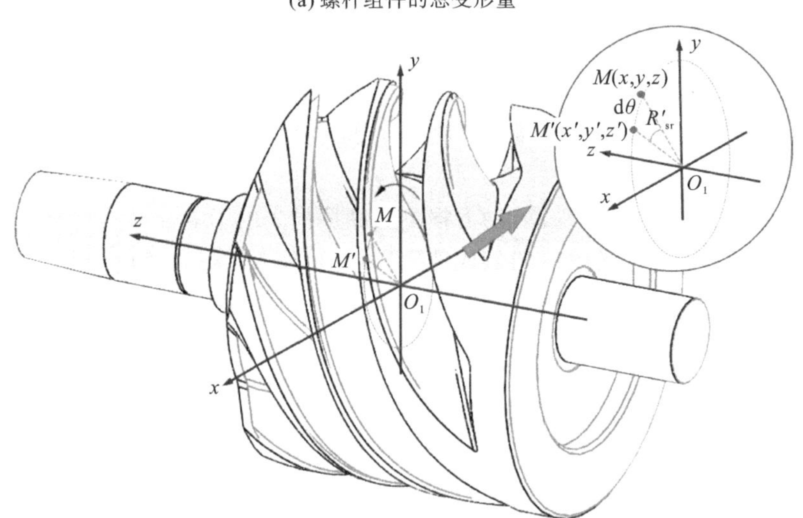

(b) 螺杆组件变形示意图

图11-1　螺杆组件热变形图(放大100倍，图中M点变形后的位置为M'点)

不同星轮转角和星轮齿高啮合点的螺杆的轴向变形规律如图 11－2 所示(具体变形量与进排气温度有关,下同)。可以发现,从齿根到齿顶、从齿前侧到齿后侧,螺杆的轴向变形量接近。这意味着,装配螺杆时,在设计制造预留间隙范围内将螺杆沿轴向反向移动一定距离可以消除或减少这种轴向变形的影响。

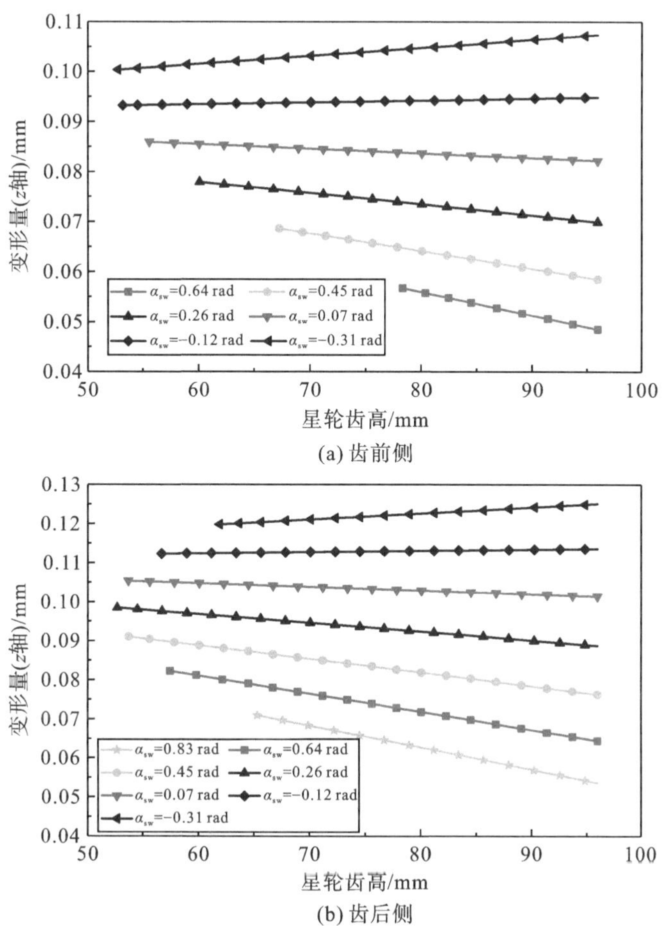

图 11－2　不同星轮转角下螺杆齿面啮合点的轴向变形

为了分析螺杆的扭转变形,根据螺杆齿槽啮合点的热变形计算扭转角,以衡量螺杆转子扭转变形的程度。扭转角是指螺杆变形前后,相同轴向位置的啮合点半径之间的夹角。图 11－3 给出了啮合点半径为 91 mm 的螺旋线上各个啮合点在不同工况下的扭转角变化规律图。图中从工况 1 到工况 5,进排气的温差逐渐增大。可见,螺杆转子型面上的啮合点在热变形后均产生扭转角。齿前侧螺杆齿槽侧面和齿后侧螺杆齿槽侧面上的啮合点的扭转角沿螺杆轴方向均呈现出先增大后减小的变化趋势,而且同一轴向位置的齿前侧扭转角小于齿后侧。螺杆扭转变形的最大扭转角发生在螺杆轴的中心($z=0$),靠近非定位端(一般为进气侧)。随压缩机运行工况温度升高,相同轴向位置处的啮合点的扭转角也随之增大。

图 11－4 为螺杆上不同啮合半径及轴向距离的啮合点的扭转角变化规律。选取星轮半径为 91 mm、81 mm、71 mm 和 61 mm 位置对应的螺杆啮合点半径划分螺旋线,对螺旋线上的啮合点扭转角进行统计。可以看出,不同螺杆齿槽深度处的啮合点的扭转角度沿螺杆轴向位置

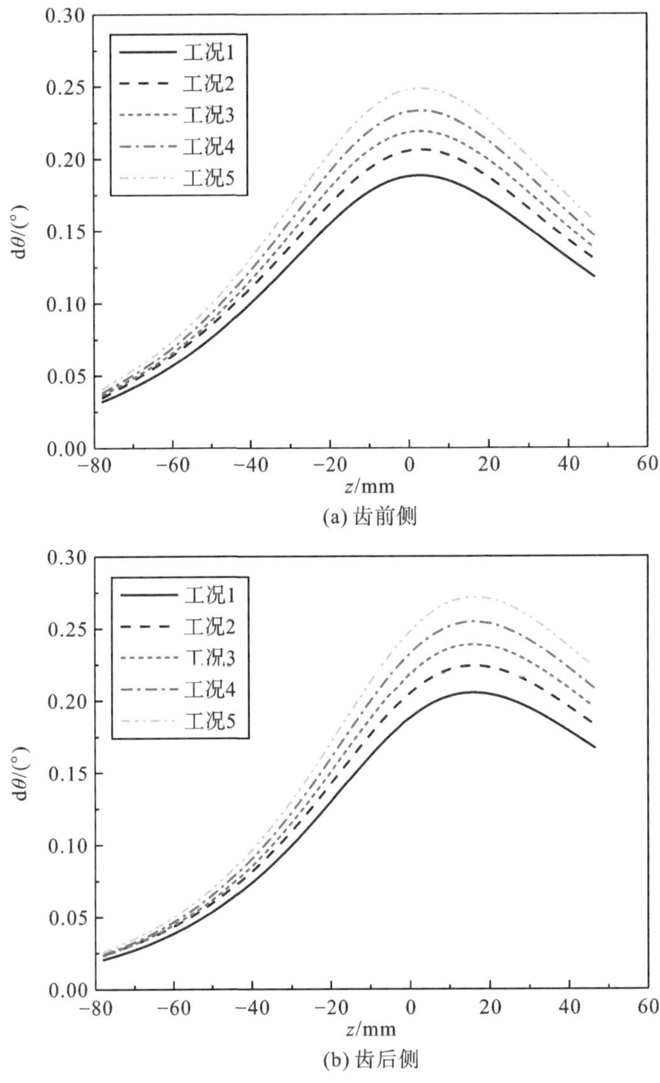

(a) 齿前侧

(b) 齿后侧

图 11-3 扭转角沿轴向的变化曲线

不断变化，从螺杆的进气端向排气端呈现先增大后减小的变化趋势。结果表明，扭转角随螺杆齿槽深的增加而减小，即啮合点位置越深，扭转角越小。

上述扭转角对设计参数的影响主要表现在啮合副设计间隙的选取。扭转角大，所需的啮合副设计间隙越大。

水蒸气单螺杆压缩机星轮齿的热变形主要是半径方向和齿宽方向的变形，合理地预留啮合副设计间隙即可解决。

单壳体的热变形会造成螺杆、星轮中心距增加，星轮轴的轴承座沿着螺杆轴向偏移。中心距的增加与螺杆、星轮组件的径向变形的方向相反，一定变形量范围内两者相互抵消；星轮轴承座的轴向偏移与前述螺杆组件的轴向变形量方向一致，一定变形量范围内，两者可相互抵消。当排气温度不超过 130 ℃时，上述中心距的偏移和螺杆原点的轴向偏移无须作特殊处理，如图 11-5 所示。

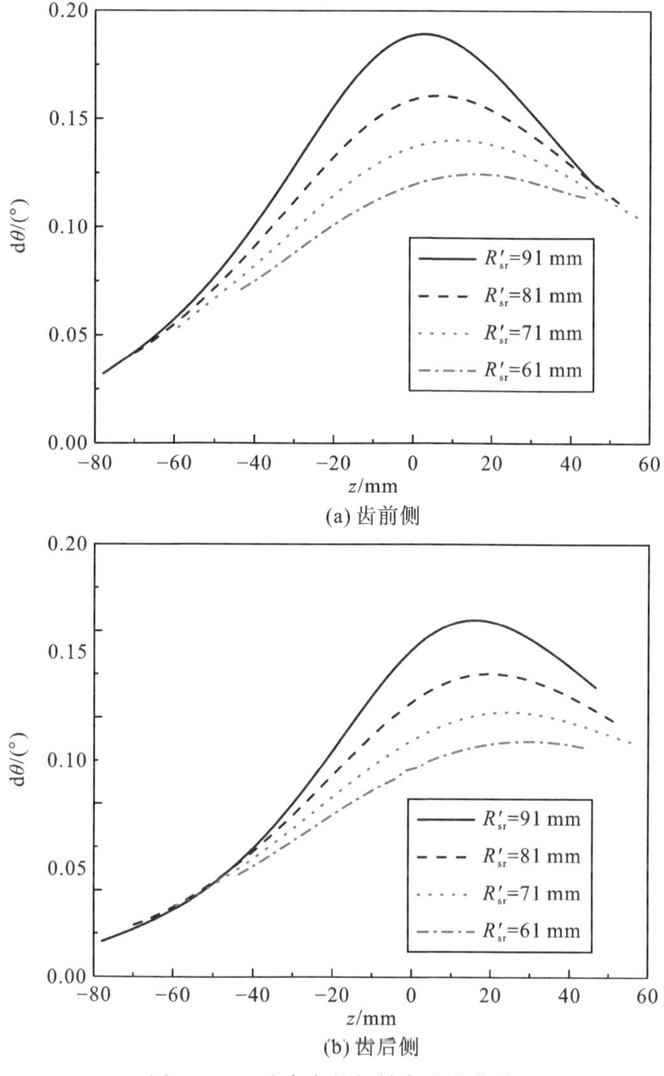

图 11－4　啮合点的扭转角变化曲线

当排气温度更高时，螺杆原点的轴向偏移变得显著，需要通过反向预留装配间隙进行调整。

为减小上述热变形对啮合副“错位”的影响，可将传统星轮轴的双向支撑修改为单轴承座的悬臂式支撑，同时将两个排气孔口的集中排气修改为独立排气，如图 11－6 所示。

此时，排气孔口距离星轮轴承座较远，对温度场的影响变小，如图 11－7 所示。

当水蒸气压缩机的排气温度较高时，需要将单螺杆机壳的底座支撑（固定于底面，控制热变形方向）设置到进气端和排气端。热变形分析表明，排气温度低于 300 ℃时，采用该方法可将啮合副的“错位”范围控制到合理范围内。

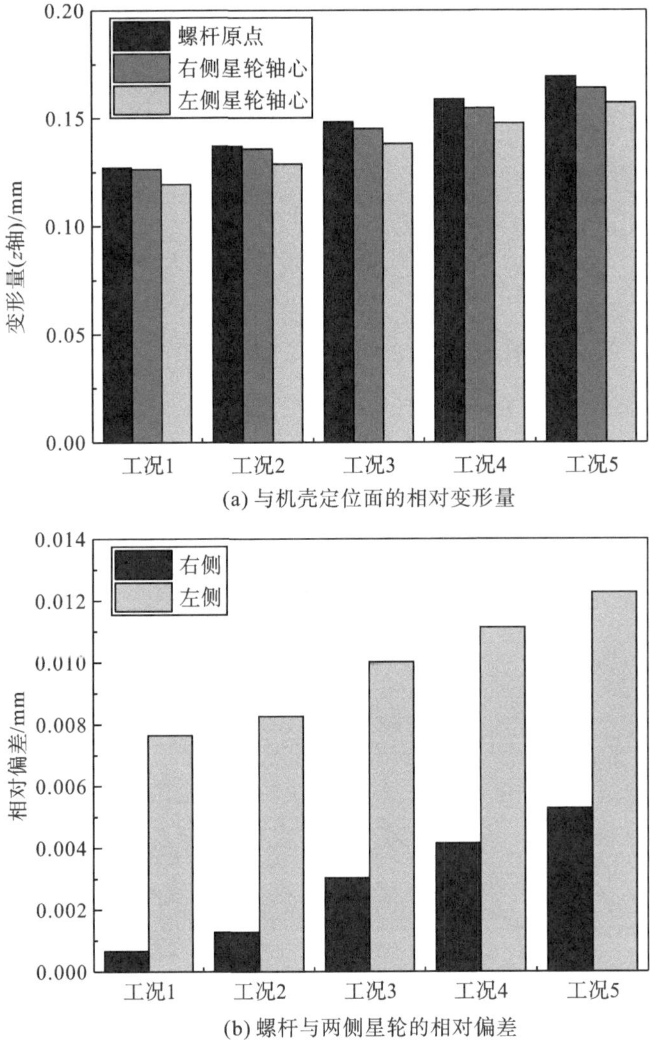

图 11－5　螺杆原点和星轮轴线的轴向变形量

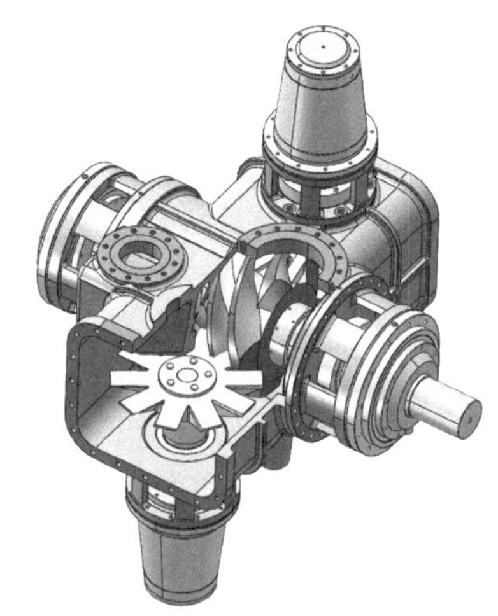

图 11－6　独立排气、星轮轴悬臂支撑的结构

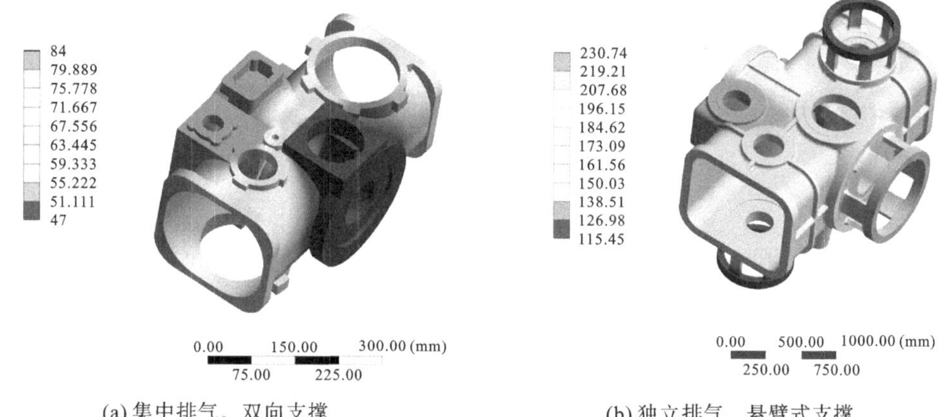

(a) 集中排气、双向支撑　　(b) 独立排气、悬臂式支撑

图 11-7　机壳温度分布云图

11.3　其他应用

单螺杆机械还适用于单螺杆液体泵、两相混输泵。对液体泵而言，不应设置内容积比。在两相混输泵中，不仅需要设置一定的内容积比，还需要在排气端分段设置带单向阀的排气孔，在含气率变化较大时，避免液击和过压缩。单螺杆混输泵的缺点是不耐受固体颗粒物，容易使星轮齿遭到磨损。

参考文献

[1]ZIMMERN B,PATEL G C. Design and operating characters of the Zimmern single screw compressors[C]. In Purdue Compressor Technology Conference,Purdue,1972.

[2]BEIN T W,HAMILTON J F. Computer modeling of an oil flooded single screw air compressor[C]. in Purdue Compressor Technology Conference,1982.

[3]金光熹.单螺杆压缩机型线和流体动力润滑研究[J].西安交通大学学报,1982.16(2):75-82.

[4]ZIMMERN B. From water to refrigerant:twenty years to develop the oil injection-free single screw compressor[C]. in Purdue Compressor Technology Conference. 1984.

[5]JIN G X. A study of the single screw comopressor profile[C]. in Purdue Compressor Technology Conference. 1986.

[6]JENSEN D. A new single screw compressor design that enables a new manufacturing process[C]. in Purdue Compressor Technology Conference. 1998.

[7]WU W F,FENG Q,XU J. Principle of multi-column envelope couple of single screw compressor[J]. Journal of Xi'an Jiaotong University,2007.41(11):1271-1274.

[8]WU W F,FENG Q K,YU X L. Geometric design investigation of single screw compressor rotor grooves produced by cylindrical milling[J]. Journal of Mechanical Design,2009. 131(7):071010.

[9]WU W F,FENG Q K. A Multicolumn envelope meshing pair for single screw compressors[J]. Journal of Mechanical Design,2009.131(7):074505.

[10]吴伟烽,李健,冯全科.单螺杆压缩机星轮的周向力分析[J].压缩机技术,2009(1):4-7.

[11]SUN S,WU W F,YU X L,et al. Analysis of oil film force in single screw compressor [C]. in International Compressor Engineering Conference at Purdue 2010.

[12]WU W F,LI J,FENG Q K. Simulation of the surface profile of the groove bottom enveloped by milling cutters in single screw compressors[J]. Computer-Aided Design,2011. 43:67-71.

[13]JIAN L,FENG Q,LIU F,et al. Experimental studies of the tooth wear resistance with different profiles in single screw compressor[J]. Tribology International,2013,57:210-215.

[14]WU W F,HAO X Q,HE Z,et al. Design of the Curved Flank for the Star-Wheel Tooth in Single Screw Compressors[J]. Journal of Mechanical Design,2014.136(5):051006.

[15]HUANG R,LI T,YU X L,et al. An optimization of the star-wheel profile in a single screw compressor[J]. Proceedings of the Institution of Mechanical Engineers Part a-Journal of Power and Energy,2015.229(2):139-150.

[16]吴建华.喷油单螺杆压缩机的计算机模拟[D].西安:西安交通大学,1987.
[17]吴伟烽.单螺杆压缩机啮合副的多圆柱包络啮合理论及加工技术的研究[D].西安:西安交通大学,2010.
[18]王增丽,冯全科.单螺杆压缩机几何参数对压缩机性能的影响[J].流体机械,2014(11):34-37+78.
[19]冯全科,谢佳,张文珊.单螺杆压缩机多舛命运转折与喷液悬浮啮合技术[J].压缩机技术,2016(6):6-10.
[20]张文珊,冯全科.喷液量和内压比对单螺杆压缩机排气孔口设计的影响[J].压缩机技术,2016(4):12-15.
[21]冯全科,王君,王增丽,等.单螺杆压缩机工作腔喷液过程几何特性及工作机理研究[J].西安交通大学学报,2017(2):128-134.
[22]吴伟烽,郭天硕,李许旺,等.单螺杆压缩机螺杆转子的高效车削方法的研究[J].压缩机技术,2020(2):1-6+48.
[23]PENG C Y,WU W F,ZHANG Z,et al. Dynamic characteristics improvement of the single screw compressor with odd-grooves screw rotor[J]. International Journal of Refrigeration,2021,132:100-108.
[24]陈国庆.单螺杆压缩机啮合副两相油膜润滑特性研究[D].西安:西安理工大学,2021.
[25]MENG X,ZHANG Z,LI X,et al. Study of the thermo-mechanical couple deformation of the meshing pairs of a single-screw compressor[J]. Proceedings of the Institution of Mechanical Engineers,Part E:Journal of Process Mechanical Engineering,2021,235(4):1175-1187.
[26]ZHANG Z,WU W F. Numerical investigation of thermal deformation of meshing pairs in single screw compressor[J]. Applied Thermal Engineering,2021:116614.
[27]彭程宇,张曌,谢佳,等.单螺杆压缩机转子异步压缩循环的动力学分析[J].西安交通大学学报,2021,55(1):136-144.
[28]WU W F,ZHANG Z,PENG C Y,et al. Refreshed internal working characteristics of the single screw compressor based on experimental investigation[J]. International Journal of Refrigeration,2022,143:118-125.
[29]WU W,ZHANG Z. Development of single screw compressor technologies and their tendency[J]. Proceedings of the Institution of Mechanical Engineers,Part E:Journal of Process Mechanical Engineering,2022,236(2):738-751.
[30]彭程宇,谢佳,冯全科,等.两级单螺杆压缩机气体阻力矩变化特性研究[J].西安交通大学学报,2022,56(2):82-90.